创造共享的精神空间

——现代城市的艺术观念与景观设计探析

马翠霞　王　焱　著

电子科技大学出版社
University of Electronic Science and Technology of China Press
·成都·

图书在版编目（CIP）数据

创造共享的精神空间：现代城市的艺术观念与景观设计探析 / 马翠霞，王忞著. -- 成都：电子科技大学出版社，2019.5
ISBN 978-7-5647-6980-2

Ⅰ. ①创… Ⅱ. ①马… ②王… Ⅲ. ①城市景观－景观设计－研究 Ⅳ. ①TU984.1

中国版本图书馆CIP数据核字(2019)第091717号

创造共享的精神空间——现代城市的艺术观念与景观设计探析

马翠霞　王　忞　著

策划编辑　杜　倩　李述娜

责任编辑　刘　凡

出版发行　电子科技大学出版社
　　　　　成都市一环路东一段159号电子信息产业大厦九楼　邮编　610051

主　　页　www.uestcp.com.cn

服务电话　028-83203399

邮购电话　028-83201495

印　　刷　定州启航印刷有限公司

成品尺寸　170mm × 240mm

印　　张　16.75

字　　数　350千字

版　　次　2019年5月第一版

印　　次　2019年5月第一次印刷

书　　号　ISBN 978-7-5647-6980-2

定　　价　76.00元

Preface
前言

景观设计的本质在于探索人与环境的关系，随着人类社会的不断发展进步，现代景观的塑造和设计融入了更加密切的与人类活动相关的功能因素和更多的科学原理。

在中国，景观规划设计学科长期以来一直处于建筑学和农林学等几个一级学科的领域范围内，对其的归属也是众说纷纭。但无论怎样，除了大自然赋予的自然景观外，绝大部分景观还是由人工规划设计和建造出来的。即使是自然景观，也需要人们的保护和再利用，使景观更好地满足人们日常生产、生活以及审美的要求。

对现代艺术、后现代艺术与景观互动关系的探索研究，是为现代城市的景观创作在艺术中寻找创作的灵感和原创动力。现代艺术为景观创作提供了形式创新的方法，后现代艺术为景观创作提供了观念创新的启发。当代艺术给我们以完全开放的视野去审视当前景观审美观念与创作理论中的各种问题，探索具有中国特色的城市景观创作道路。

以城市园林为例，18 世纪伦敦海德公园从皇家贵族所有发展到与公众共享，成为公众自由表达见解的场所，推进了社会民主政治的进程。特别值得一提的是，美国近现代城市园林绿地系统的发展，使现代景观设计越来越多地走向社会民主和大众休闲；波士顿的滨水地区“翡翠项链”景观规划设计和纽约中央公园为新的城市景观类型和设计理论方法开辟了一条新路。20世纪60年代以来，随着“寂静的春天”给人们的警示，环境可持续性成为景观设计的重要内容，后现代艺术思潮的发展也给现代景观设计的多价多义和新的审美风尚的崛起注入了活力。随着后工业时代的到来，人们对环境友好和景观广义的绿色属性有了更多的关注，生态学原理不再仅作为美学感受的注脚，而是已经影响甚至重构了人们的审美价值取向。

中国的景观设计理论和方法探讨目前仍然处于初步的探索阶段，而这与当前面广量大的景观建设项目和任务很不相称。对当代艺术、后现代艺术与景观艺术进行系统深入研究，使之形成完整的理论体系，将丰富和完善艺术与景观两个领域的理论研究，促进艺术和景观在各自领域的深入发展，为大众创造艺术化的生活和艺术化的生活景观。

本书的写作任务分配详情：第二、三、六、七章由马翠霞老师负责撰写，共计约 18 万字；第一、四、五章由王忞老师负责撰写，共计约 17 万字。由于作者水平有限，书中的疏漏之处在所难免，希望广大专家学者和读者朋友批评指正！

Contents
目 录

第一章　城市艺术观念的历史溯源

第一节　元代城市建造的艺术理念

一、《周礼 · 考工记》对中国古代都城设计的影响

有 3000 多年建城史和 800 多年建都史的北京，是一座拥有艺术风范的城市。悠久的历史、深厚的文化底蕴和独特的地理位置，使这里遍布满载历史文化内涵的艺术景观，它们是这座古都特有的艺术财富。

营建都邑历来被看作是一项立国的根本大计，作为国家的象征，都城的兴盛即代表国之兴盛。“古之王者，择天下之中而立国。”就是指都邑选址要适中。地势地貌也是考虑的重点因素，既要水源丰盈，又须物产富足。管子的建都理论是：“凡立国都，非于大山之下，必于广川之上。高毋近旱而水用足，下毋近水而沟防省，因天材，就地利。”这一观念表述了中国古代国都选址的基本法则，体现了宏观环境规划的传统艺术观。

北京城址的初始选择正是基于这一对环境的整体思考原则。层峦叠嶂的燕山山脉，在北京西北部形成了一个弧形的山湾，其山峦以南是开阔的华北冲积平原，形成了半封闭状的“北京湾”，可谓“非于大山之下，必于广川之上”。西北群山环抱，宛似围屏。东南则一马平川，广阔无垠，玉泉山水引入城中，犹如蜿蜒的玉带。“因天材”“就地利”，构成了一道别具风采的城市艺术风景线。

北京建城史可追溯至西周蓟城，《史记 · 周本记》云：“武王追思先圣王，乃褒封神农之后于焦，黄帝之后于祝，帝尧之后于蓟，帝舜之后于陈，大禹之后于杞。”后契丹政权占据燕云十六州，改国号为辽，并加筑幽州城（蓟城）为辽陪都，称“南京”。金代中都城又在辽陪都“南京”的基础上加以扩建，在辽行宫之处开挖了“太液池”，堆筑了“琼华岛”（今北海公园）。景观人文艺术化之风在这一时期逐渐兴起，著名的“燕京八景”即始于此时。

构成北京旧城基本城市形态的元大都城则是以金代琼华岛为中心择址兴建的，元大都城的设计恪守了《周礼·考工记》所规定的“匠人营国，方九里，旁三门，国中九经九纬，经涂九轨，左祖右社，面朝后市”的原则。城周长 28 600 m，约 50 平方千米，共设 11 门。城内街道齐整，形如棋盘，规划高低有序，平缓开阔（见图 1-1）。

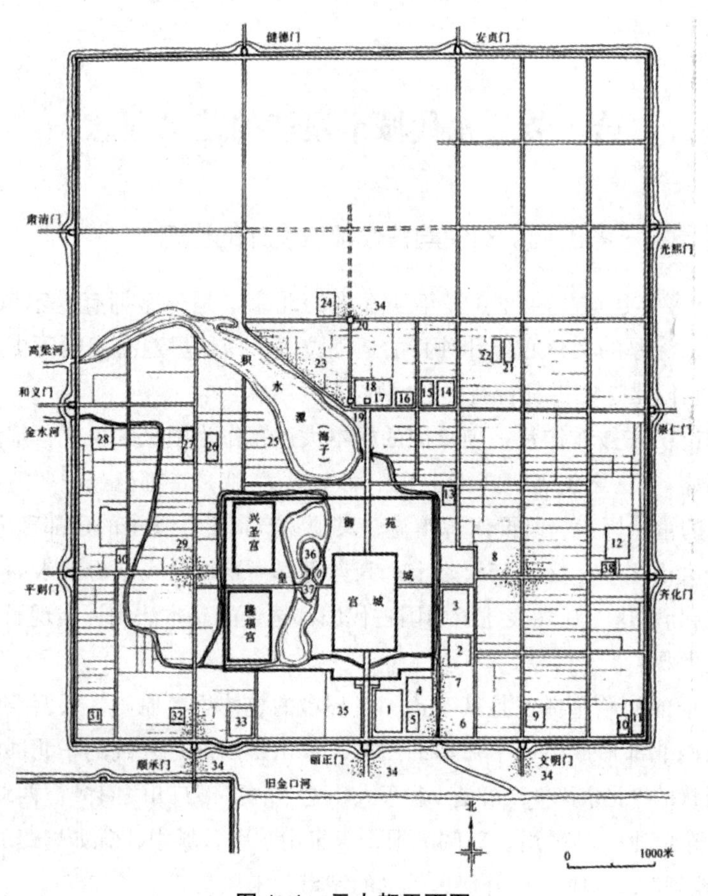

图 1-1　元大都平面图

《考工记》在西汉时编入《周礼·冬官》，成为《周礼》六篇之一。通过其中王城营建规制的等级特征可以看到，《考工记》虽以器物设计、制作为基本内容，却具有专为天子定制的属性，如《十三经注疏》汉代郑氏注：“古周礼六篇者，天子所专秉，以治天下。诸侯不得用焉……冬官一篇，其亡已久。有人尊（专）集旧典，录此三十工，以为《考工记》。虽不知其人，又不知作在何日；要知在于秦前，是以得遭秦灭焚典籍，韦氏、裘氏等阙也。故郑云前世识其事者记录以备大数耳……首末相承，总有七段明义：从‘国有六职’至‘谓之妇工’，言百功事，重在六职之内也；从‘越无搏’至‘夫人而能为弓车’，言四国皆能其事，不须置国工也；从‘知者创物’至‘此皆圣人所作’，言圣人创物之意也；从‘天有时’至‘此天时也’，言材虽美，工又有巧，不得天时则不良也；从‘攻木之王’，至‘陶瓶’，言工之多少之数，及工别所宜也；从‘有虞氏’至‘周人上舆’，论四代所尚不同之事也；从‘一器而工聚焉者，车为多’，言专据周家所尚之事也。”

以此看,《考工记》是关于天子礼制器物设计和形制规范方面的典籍。在其成书的春秋战国时期，物质享用的等级制度已有所失控，诸侯、卿大夫等恃其权势财力越权享用“天子”标准，这种不断蔓延的“僭越”行为被孔子斥为“八佾舞于庭，是可忍，孰不可忍。”

借此，代表天子尊严的设计规范和形制标准有必要整理成文，以其作为等级的准则，即上述“前世识其事者记录以备大数耳”。而“大数”则指城池及器物的主要设计规制和基本尺寸。

《考工记》之匠人营国是对中国古代都城营建理念和原则的第一次明确记述，它的出现标志着中国古代都城规划理论体系的正式形成，它所记录的王城平面规划具有设计学的普遍意义，而其精心制定的王城与诸侯、大夫城墙的尺度差别，更是体现了《考工记》以“大数”控制“僭越”、严格维护等级制度的作用。

《考工记》对王城的规划明确指出了都城城墙、城门、道路、庙宇、宫殿及市集等的营建位置，反映了“居天下之中”的王权至上思想。而这些建筑元素的分布与组合规则，可以看作是对西周王城理想模式的一种艺术描绘。

《考工记》虽非出自孔子，但以其崇尚礼制而被纳入儒学经典也在情理之中。儒家心目中的理想王城是方方正正、中规中矩的都城布局，鲜明地体现了王权至上的理念，展现的是儒家所期望的战乱后一统盛世的理想蓝图。

按照儒家以“中和”“伦理”为形态美的美学理念，元大都城所展现的无疑就是由儒家特定实质决定的“美的形态”，简约平实的城市风范充分体现出“广其节奏，省其文采”的“中和”理念。城市整体布局节奏舒缓，建筑环境温和质朴，城市色彩简约和谐，这些都形象地诠释了儒家在城市营建层面对艺术的独特追求。

但在当时复杂的社会环境下，儒家的这种广博、素朴的艺术理念很难成为各国统一遵守的都城建设规制。至今，考古尚未发现与该设计体系完全吻合的城市布局，即使在产生《考工记》的齐鲁领地，齐国临淄故城（见图 1–2）和鲁国曲阜故城（见图 1–3）等昔日都城的布局，也与儒家心目中的理想王城有很大差异。

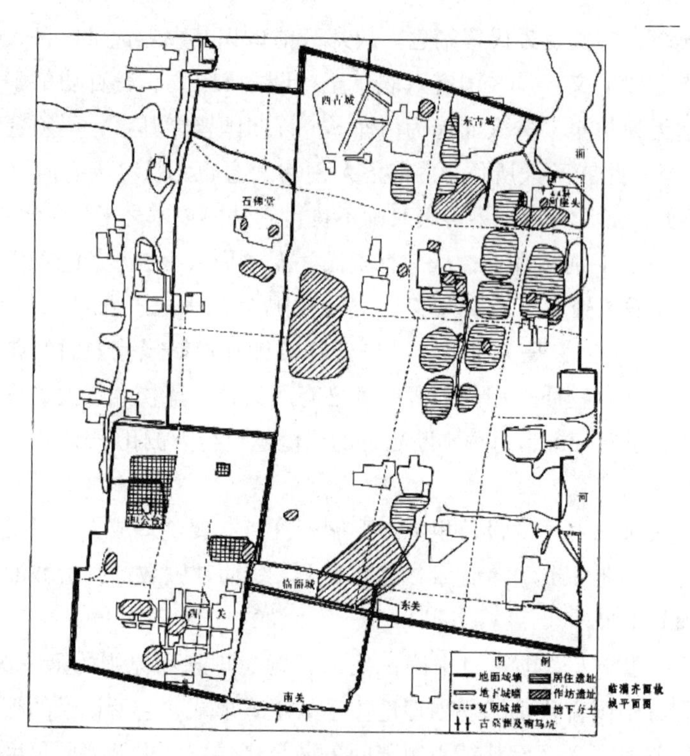

图 1-2　齐国临淄故城平面图

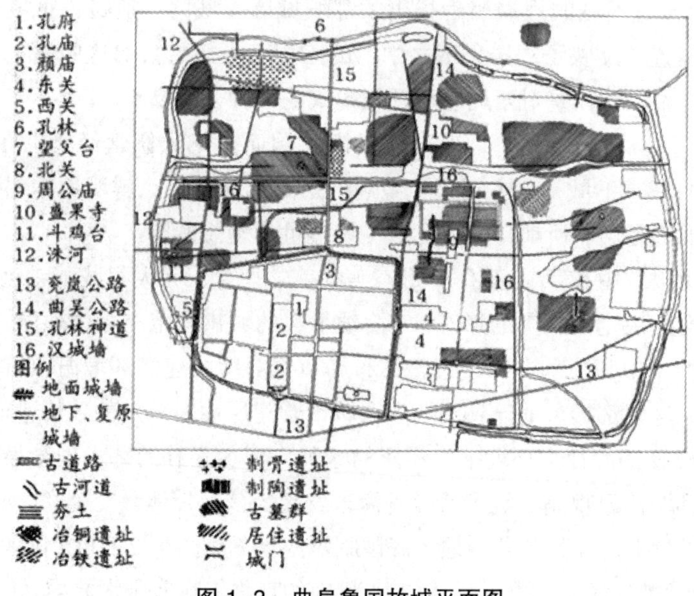

图 1-3　曲阜鲁国故城平面图

从东周时期城市布局反映的信息看，考虑最多的还是选址问题，如依山傍水，因地制宜，突出王室地位，功能分区明确，满足政治和军事需要等。

历代都城的规划设计都是当时政治与经济结合的产物，统治者按照自己的精神需求制定王城营建的规制，并不是统一沿用以儒学思想为核心的城市规范和形制标准。《考工记》营国制度代表的仅是儒家心目中的理想审美形态，而从历史发展进程来看，中国古代城市营建呈现的是多元的、不断融合的艺术特征。

《考工记》一般认为是春秋时齐国的官书，但当时齐国都城临淄的城市形态也未体现出《考工记》的营造范式。其他都城建设也未见有严格执行《考工记》营国制度的案例。始建于汉惠帝元年（公元前 194 年）的西汉长安城，其平面因渭水而呈不规则方形，从形制看，除东、西、南、北面各有三座城门，符合“旁三门”的要求外，其他方面均与《考工记》营国制度相距甚远（见图 1–4）。

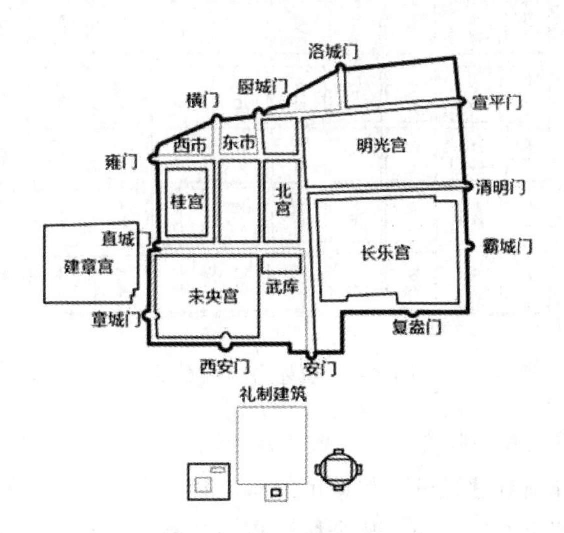

图 1–4　西汉长安城平面图

而建于隋大业元年（605 年）的唐东都洛阳城，由于地形原因，城西北部向里收，呈不规则方形，洛水东西横穿，将城市分隔为两块。按《考工记》营国制度的要求，也只有“旁三门”一项略符合要求。图中显示，唐东都洛阳城共有城门十一座，分别为南面三座、东面三座、北面三座，西面可能由于地形原因只有偏北侧的两座城门。至于“九经九纬，经涂九轨，左祖右社，面朝后市”等也与规制相距甚远（见图 1–5）。

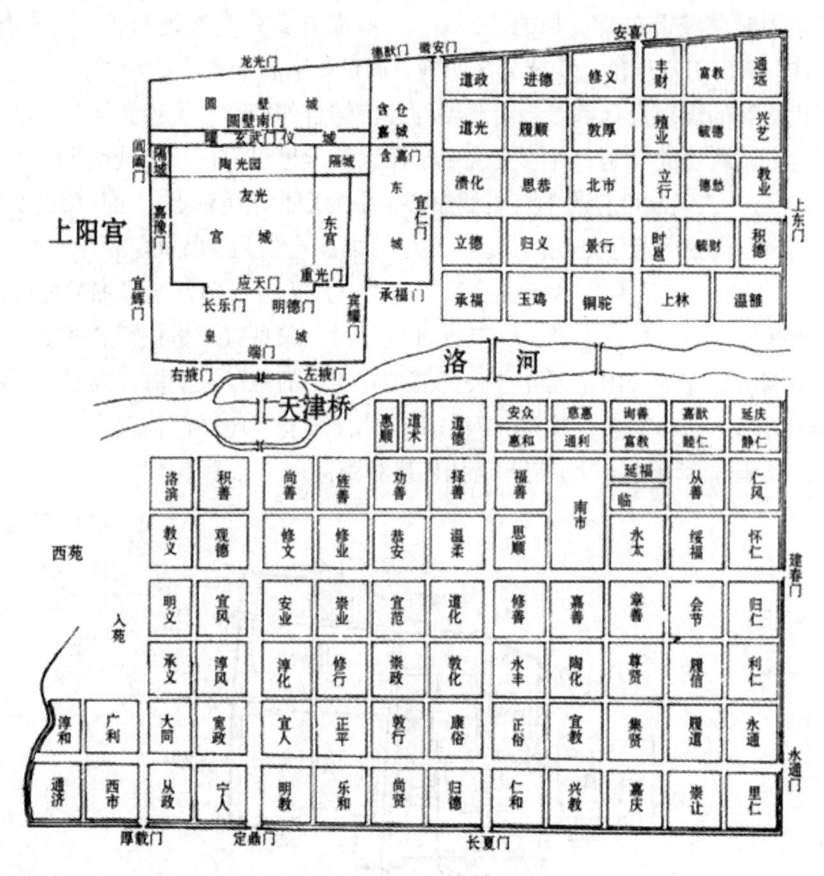

图 1–5 唐朝洛阳平面图

唐西京长安城前身为隋都城大兴城（建于隋开皇二年，582 年），大兴城是按预先的总体规划择新址建设的，从城市的布局看，应是参照《考工记》营国制度而规划的，但局部也有所不同。整个城池布局规整，朱雀门街为城市中轴线，左右严格对称，但皇城、宫城却建在中轴线的最北端，都会市与利人市建于朱雀门街左右，这些都与《考工记》营国制度中“面朝后市”的位置规定有所不同。隋大兴城规划之初，东、西、南、北均各开三座城门，在规制上与《考工记》营国制度相同。整个城市以宫城、皇城、朱雀门街为正中，东西两侧里坊对称，排列整齐。

白居易曾以诗形容隋都大兴城：“百千家似围棋局，十二街如种菜畦”，形象地描绘了城中居住区井然有序的格局。此后，唐代仍建都于此，并改大兴城为长安城。唐西京长安城虽对原大兴城有改建与增建，但城市的基本格局未发生太大的变化，总体来看，从隋大兴城到唐西京长安城还是在很大程度上体现了《考工记》的营建理念（见图 1-6）。

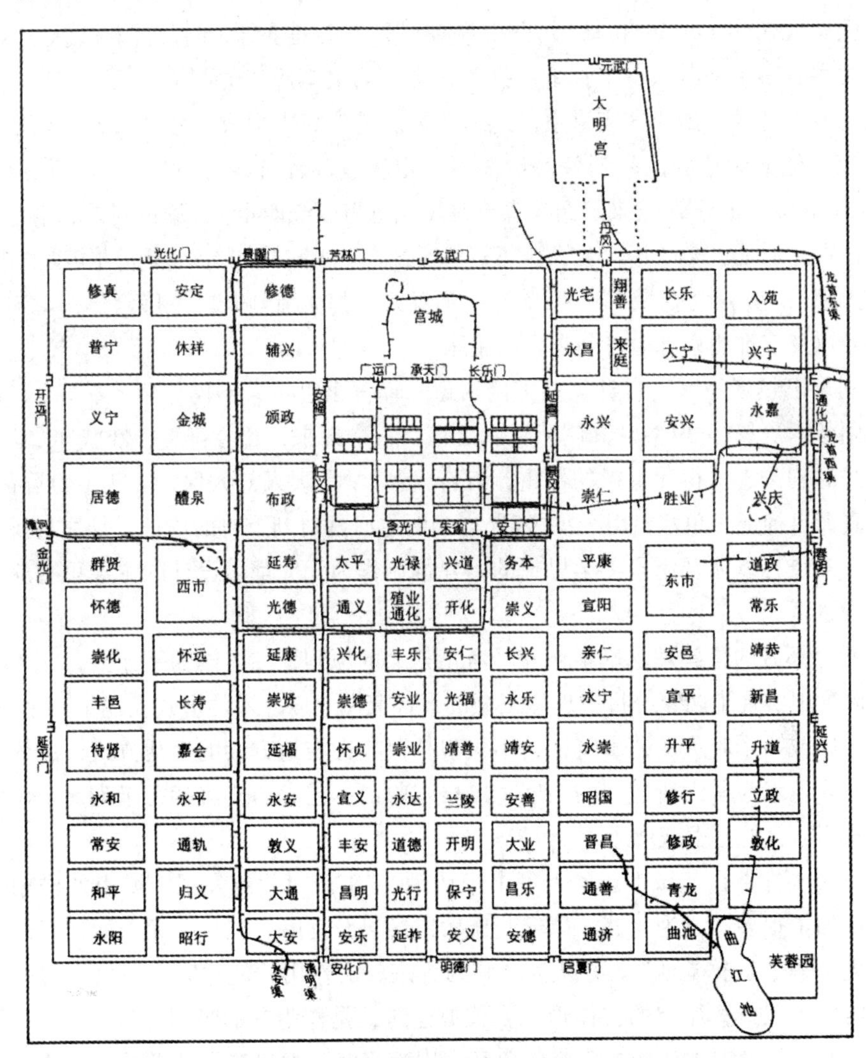

图 1-6　唐西京长安城平面图

二、元大都体现的城市设计美学思想

从历史上都城的营建情况看，大多与《考工记》的规制有一定距离，《考工记》过于理想化的都城模式在现实中不断被改变。而真正认真贯彻《考工记》思想并执行其营建规制的却是一个靠武力征服天下的游牧民族——蒙古族。蒙古灭金后，忽必烈认为“大业甫定，国势方张，宫室城邑，非钜丽宏深，无以雄视八表”。遂决定放弃金中都旧址另建新都。

元至元三年（1266年），元世祖忽必烈派谋臣刘秉忠（时任光禄大夫、太保、参领中书省事）来燕京一带择地。据《元史·刘秉忠传》记：“（至元）四年，又命刘秉忠筑中都城，始建宗庙宫室。八年（秉忠）奏新中国成立号曰大元，而以中都为大都。他如颁章服、举朝仪，给俸禄，定官制，皆自秉忠发之，为一代成宪。”《续资治通鉴》也记载：“景定四年春正月（元世祖中统四年），蒙古刘秉忠请定都于燕，蒙古主从之（1267年，至元四年初建时称‘中都’,1272年，至元九年改‘中都’为‘大都’，并定为都城）。”以此看，不仅元大都城由刘秉忠主持营建，就连元朝的国号以及定都北京都源自刘秉忠的主张。

刘秉忠熟读经书，自身集糅了儒、道、释三家思想，不仅尊奉《易经》，还精于阴阳数术。忽必烈称：“其阴阳数术之精，占事知来，若合符契，惟朕知之”。可见，当时刘秉忠深得元世祖的器重，有诗云：“学贯天人刘太保，卜年卜世际昌期。帝王真命自神武，鱼水君臣今见之。”以当时忽必烈对刘秉忠的信任，加之对汉学的崇尚，刘秉忠以体现儒家美学思想的营建规制作为元大都城设计的主导思想应是顺理成章之事。

元大都城的营建理念基本恪守《考工记》的原则，在广阔的平原上，元大都城最大限度地实现了儒家心目中理想王城的设计蓝图，以艺术的形式表述了一个民族、一个地区或一个时代的艺术特征，不仅包括民族性与地方性的生活方式，还体现了一个时代艺术与科学所达到的高度。黑格尔曾说：艺术的使命就在于为一个民族的精神找到适合的艺术表现形式。

凯文·林奇在《城市意象》一书中认为：“随着时代的发展，城市的作用也比原来增加了很多，成为仓储、碉堡、作坊市场以及宫殿。但是，无论如何发展，城市首先是一个宗教圣地”。并认为“是因为宗教的作用才使它完成由村庄转变为城市的第一个飞跃，城市的实体形态，仪典建筑，是作为它的吸引力的基础”。从中世纪开始，教堂就被认为是天堂的象征，因而当时西方建筑中唯有教堂和修道院是质量较好的建筑。人们对理想城市的向往不是落实在城池的理性规划上，而是靠宗教建筑帮助人们将理想之城转化为现实，而转化的标准，教堂的建设者们也只能在《圣经》对颇具理想色彩的上帝之城的描述中去寻求：“我被圣灵感动，天使就带我到一座高大的山，将那由神那里从天而降的圣城耶路撒冷指示我，城中有神的荣耀。城的光辉如同极贵的宝石，好像碧玉，明如水晶。有高大的墙，有十二个门，门上有十二位天使，门上又写着以色列十二个支派的名字。东边有三门，北边有三门，南边有三门，西边有三门。城墙有十二根基，根基上有羔羊十二使徒的名字。对我说话的，拿着金苇子当尺，要量那城和城门、城墙。城是四方的，长宽一样。天使用苇子量那城，共有四千里，长宽高都是一样；又量了城墙，按照人的尺寸，就是天使的尺寸，共有一百四十四寸。墙是碧玉造的，城是精金的，如同明亮的玻璃。”

这座颇具神秘和浪漫色彩的上帝之城所展现出的四方形城池、十二个城门、每面各有三门的理想规制竟与《周礼·考工记》“方九里，旁三门”的营国制度不谋而合。从艺术的角度看，中西方对理想城市的向往都不是落实在城池实用功能的理性规划上，而是借助信仰的帮助将理想之城转化为现实。

元大都城是靠信仰的力量诞生的一个王城，既不是由村庄到城市的逐步过渡，也不曾有任何转变过程，它的初始设计方向就是建构一个理想的、整体的、体现中国人城市观念的艺术作品。

关于中国的城市概念和城市结构，韦比（Wright）在《中国城市的宇宙论》一书中提出了自己的见解：“所有的文明都有一个选择一个幸运之地以建城市的传统，还有将城市的不同部分跟神祇和自然力量关联起来的价值系统。在古代，宗教的影响力深远而庞大，一个民族的信仰和价值系统会在城市的选址及其设计上彰显出来。一般而言，当文明发展了，古老传统的权威没落了，世俗的考虑（经济的、战略的和政治的）便开始对城市的位置和设计占有主导地位。对于很多社会来说，其早期的宗教影响，极少反映在日后的城市中，但中国历史是个例外。在中国悠久的城市建设历史中，我们发现了一个精心制作的象征主义，它在世俗的转变中间持续地影响着城市的选点和设计。”文中的“象征主义”即指中国的儒家和道家学说所代表的传统意识形态对城市设计的影响。从城市概念上看，元大都比历代都城都更全面地诠释了儒家的美学思想。

靠武力夺取天下的忽必烈清醒地认识到“马上打天下，不能马上治天下”，对于汉文化及儒家学说持认同态度的蒙古统治者在迁都到元大都之前，即在元上都（原都城开平，今内蒙古自治区多伦附近）宫殿后面建有孔庙。金中都城陷落后，都城庙学毁于战火。1229 年，王檝（此时期蒙古的政治代理人）于枢密院旧址重兴庙学，春秋时节率诸生行释菜礼，并取旧祁阳石鼓列于庑下，此举被称为儒道重兴、弦歌再起的盛事。1233 年，窝阔台下诏成立子学于燕京，遣蒙古子弟 18 人学习汉语，选儒士为教读。

元朝尊孔子为“大成至圣文宣王”。忽必烈令州县各立孔子庙，均供奉孔子塑像。在元大都的城市规划中，孔庙是重要的建筑项目之一。大德六年（1302 年），在元大都城东北区域兴建孔子庙和国子学舍（今孔庙与国子监），皇庆初，又将祁阳石鼓移至其中，虞集任大都儒学教授。

从上述可以看出，元大都的城市规划能够遵循《考工记》的营国规制，最大限度地在城市建设上体现儒家的“中和”思想，也是与蒙古统治者崇尚汉法、尊崇儒道分不开的。关于儒学与城市文化，韦比总结出 4 点：（1）拟古主义；（2）建制主义；（3）集权主义；（4）道德主义。概而言之，以周礼为信条，以人与自然的关系解释一切人类与自然世界的现象，帝王为人类世界的权力中心，并具有道德层面的统治职责。在城市问题上，文福（Mumford）也提出过“在城市的发展中，帝王处于核心的位置”的推断。

儒家将人类与自然世界的关系维系在帝王身上，其美学思想体系则通过国都的规划设计体现出来，以礼制为美的设计理念亦成为中国城市设计的基本模式。

儒家的审美追求长期影响着中国的城市形态。对其来说，美不在于物，而在于人；美不在于人的形体、相貌，而在于人的精神和伦理人格。在儒家美学体系中，“中和”为其形态美的表现，所谓“美”即善及其形式。儒家的美既有特定的实质，亦有由此实质决定的特定形态，这种特定形态的艺术表现即“礼”的体现。可以说，儒家关于都城营建的艺术理念体现出理性与精神的高度统一。

三、元大都城市环境设计的艺术理念

元大都的规划遵循《考工记》有关王城的规制和理念，整个城市坐北朝南，城池为长方形，南北略长，东、西、南三面城墙均设三座城门，北面为两座城门。这与《考工记》营国制度规制基本相同，只是北面少一座城门。全城的正中心有中心阁，据研究，这个标志性建筑的位置构成了全城四至的基准，表现出了具有创造性的规划水平。城市中轴线从城南正门丽正门开始穿过中心阁贯穿全城，宫城的主体建筑也都沿这条中轴线展开，太庙与社稷坛分设于宫城东西两端，皇帝登基与朝会的大明殿在宫城的前部，主要集市则集中在城中心的钟鼓楼一带。符合《考工记》“左祖右社，面朝后市”的规划布局（见图 1–7）。

城中的街道按《考工记》“国中九经九纬，经涂九轨”的原则，由南北和东西走向的干道构成方整的棋盘形。“自南以至于北，谓之经；自东以至于西，谓之纬。大街二十四步阔，小街十二步阔。三百八十四火巷，二十九衡通”。城区坊巷布局从实用出发，规整有序。

意大利人马可·波罗于至元十二年（1276 年）来到元大都城，他对城市的平面规划极为赞赏，并在其游记中描写道：“全城中划地为方形，划线整齐，建筑房舍。每方足以建筑大屋，连同庭院园囿而有余……方地周围皆是美丽道路，行人由斯往

来。全城地面规划有如棋盘，其美善之极，未可宣言。”

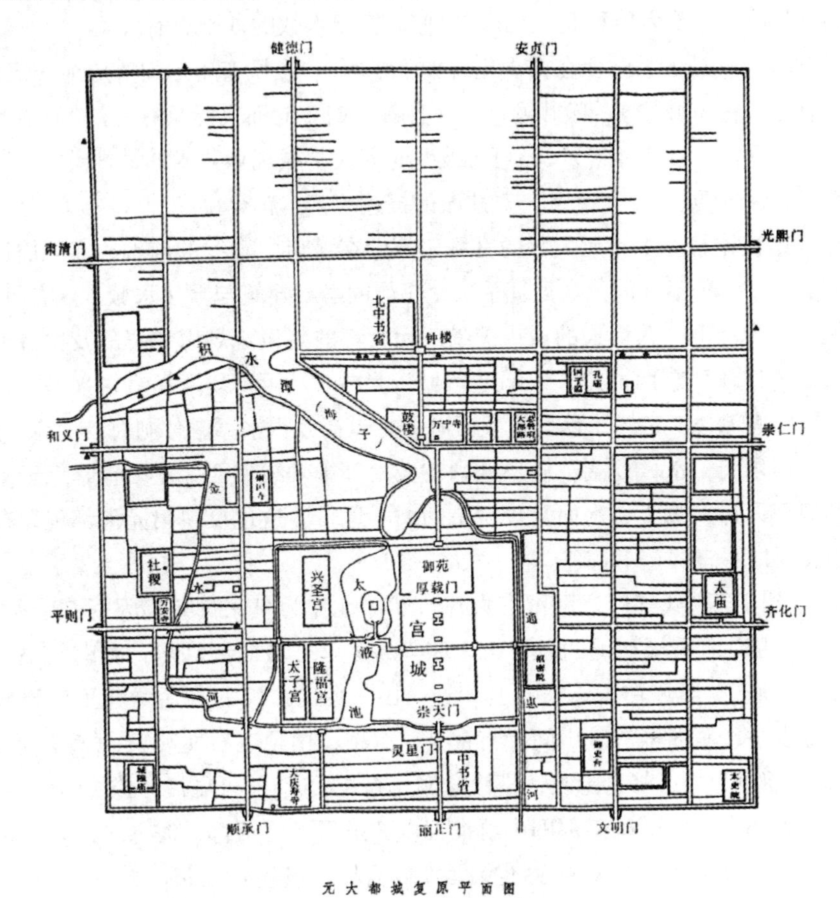

图 1–7　元大都城平面图

至于城门的数量和分布，元大都城基本与《考工记》的规制相同，仅北面少一门，全城设十一门的原因目前还无确切史料做出解释。元张星《可闲老人集 · 辇下曲》云：“大都周遭十一门，草苫土筑哪吒城。谶言若以砖石裹，长似天王衣甲兵。”从这些词句来看，元大都城规划之时，曾有巫师借编造天宫神话预言城之未来，大都城被喻为哪吒之躯，按其三头六臂设置城门，即南垣三门为三头，东、西两垣各三门为六臂，北城两门则为两足。此规划基本暗合《考工记》营国制度中“旁三门”的规制，只北城垣少一门。同时还预言城墙若督以砖石，其威势堪比天王麾下无数身披铠甲的天兵。元大都的城门城墙均被附以谶语，据此看，元大都城在按《考工记》营国理念进行规划的同时，不忘体现封建皇权的君权神授思想，同时对风水及术数也有所考虑。元末明初长谷真逸著《农田余话》也说："燕城系刘太保定制，凡十一门，作哪吒三头六臂两足。"此现象似与精于术数的刘秉忠有关。

关于城门，马可·波罗在书中也有如下描写："全城有十二门（应为误记），各门之上有一大宫（城楼），颇壮丽。四面各有三门（北面实际只有二门）、五宫，盖每角亦各有一宫，壮丽相等。"马可·波罗对元大都城规划艺术的赞誉溢于言表，鉴于其在元大都城居住 17 年之久，对此城的描述应基本符合事实。

在城市整体布局中，元大都的宫城建筑设在城市中轴线的前端，在与周边环境的关系上，以一种不凡的艺术处理手法使庄严的宫殿建筑与自然水域景观有机结合、相互映衬，营造出一派怡人的城市美景。元大都的建设规划以琼华岛及太液池为核心，宫殿建筑环列东西两岸，东岸建宫城（大内），西岸建隆福宫、兴圣宫、太子宫，水域周边琼楼玉宇，景色优雅。而海子（包括今积水潭、什刹海、前海、后海）从西北流向东南，水域辽阔。而皇城则在城南部中轴线偏西，主要也是缘于太液池景区的规划设计，敢于将水面置于城市的中心地带，这也反映出元大都规划布局既尊古制又因地制宜的艺术特色。

宫城北门至厚载红门之间留有大片自然绿地作为皇家御苑，因畜养珍禽异兽，故又称"灵囿"。宫城西侧的万岁山（琼华岛）是全城的制高点，有南侧小岛（瀛洲，今"团城"）通过白玉石桥与其相连。山上原有广寒宫，后增建了仁智殿、荷叶殿、方壶亭、瀛洲亭等。山间置有奇石、绿植，山顶有石龙喷泉，《辍耕录》曰："山皆叠玲珑石为之，峰峦隐映，松桧隆郁，秀若天成。"可见极尽传统园艺之美。

对元大都宫城，明朝工部郎中萧询曾以"虽天上之清都，海上之蓬莱，尤不足以喻其境也"来形容。他对明初拆除元大都宫城颇具惋惜之情，并在《故宫遗录》中对宫城进行了详细的记录："门阙楼台殿宇之美丽深邃，阑槛琐窗屏障之流辉，园囿奇花异卉峰石之罗列，高下曲折，以至广寒秘密之所，莫不详具。"元末陶宗仪所撰《辍耕录》也十分详细地记录了元大都的"宫阙制度"。依据这些古籍的记载，我们得以大致了解元大都宫城的基本情况。宫城周围 4547 m，东西 740 m，南北 950 m，城墙高 20 m。整个宫城南向，正门为崇天门，宫城内分南北两组建筑，南组以大明殿为主体，北组以延春阁为主体。"凡诸宫周庆，并用丹楹彤壁藻绘，琉璃瓦饰檐脊"。殿内布置富有蒙古族色彩，"内寝屏障重复帷幄，而裹以银鼠，席地皆编细章，上加红黄厚毡，重复茸单"。地毯、壁衣的广泛应用及以织物遮裹外露之木构件，都鲜明地体现出了元代宫廷建筑的艺术特色。

为了将高梁河水系的天然湖泊纳入元大都城中，遂以此湖泊最东端为中心基点（即今"万宁桥"，俗称"后门桥"，元明称"海子桥"），以西面能囊括积水潭水系天然湖泊的距离作为确定元大都城东、西城墙的半径。元大都城的选址与规划以收纳积水潭为目的，设计者以艺术设计的视角为这座城市巧妙地规划了一个风景怡人、生态良好的水域景观，为这座北方城市融入了难得的柔美水景。元大都城围绕水系的规划建设是城市功能与艺术结合的典范。

对此，梁思成先生曾谈到，一位英国建筑大师来华参观，在北京金鳌玉蝀桥（今北海大桥）上看到桥两面水波浩瀚、开阔而赏心悦目，遐思之余由衷地赞道："中国人真伟大，在这样一个对称式的城市里，突然有这样不对称的海，这是谁也想不到的，能有这样的规划建设的思想、手法，真是大胆的创造。"

在元大都城的建设过程中，刘秉忠以"采祖宗旧典，参以古制之宜于今者"，第一次结合地域特点，最近似地将古代国都营建的理想艺术蓝图创造性地表现出来。不仅如此，元大都城的宫殿建筑还糅合了不少少数民族的建筑艺术，使这座城市既秉承了传统都城营建艺术的精神，又在规划、建筑和艺术装饰方面体现出自身独有的特色，从而成为中国城市设计史上珍贵的艺术遗产。

总体来看，元大都整体布局基本上符合传统"礼制"下的营建规制，城市的布局遵循轴线对称的原则，规模宏大，布局严谨。儒家美学理念在元大都的建设中得到了真正的发扬，可以说，元大都城是中国历史上最接近《周礼·考工记》营国制度的一座都城。但元大都城的设计又不拘泥于古代典籍，因地制宜，结合地域环境特征进行城市设计是其另一特点，这也体现出设计者不凡的艺术思维。

第二节　明清城市建造的艺术理念

一、明北京的城市艺术整合理念分析

（一）明北京的实用性城市整饰与艺术传承

洪武元年（1368 年），朱元璋占据元大都，将其更名为"北平府"（元称"大都路"），并立即对城池进行整改，首先将北城墙南移 250 m，放弃荒芜的北部城区。《天府广记》载："明洪武元年戊申，八月庚午，徐中山达取元都。丁丑，命指挥华云龙经理故元都，新筑城垣。南北取径直，东西长一千八百九十丈，高三丈五尺五寸。"《燕都从考》也记载："明洪武初，改大都路为北平府，缩其城之北五里，废东西之北光熙、肃清二门，其九门俱仍旧。"新北城墙沿积水潭与东护城河间的渠道南岸而筑，仍然只设两城门，并重新命名，东为"安定门"，西为"德胜门"。明初对

大都城北城垣进行的大规模整改，主要考虑的应是城市的整体形象问题，北墙南缩，放弃空旷、荒芜的北区，城市布局瞬间变得紧凑、合理，不但省却了北区未来的建设成本，精力和财力也可集中到城市环境的整合与改建上面，从而提升了城市的整体艺术形象和防御能力，这对成立初期百废待兴的明统治者来说无疑是明智之举。

永乐元年（1403 年），明成祖朱棣改北平为北京，北平府更名为顺天府，北平地位的提升预示着朱棣的迁都意向。

永乐五年（1407 年）五月开始兴建北京宫殿。永乐十三年（1415 年）修筑北京城垣。永乐十四年（1416 年）有公侯伯五军都督等上疏曰："窃惟北京河山巩固，水甘土厚，民俗纯朴，物产丰富，诚天府之国，帝王之都也，皇上营建北京实为子孙帝王万年之业。""伏惟北京，圣上龙兴之地，北枕居庸，西峙太行，东连山海，南俯中原，沃壤千里，山川形胜，是以控四夷，制天下，诚帝王万世之都也……伏乞早赐圣断，敕所司择日兴工，以成国家悠久之计，以副臣民之望。"文中关于政治、经济、地理形式的综合设计构想可谓颇具宏观的艺术想象力。

明代对元大都城基本以整合与改建为主，延续了原有的建筑格局。但在整饬过程中，既有继承又有较大发展。新的城市格局以拆除元宫城重新营建的明宫城（紫禁城）为中心，其外围依次是皇城、大城（嘉靖三十二年增建外城后又称为"内城"）、外城，街巷仍延续原方正平直的格局。

继洪武年间北城墙南移后，永乐十七年（1419 年）又拓展南城垣，将元大都城南城墙（今长安街南侧一线）南移约 1000 m（今前三门大街一线）。永乐五年即开始兴建的紫禁城也是在元大内的旧址上稍向南移，东西两墙仍延续旧址，南、北两墙分别南移了约 400 m 和 500 m，皇城南墙也相应南移。

北京城池整体调整后，元大都城以"中心台"为几何中心的城市格局被打破，新的城市几何中心南移至万岁山（后称煤山、景山）。这个人工堆积的新城市中心制高点更显著，实体感也更强。山南面的紫禁城是位于全城中心区最高的建筑群，其周围皆为较低平的建筑，由于城市严格限制建筑高度，明代北京城呈现出特有的平缓宏大的艺术特质。

明代对北京城的改造并没有偏离《考工记》营国制度的基本形态，从城市整体布局看更加紧凑、合理，其宫城和皇城更趋近城市的中心，宫城重建也基本沿元宫城旧址，左祖右社的规制也更明确。总之，从明朝对元大都城规划设计的延续发展举措，可以看出明统治者对于《考工记》营国制度艺术规划理念的认同。

正统元年（1436 年）至正统四年（1439 年），北京完成了京师九门城楼、箭楼、瓮城的改建和装饰，城四隅增建角楼，各城门外增立牌楼，砖石砌筑城壕两壁，城门外木桥改筑石桥。一系列的城垣改造使北京的城门形象有了很大改观，构成了包括城楼、箭楼、瓮城、石桥、牌楼的建筑组群。城楼、箭楼经过改建也更具艺术观赏性。杨文贞士奇纪略曰："正统四年，重作北京城之九门成。崇台杰宇，巍巍宏壮。环城之池，既浚既筑。堤坚水深，澄洁如镜，焕然一新。耄耋聚观，忻悦磋叹，以为前所未有，盖京师之伟望，万年之盛致也。"

明代对北京城池的增建与改造使这座"草披土筑"的城垣"焕然金汤巩固，足以耸万年之瞻矣"。不仅满足了军事防御的需要，同时也使其兼具实用功能与审美价值，成为古代城垣设计的艺术典范。此时的北京城不仅城楼和城墙"崇台杰宇，巍巍宏壮"，整个城市形态也是"前所未有，盖京师之伟望，万年之盛致也"。登正阳门城楼观之，但见："高山长川之环固，平原广甸之衍迤，泰坛清庙之崇严，宫观楼台之壮丽，官府居民之鳞次，廛市衢道之棋布，朝勤会同之麇至，车骑往来之坌集，粲然明云霞，滃然含烟雾，四顾毕得之。"形象地映现出北京特有的都市景观意境，赞颂了这座古代城市的营建艺术。其"高山长川之环固，平原广甸之衍迤"，正合管子"凡立国都，非于大山之下，必于广川之上。高毋近阜而水用足，下毋近水而沟防省，因天材，就地利"的都城规划理论，也是对古人建都选址艺术的情景式解读。而"泰坛清庙之崇严，宫观楼台之壮丽"，则以正阳门城楼为视角，描绘出在太庙和社稷坛的左右烘托下明代宫城建筑群辉煌壮丽的艺术景象。这也是《考工记》关于"左祖右社"及宫城居中而建的理想艺术布局。"官府居民之鳞次，廛市衢道之棋布"，展现出布局规整、纵横有序的城市街巷格局，皇室建筑与民居建筑的对比与排列秩序造就了都城特有的城市肌理，也表现出对《考工记》"九经九纬，经涂九轨"城市理想布局艺术的理解。

这些"观感"向我们展现了一幅解读中国古代营国制度的明代现实版蓝图。明北京城不仅整合、延续了元大都城的基本格局，更重要的是根据时代发展的需求不断对城市环境进行艺术修饰和改建。

北京外城城垣始建于明嘉靖三十二年（1553 年），形成与内城南面相接的"重城"。由于嘉靖年间蒙古兵屡犯京城，自嘉靖二十一年起就已有增筑外城的建议。至嘉靖三十二年，给事中朱伯辰又以"城外居民繁多，不宜无以围之，臣尝履行四郊，感有土城故址，环绕如规，周可百二十里。若仍其旧贯，增卑补薄，培缺续断，可事半而功倍"奏请筑外城之事。当时北京外城城垣的规划是距内城 2500 m 之处建外罗城，环绕内城。另据兵部尚书聂豹等计量，"大约南一面计一十八里，东一面计一十七里，北一面势如椅屏，计一十八里，西一面计一十七里，周围共计七十余里"。聂豹对北城墙"势如椅屏"的形象比喻，则是基于其职业特性道出北城垣在防御功能方面的重要性，只有椅屏牢固，坐在椅上才能舒适安稳。《燕都丛考》也提到北京城墙“东西南三面各高三丈有余，上阔二丈；北面高四丈有奇，阔五丈”，北城墙无论高与阔都优于其他三面城垣，呈椅屏之势。

北京外城城垣于嘉靖三十二年闰三月开工，由城南开始建设，但兴工不久即感“工非重大，成功不易，”后因财力不足，无力成“四周之制”，仅修建了内城南面的一部分，形成转抱内城南端的重城。建成的南城墙辟有三门，正中为永定门，东为左安门，西为右安门，东城墙辟广渠门，西城墙辟广宁门（清更名“广安门”），与内城东南角相接处开东便门，与内城西南角相接处开西便门，外城四隅各建一角楼，内、外城墙衔接处建碉楼。工程于当年十月竣工，至此，北京城垣轮廓形成了凸字形。

北京虽最终未能完成“环绕如规，周可百二十里”的外城包绕内城的宏伟规划，但从其设计方案我们还是可以看到《考工记》规划理念的影响。例如，距大城 2500 m 等距离环绕内城；对应大城九门开设城门，各设门楼；如此中规中矩的庞大规划尽显帝都风范（见图 1–8）。

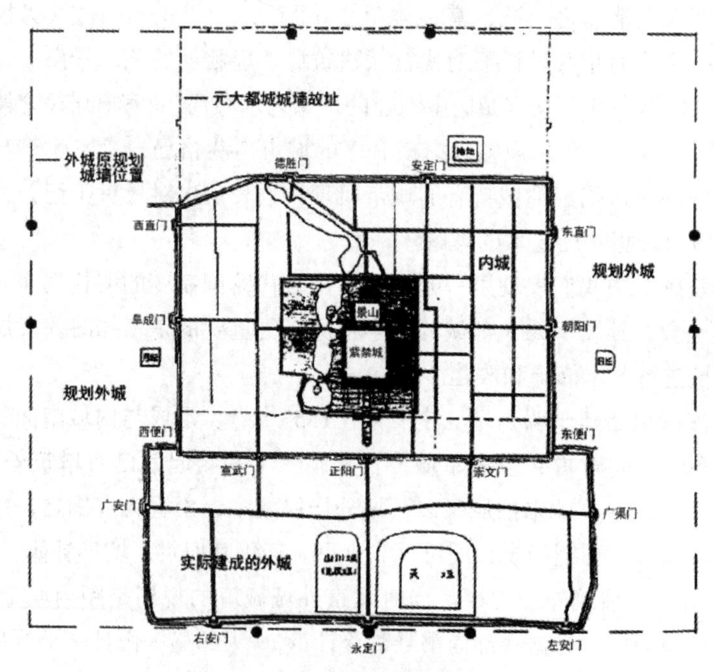

图 1–8　北京外城规划图

这一宏伟城垣规划如果实现，将是对《考工记》营国制度最具新意的诠释和发展，从某种视角看，更是儒家理想王城设计艺术的超理想版本。梁思成在《北京——都市计划的无比杰作》一文中写道："北京是在全盘的处理上，完整地表现出伟大的中华民族建筑的传统手法和在都市计划方面的智慧和气魄……证明了我们的民族在适应自然、控制自然、改变自然的实践中有多么光辉的成就。这样的一个城市是一个举世无双的杰作。"

（二）艺术主导下的明北京城市环境改造

承袭元大都后，明朝更加注重城市环境构成元素的艺术性。重新规划与整合使城市布局有了较大的变化，以"中心台"为城市几何中心的格局被打破，新的城市中心点南移至万岁山（又称煤山、景山）。城市则以新建的明紫禁城为核心，形成宫城、皇城、内城、外城的多层次城市形态，通过城垣的艺术形式诠释了古代都城的营建思想。

与元代相比，明代新建的宫城规模更大，更具艺术性；皇城随之拓展，同时扩建太液池景区；在中轴线的北端新建具报时功能的钟鼓楼；兴建天坛、山川坛（后改为"先农坛"）；在城内外遍立牌楼，改建箭楼、城楼、瓮城，城墙整体包砌城砖。这些新的城市建筑除具有使用功能外，同时还有象征、表彰、纪念、装饰、标识和导向等多重作用，城市的艺术环境也因此得到整体提升。可以说，北京的城市整体特征基本定型于明代。

1. 南北中轴线艺术

明嘉靖三十二年（1553年）增建北京外城城垣后，将天坛、山川坛囊括于城中，南起外城正中的永定门，北至钟鼓楼止，构成了一条长达 7.8 km 的城市中轴线，城市的主要建筑与空间秩序皆沿这条轴线延伸并展开，北京城就是以这条线为主导的一件艺术作品。在此，程序的设计成为北京中轴线建筑艺术的灵魂，始于南起点的永定门，沿中轴线北行，两边均衡对称建有天坛和山川坛，然后进入正阳门，继而进大明门（清代改称"大清门"），沿御道北行，入承天门（清称"天安门"）、端门，沿线两侧有太庙和社稷坛，进午门、皇极门（清称"太和门"）抵达皇极殿（清称"太和殿"），再向北的中轴线上还有交泰殿、建极殿、乾清门、乾清宫、坤宁宫及钦安殿，出玄武门（清称"神武门"），向北穿越万岁山（清称"景山"）主峰，过北安门（清称"地安门"）终止于鼓楼和钟楼。正是这条贯穿南北的中轴线，将整个城市的平面布局和空间组织串联起来，呈现出极富节奏感和序列感的艺术韵律（见图 1–9）。

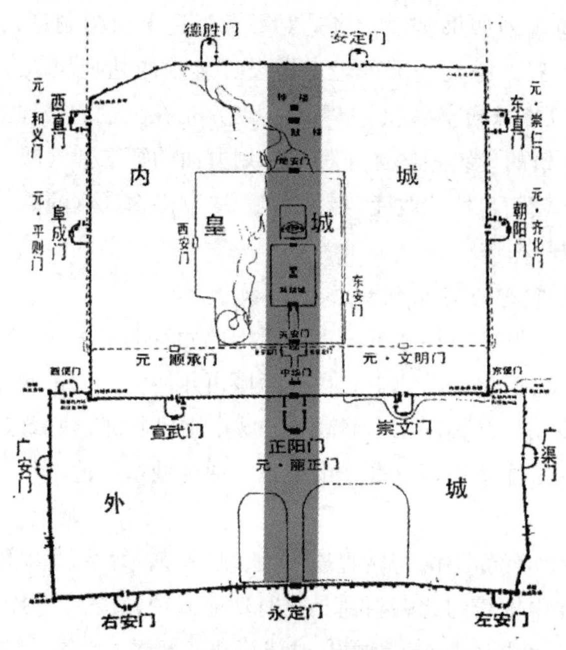

图 1-9　北京中轴线平面图

2. 城门建筑组群的景观艺术

明北京城池建设是城市环境整饬的重要部分，因其重要的军事防御功能而成为明代最早整修的城市建筑，洪武初便对周长 20 km 的夯土城墙外侧“创包砖甓”。正统元年（1436 年）至正统四年（1439 年）修筑城楼、箭楼、瓮城、闸楼，各城门外立牌楼，城四隅各置角楼一座。在对城池的建设方面，明代统治者早已不满足元大都的“草披土筑”形式，虽城市格局基本沿袭元大都城之旧，但城垣与城门组群建筑的设计更趋向于体现等级规制和艺术性。

北京内城九座城门建筑组群的内容基本相同，皆由城楼、瓮城、箭楼、窝桥及牌楼组成，构成别具风采的城门建筑组群艺术景观。其中正阳门的等级规制和尺度明显高于其他八个城门，九门箭楼中唯有正阳门箭楼开辟城门，箭楼门正对城楼门，专供皇帝御驾进出京城所用。正阳门的建筑规制俗称“四门三桥五牌楼”，远大于内城其他八门的“二门一桥三牌楼”。

以正阳门组群建筑形制为例。正阳门箭楼东、西、南三面各辟箭窗四层，南面每层十三孔，共五十二孔；东、西两面每层四孔、每面各十六孔，连抱厦二孔，共有箭窗八十六孔。后经改造，抱厦东、西两面各增四孔，箭窗最终合计九十四孔。箭楼面阔七间，通宽约 62 m，进深 20 m；北出抱厦庑座五间，面宽 42 m，进深

12 m；箭楼通进深 32 m，通高 35.37 m。箭楼为重檐歇山式，灰筒瓦绿琉璃剪边，饰绿琉璃脊兽。

正阳门城楼面宽七间，进深三间，通宽 50 m，进深 24 m；城楼通高 43.65 m。重檐三滴水歇山顶，灰筒瓦绿琉璃剪边，绿琉璃脊兽，朱梁红柱，金花彩绘。上下两层楼阁，上层外有回廊，前后檐装菱花隔扇门窗，下层朱红砖墙，辟过木方门。

北京的城门建筑是以“礼”体现艺术的典范，儒家美学观认为，单纯的形式美和审美享受并不是真正的艺术和美，只有“通于伦理”的、节之以礼的、缺乏形式美的、缺乏审美的艺术才是真正的艺术和真正的美。即：美不是善加上美的形式，而是善及其形式。这一点在北京城门建筑形制上得到了充分的体现。

光绪二十九年（1903 年）筹备修复正阳门，负责工程事宜的直辖总督袁世凯和顺天府尹陈璧在奏折中尊崇正阳门“宅中定位，气象巍峨，所以仰拱宸居，隆上都而示万国”，并提到“其工费固宜核实樽节，而规模制度究未可稍涉庳隘，致损观瞻”，可见工程费用还在其次，重要的是其原有规制不可随意更改。但在庚子战乱中，工部所存案卷已“全行遗失无存”，遂拟出一个补救办法，即“原建丈尺，既已无凭稽考，惟有细核基址，按地盘之广狭，酌楼度之高低，并比照崇文、宣武两门楼度，酌量规划，折中办理。”但须“后仰而前俯，中高而东西两旁皆下，似与修造作法相合，而体格亦尚属匀称惟是。此事关系重大……”正阳门的“规模制度究未可稍涉庳隘，致损观瞻”。只有通于伦理、节之以礼才能体现真正的美，而不致有损观瞻。

正阳门箭楼连城台通高 35.37 m，比内城其他箭楼高出 5 ~ 6 m。通宽 62 m，较其他箭楼宽出 8 ~ 11 m。通进深 32 m，比其他箭楼多出 5 ~ 11 m。箭窗 86 孔，比其他箭楼多 4 孔（改造后共计多出 12 孔）。

正阳门城楼连城台通高 43.65 m，比内城其他城楼高出 7 ~ 11 m。通宽 41m，较其他城楼宽出 2 ~ 10 m。通进深 24 m，比多数城楼多出 1 ~ 6 m。

正阳门不仅瓮城总面积大于其他城门瓮城，而且瓮城内庙宇也多于其他城，除常规的关帝庙外，还建有其他瓮城内都没有的观音庙。

正阳门窝桥称“正阳桥”，正阳桥尺度也大于内城其他八城门的窝桥，规制为三通道式（其他窝桥均为一通道式），中间主道为御道，只供皇帝进出城之用，百姓只能走两侧通道。《燕都丛考》记：“正统四年四月，修建京师门楼城壕桥闸完……又深其壕，两涯悉甃以砖石。九门旧有木桥，今悉撤之，易以石。”又记：“正阳门外跨石梁三，余八门各一。”

正阳桥始为穹形，后改筑为平式。清人吴长元在《宸垣识略》中对正阳桥及牌坊有如下描述："正阳桥在正阳门外，跨城河为石梁三；其南绰楔五楹，甚壮丽。金书正阳桥，清、汉字。"

牌楼亦称牌坊，古称绰楔。正阳桥牌楼的尺度也大于内城其他八个城门的牌楼，规制为五间六柱五楼式（其他各门牌楼均为三间四柱三楼式），故又称"前门五牌楼"。《英宗正统实录》记载："正统四年四月丙午，修造京师门楼、城壕、桥闸完，正阳门正楼一，月城、中、左、右楼各一，崇文、宣武、朝阳、阜成、东直、西直、安定、德胜八门各正楼一，月城楼一，各门外立牌楼。"城门牌楼是各城门建筑群最外端的标志性构筑物，是城门艺术景观中轴线的起点。

从正阳门建筑组群的尺度上可以看出明代城垣建设规制的严格，而这种规制除规范等级制度外，还体现了以"礼"和"通于伦理"为形态美的理念，儒家观念中的城市艺术就是礼制在城市构成中的表现，认为美就是"礼"及其形式，作为城市形象的城门建筑群有代表性地诠释了由儒家特定实质决定的"美的形态"。

明代城池无论规制还是艺术水准都超越了元代。1969 年北京拆除西直门箭楼时，发现其城台中还包砌着一个小城门，西直门在元代称"和义门"，主城门在瓮城东侧西直门城楼处，由于小城门位于瓮城西墙，故应为"和义门"的瓮城门（因在明代箭楼的位置，或称和义门箭楼）（见图 1–10）。从意外发现的这座瓮城门的体量与设计看，明显逊于明代的城门建筑，建筑质量也较差。

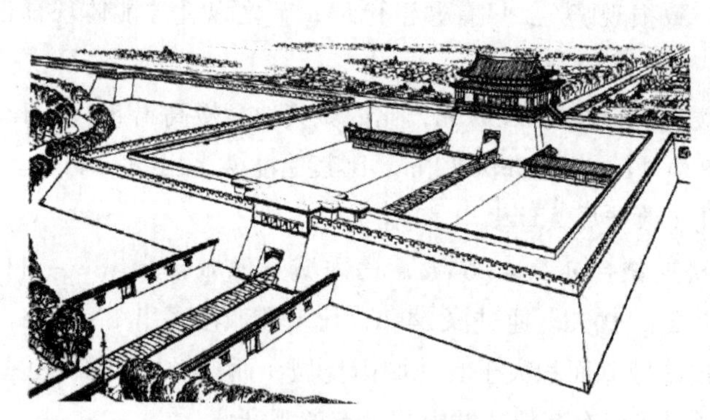

图 1–10　元大都和义门瓮城复原图

据记载，为加强大都城的防御，元至正十九年十月初一（1359 年 10 月 22 日），统治者曾下令大都城的 11 个城门都要加筑瓮城。

和义门箭楼与西直门箭楼形制比较如下。

（1）和义门箭楼（瓮城门）。1969 年出土的元大都和义门城门残高约 22 m，门洞长 9.92 m，宽 4.62 m，内券高 6.68 m，外券高 4.56 m，城门为券洞结构，是在两座门墩中间起四层砖券，均用竖砖，券脚只有一层半落于墩台面上，技法较原始，箭楼面层为元代小薄砖砌筑。门墩面宽 3.5 m，内侧角砌有石角柱。门洞内两侧有门砧石和铁制鹅台（承门轴的半圆形铁球），原有木制门扇，门框及门额均于填筑前拆去。

（2）西直门箭楼。箭楼城台基宽 40 m，楼体面阔七间，宽 35 m，进深三间 21 m，后出庆座五间，宽 25 m，进深 6.8 m，通进深 27.8 m，庑座开过木方门三个，箭楼正面开四层箭窗，每层 12 孔，两侧面各开箭窗四层，每层 4 孔，庑座两侧各开箭窗 1 孔，共有箭窗 82 孔。

闸楼无城台，建于瓮城南侧券门之上，为灰筒瓦硬山顶，饰灰瓦脊兽，面阔三间，正面开箭窗二排每排 6 孔，共 12 孔，闸楼背面正中开过木方门，两侧间各开一方窗。箭楼面层为明代大城砖砌筑（见图 1-11）。

图 1-11　西直门箭楼

从上述比较看，明代城门与城墙不仅形制高大、建筑装饰趋向艺术化，其材料选择也更加精心。明初开始以砖包砌元大都土城，此后历经修葺，除对砌筑工艺有严格的规定外，对城砖的材质把控更是严格。具考证，明代早期的城砖皆产自江南，由京杭大运河运抵北京，目前所见有砖铭记录的城砖已包括成化至崇祯的所有朝代。这些城砖的铭文详细记录了与城砖生产相关的官员、窑户、工匠等，体现出当时严格的生产责任制度。

为了确保城砖的质量，工部特别制定了具体的鉴别标准和方法，使对城砖品质的鉴定更具可操作性。

“万历十二年十月庚申，工部覆：司礼监太监张宏传砖料内粗糙者申饬，烧造官务亲查验，敲之有声、断之无孔，方准发运。”

“万历十二年（丁巳）十二月，工部侍郎何起鸣条陈营建大工十二事。一议办物料砖须有声无孔……”如此看来，明代筑城所用砖必须达到敲之音质清亮，断之密实无隙的标准才算合格。“敲之有声，断之无孔”也因此而成为明城砖优良材质的标签。

从城砖质量的视角不难看出明代对于北京城池艺术形象的重视程度。

3. 棋盘式街巷布局与建筑规制下的艺术

我国古代王城理想的道路布局是经纬涂制的路网，所谓“九经九纬，经涂九轨”，即以“九经九纬”三条大道为主干，附以与之平行的次干道，结合顺城的环涂而构成。棋盘式城市道路网及街巷布局是古代都城的传统布局，也是北京城市路网的基本特征。明北京城的街道布局仍沿用元大都之旧，保持了棋盘式的格局。马可·波罗形容元大都“全城地面规划犹如棋盘，其美善之极，未可言宣”。

元大都城的南北向和东西向各 9 条干道（包括顺城街），干道阔 24 步，小街阔 12 步，胡同阔 6 步。按一步为 1.55 m 计算，分别为干道 37 m，小街阔 18 m，胡同 9 m。明北京城的街道布局基本沿用了元大都的道路制式，特别是内城一直保留着方正的街巷格局。

明代北京城共分 36 坊，内城 28 坊，外城 8 坊，元明时期北京城的里坊制体现了中国传统城市的组织艺术和城市文化性格。

从《考工记》营国制度看，里坊制也是儒家传统秩序思想的体现。整个城市以宫城为中心，形成宫城、皇城、大城的秩序状艺术格局。而依靠“九经九纬，经涂九轨”的道路将皇城外围划分为若干独立区域，在每个区域内按规制建设，既体现围合又注重秩序，既有色彩对比又有艺术构成，大片灰色民居建筑编织的城市的朴素肌理，烘托着宫城红墙黄瓦的尊贵。

丹麦城市规划学家罗思·穆森曾赞叹：“北京，古老的都城，可曾有过一个完整的城市规划的先例，比它更庄严、更辉煌？”“整个北京城乃是世界的奇观之一。它的平面布局匀称而明朗，是一个卓越的建筑物，象征着一个伟大文明的顶峰。”美国建筑学家贝肯也曾说：“在地球表面上人类最伟大的单项工程可能就是北京城了。整个城市深深沉浸在仪礼规范和宗教仪式之中。”

棋盘式的城市街巷布局是北京城整体礼制秩序的一部分，在这里，儒家思想得到了艺术性的表述。《礼记》开篇即说：“夫礼者，所以定亲疏、决嫌疑、别同异、明是非也。”又曰：“道德仁义，非礼不成。教训正俗，非礼不备。分争辩议，非礼不决。君臣、上下、父子、兄弟，非礼不定。”而在现实生活中，“礼”不仅决定着人伦关系，还决定着城市布局和建筑形式。儒学认为，美就是“礼”及其形式，礼作为实质决定着美的特定形态，儒家观念中的城市艺术就是礼制在城市构成中的表现。

由于对礼的尊崇，等级与制度被严格划分和执行。我们在整个北京城的规划中看到了以礼制与秩序为“美”的布局艺术，正是这种特定的艺术形式形象地体现出“别同异”和“君臣、上下……非礼不定”的美学观念。

英国人李约瑟曾评价北京城的整体规划：“中国的观念是十分深远和极为复杂的。因为在一个构图中有数以百计的建筑物，而宫殿本身只不过是整个城市连同它的城墙、街道等更大的有机体的一个部分而已……这种建筑、这种伟大的总体布局，早已达到它的最高水平。它将深沉的对大自然的谦恭的情怀与崇高的诗意组合起来，形成任何文化都未能超越的有机图案。”

无论宫殿、城墙、街道还是民居，都是这种棋盘式城市布局的“更大的有机体的一个部分”，它们互相关联、互相衬托，魅力也因此而得到发挥。

如果说北京棋盘式城市布局是基于一种宏观的伦理秩序，那么在此格局下的建筑则有着更为具体的礼制规范。

中国的建筑等级制度是以“礼”为内涵的，回首周代的建筑等级制度，包括三个方面：①建筑类型；②营造尺寸；③构筑形式、色彩与装饰。

（1）建筑类型。明堂、辟雍等只有“天子”能够享用。而泮宫、台门、台等，属于天子和诸侯才可拥有的建筑类型。

（2）营造尺寸和数量。营造尺寸和数量是“礼”的重要形态特征，如王宫门阿之制、宫隅之制及城隅之制，均按周礼等级划分出不同的标准。对于诸侯国都及卿大夫采邑，在规模和数量上都有差异。如“公之城方九里，宫方九百步；伯之城方七里，宫方七百步；子男之城方五里，宫方五百步。”“王宫门阿之制五雉，宫隅之制七雉，城隅之制九雉……门阿之制，以为都城之制；宫隅之制，以为诸侯之城制。”“天子之堂九尺，诸侯七尺，大夫五尺，士三尺。”“王有五门，外曰皋门，二曰雉门，三曰库门，四曰应门，五曰路门。”“凡乎诸侯三门，有皋、应、路。”

（3）构筑形式、色彩与装饰。形式、色彩与装饰都体现着“礼”的鲜明特征。如“楹，天子丹，诸侯黝垩，大夫仓，士黈”，天子宫殿屋顶为“四阿顶”，卿大夫以下宫室屋顶则为两坡顶。只有天子的庙堂可使用“山节”“藻棁”来装饰，其他人均不得使用。

周代的建筑等级制度是以“礼”为中心的国家根本制度之一，城市的美不仅在于其特定的实质——礼，还在于由这种特定实质决定的特定形态，这种体现在建筑上的形态体现的是基于礼制的等级规制。此后，唐、宋两朝也都有较明确的关于建筑等级制度的规定。明朝则制定了一套更严苛的建筑等级规制，《明太祖实录》卷六十记载，“洪武四年正月戊子，命中书定议亲王宫室制度。工部尚书张允等议：‘凡王城，高二丈九尺五寸，下阔六丈，上阔二丈。女墙高五尺五寸。城河，阔十五丈，深三丈。正殿，基高六尺九寸五分；月台，高五尺九寸五分；正门，台高四尺九寸五分；廊房，地高三尺二寸五分。正门、前后殿、四门城楼，饰以青绿点金；廊房，饰以青黑；四城正门，以红漆金涂铜钉。宫殿窠拱攒顶，中画蟠螭，饰以金边，画八吉祥花；前后殿座用红漆、金蟠螭；帐用红销金蟠螭；座后壁则画蟠螭、彩云。立社稷、山川坛于王城内之西南；宗庙于王城内之东南。其彩画蟠螭改为龙。’从之”。以此看，明代的建筑等级制度严格而精细，程度甚至超过唐、宋两朝，等级的划分也更加细微具体，仅厅堂、大门及梁栋绘饰的规制就设有四个等级标准，如表 1-1 所示。

表 1-1　明代建筑构筑形式、色彩与装饰登记标准

官职等级	厅　堂	大　门	门　环	绘　饰
公侯	七间九驾	三间五架，金漆	兽面锡环	梁栋、斗拱、檐桶彩绘饰
一、二品	五间九驾	三间五架，绿油	兽面锡环	梁栋、斗拱檐、桶青碧绘饰
三至五品	五间七架	二间三架，黑油	锡环	梁栋、檐桶青碧绘饰
六至九品	三间七架	一间三架，黑门	铁环	梁栋饰以土黄
庶民庐舍	三间五架			禁止彩色绘饰

明代严格的建筑等级制度促使城市建筑不得不考虑更多的艺术设计方案来适应多层次的需求，做到既美观而又不“僭越”。明代都城建设也在继承历代传统的基础上，开创新制，奠定了这座城市的基本艺术模式。

4. 明代对元大都城的改建与增建

明代对北京城的整合与改建主要基于城市防御功能和艺术性两个方面，其建筑形式更注重审美需求，在满足使用功能的前提下，尽可能地提升城市的艺术形象。

二、清京师的城市艺术传承理念分析

（一）清京师城市营建的艺术传承与发展

1644 年（顺治元年），清朝统治者迁都北京，“定都京师，宫邑维旧”，完全沿用了这座前朝旧都，古城也因此得到完整的保留。这次改朝换代之所以罕见地未出现城市的重大损毁，一方面是因为没有在此发生激烈战事，更主要的还是缘于清朝统治者对汉族文化艺术的推崇。布局严整的城市，金碧辉煌的宫殿，怡人的城市景观……出身于游牧民族的满族（女真族的后裔）权贵们被这座城市的艺术魅力所折服。

对于明代的宫城建筑，清朝也只是进行了一些小范围的改扩建，如在紫禁城内先后增建了乾隆花园、畅音阁、乐寿堂、颐和轩、养性殿及景棋阁等，原仁寿殿改为皇极殿、宁寿宫。顺治十二年（1655 年），将万岁山更名为景山。乾隆十五年（1750 年），在景山上依中轴线左右对称地建了五座亭子，万春亭骑中轴线建于主峰正中；东侧依次是周赏亭、观妙亭；西侧依次有富览亭、辑芳亭。站在城市制高点的中亭之上可一览全城美景。

清代对太液池景区的整合可称为一次城市景观艺术的再创造，改建后的太液池分别称为南海、中海、北海，在景区内大量新建亭台楼阁，使“三海”景观更加丰富多彩。北海北岸增建的西天梵境和九龙壁都是难得的艺术精品，而拆除琼华岛广寒宫建起的白塔，更是成为“三海”景区乃至京城的标志性建筑。

清代的这些城市环境整饬措施，秉承的是一种对城市艺术传承发展的理念。清统治者对前朝遗存建筑与景观的态度并不是简单地否定，令其随前朝一同消亡。他们对城市环境与建筑采取的措施是从改变其最具朝代艺术特色的元素入手，赋予其新的时代特征。

清朝建立伊始，首先将具有政权象征的“大明门”改为“大清门”，原建筑无须拆毁，一块匾额的更换，使其瞬间变成了大清帝国的象征。顺治八年（1651 年），将修缮后的明皇城南门 —— 承天门改称天安门；次年，又将明皇城的北门 —— 北安门改为地安门；加上沿用原名的东安门和西安门，取“四方平安”之意。这种巧妙地更换概念的做法，既是一种经营城市的艺术，也体现了清早期的务实精神。

乾隆十九年（1754 年），增建了东、西外三座门及围墙，使天安门东西两侧的建筑空间更加丰富。

清政府这种务实的发展理念，既避免了大规模拆除重建造成的劳民伤财，又可使这些令其倾慕的城市艺术遗存继续为自己服务，也无形中为人类保存下了一尊完整的城市艺术作品。

永定门外的燕墩方形碑清晰地记述了大清帝国的治国方略。碑体南、北两面分别镌刻乾隆十八年（1753 年）汉、满文字对照的《御制皇都篇》和《御制帝都篇》。乾隆以益誉的文笔和恢宏的气度，赞颂了北京的地理形势和国民康泰。他在“序言”

中指出："王裴乃四方之本，居重驭轻，当以形势为要。则伊古以来建都之地，无如今之燕京矣。然在德不在险，则又巩金瓯之要道也。"这是他比较历朝及总结治国经验而得出的结论。乾隆在反思了清朝100多年的发展经历后认为，治理这个疆域辽阔的多民族国家，靠的不是据守北京的战略要地，而是以德治国的"怀柔政策"。最后诗曰："我有嘉宾岁来集，无烦控御联欢情。金汤百二要在德，兢兢永勖其钦承"。表明了他对以德治国光荣传统的尊承。

《皇都篇》则主要描述了北京的历史沿革及清代以来的繁荣景象，在结尾处乾隆皇帝笔锋一转："富乎盛矣日中央，是予所惧心彷徨。"意为：尽管政权稳固、经济兴盛，但仍应保持警惕，心存忧虑，居安思危。

《皇都篇》和《帝都篇》对了解清朝的治国思想具有重要的史料价值，通过解读也有助于我们深入理解清统治者对于传统城市艺术的尊崇与独到的城市发展理念。

（二）自然观下的京师艺术环境

在清代统治的200多年间，京师艺术环境的主要发展方向是开发西北郊的皇家园林，如清漪园（万寿山颐和园）、静明园（玉泉山）、静宜园（香山）、圆明园和畅春园，统称"三山五园"。其中最具艺术成就和影响力的当属至今保存完好的颐和园和仅存遗址的圆明园。

西北郊的自然地形地貌以及与京城的空间关系使其具备了一种特殊的开发价值，同时燕山山脉也是北京城市景观的重要衬景，正是因为有了这道隽秀山峦的衬托，北京的城市景观才显得清丽壮美、层次丰富。清代文学家龚自珍的《说京西翠微山》从独特的视角描述了这座京西名山与都城的密切关系："翠微山者，有籍于朝，有闻于朝……山高可六七里，近京之山，此为高矣。不绝高，不敢绝高，以俯临京师也。不居正北，居西北，为伞盖，不为枕障也。出阜成门三十五里，不敢远京师也。"文中除描述西山美景外，更以幽默的语调形象地表达了山与城的关联，谓其不敢绝高，不敢远离，如卫士一样拱卫着京师。寥寥数语，自然形态与艺术感悟跃然而出。

清朝统治者热衷于开发京师西北郊的皇家园林，与其民族自身的自然观有一定关联，其城市环境艺术理念表现为不局限于京师旧城的一砖一瓦，而是更注重城市的宏观风范，致力于建构城市与周边大自然的交流与呼应，这也是其民族自然观在城市环境艺术空间观念上的生动体现。

清代的宏观艺术理念还体现在博采众长和融贯中西方面。康熙于二十三年（1684年）和二十八年（1689年）曾两度南巡，回京后，即在明代清华园旧址上仿照其心仪的江南景观艺术营造了畅春园。此后，康熙每年大部分时间便居此"避喧听政”，从此逐渐形成了极具清代特色的帝王园居理政的惯例。

清代帝王每年居于不同园囿中的时间大约占 2/3 以上。例如，雍正、乾隆、嘉庆、道光等均长期居住在始建于康熙四十八年（1709 年）的圆明园，不仅在此享受别样的生活，而且设“朝署值衙”，直接在园内处理朝政及举办各类大型活动，使此处成为仅次于紫禁城的政治活动中心。

雍正三年八月二十七日（1725 年），雍正首次居住圆明园即敕喻吏部和兵部：“朕在圆明园与宫中无异，凡应办之事照常办理，尔等应奏者不可迟误。”可见当时圆明园政治地位之重要。

圆明园大宫门前东西两侧有六部朝房，为朝廷各衙属所在，二宫门内侧，是以正大光明殿为中心的一组布局严整的建筑群，皇帝按惯例在此朝会听政。

乾隆年间是圆明园营建的鼎盛时期，不仅工程规模大，营造水准高，而且还直接体现了清代帝王的艺术价值观。这座皇家园林与众不同之处在于，它不仅兼容了南北园林的艺术设计手法，而且还引进了西洋建筑的艺术风格。园内东北隅的“西洋楼”是建于乾隆十二年（1747 年）的欧式建筑组群，其设计出自西洋教士兼宫廷画家郎世宁和意大利教士王致诚。据法国人格罗西记载：“圆明园中，有一特别区域，其中建筑宫殿，尽为欧式，乃先清帝依意大利教士及名画家郎世宁之计划所建筑者。神父蒋友仁施展才能，制造抽水机关，即为点缀此等宫殿，及其邻近之地面……籍蒋氏指导，制成之无数喷水机关中，吾人可见象‘兽战’之形者、林中猎狗逐鹿之情景及水制之时钟。上文已述及中国一日为十二时辰，双倍我国之小时，华人并以十二种不同之动物表现之。神父蒋友仁异想天开，思欲聚此十二动物，于一欧式宫殿之前，位于一广阔三角形地之两边，形成一继续不断之时钟。此灵机特出之意念，竟得完成。此等兽类，轮流值班，口中喷水两小时，表现全日时间之区分。此喷出之水，按抛物线式，复注入池之中心。”

这组西洋景区内的建筑群包括“海晏堂”“远瀛观”“大水法”“谐奇趣”“黄花阵”“养雀笼”“方外观”“五竹亭”“线法山”等。

这些以汉白玉为主要材质的建筑，以欧式风格为主，融合中西建筑艺术之精华，表现出独特的艺术创造力。如欧式建筑装饰与中国的庑殿顶、五彩琉璃瓦融汇为一体，呈现出别具一格的建筑艺术风采。

对西方文化的开放态度，在乾隆万寿庆典的艺术设计上也有所反映。乾隆五十五年（1790 年），举国筹办盛况空前的乾隆皇帝八旬万寿庆典，据史料记载：乾隆八旬庆典分三处进行，七月初七至二十三在承德避暑山庄；二十四回銮，三十抵达圆明园，八月十三由圆明园回宫。銮驾所经之路沿途搭建各式“点景建筑”，遇水设龙舟，逢山置宝塔，无不精雕细琢、金碧辉煌（见图 1–12）。

图 1–12 乾隆帝八旬万寿图（局部）

乾隆时期对不同民族、不同国家文化与艺术的这种兼容态度，极大地丰富了城市环境艺术的概念，有清一代，艺术自然观对城市设计理念的发展起到了积极的推动作用，从艺术层面拓展了城市艺术思维。

咸丰年间，圆明园遭英法联军焚毁。至光绪朝，帝后园居的中心便转到了颐和园，颐和园的前身为建于乾隆时期的清漪园，乾隆即常在清漪园游玩与听政，当时的勤政殿与九卿朝房构成园中的朝政部分。光绪重建后，将清漪园改称为颐和园，勤政殿更名为仁寿殿，以仁寿殿为中心的建筑组群成为一个政治活动区，包括仁寿殿、殿前两侧的配殿、仁寿门外两侧的九卿朝房以及东宫门外的朝房。慈禧、光绪园居时经常在此处理朝政、接见大臣与外国使节，这里也成为清末京师的第二政治中心。

清末的颐和园几乎成为慈禧太后的活动中心，其万寿庆典的主要朝贺典礼亦设在仁寿殿，东宫门、倚虹堂宫门、锡庆门、仁寿殿等处都要搭建彩棚、彩殿。据《万寿千秋筵宴彩棚地盘画样》中注："彩棚一座，面宽十一丈四尺五寸，进深三丈一尺，柱高三丈三尺。前接平台一座，五间通面宽七丈一尺五寸，进深二丈六尺，柱高二丈六尺，柱脚下安套顶石。拟将龙凤灶缸陈设安设地平板上。"彩色绘制的《万寿千秋筵宴彩棚正面立样》中也注有："殿式彩棚上成做万福万寿花样。彩殿天花用五色稠成做。天花上安设彩做云蝠。四角中安五龙捧寿。天景做成寿字栏杆。活安玻璃隔扇、福寿玻璃隔扇。"

慈禧本人亲自参与其六十大寿的筹备事宜，并对"点景"设计极为关注。《万寿点景画稿》详细描绘了从颐和园到西华门的点景建筑，沿途搭满牌楼、彩棚、经坛、戏台等。现存于故宫的庆典 60 段点景画稿形象地记录了当年慈禧庆寿活动的豪华内容。从颐和园到西华门沿途共搭建龙棚 18 座，彩棚、灯棚、松棚 15 座，警棚 48 座，戏台 22 座，经坛 16 座，经楼 4 座，灯楼 2 座，点景 46 座，音乐楼 47 对，灯廊 120 段，灯彩影壁 17 座，牌楼 110 座（后因甲午战争爆发，部分点景工程未实施）。

后慈禧迫于战事吃紧、财力及舆论等诸方面的压力，最终取消了原定在颐和园的受贺活动，同时取消了《万寿点景画稿》中设计的从颐和园到紫禁城沿途的“点景工程”。光绪二十年八月二十六日上谕：“讵意自六月后，倭人肇衅，变乱藩封，寻复毁我舟船，不得已兴师致讨。刻下干戈未戢，征调频繁，两国生灵均罹锋镝，每一思及悯悼何穷……予亦何心侈耳目之观受台莱之祝耶？所有庆辰典礼著仍在宫中举行，其颐和园受贺事宜即行停办。”而此时，大部分“点景工程”已动工一年多，颐和园搭建彩棚 98 间，万寿寺搭建彩棚 55 间，物料已消耗过半，巨大浪费已无法避免。

尽管慈禧被迫取消了颐和园的受贺典礼，并将其改在紫禁城内举行，但从最初受贺地点的选择已很明显地表露出颐和园在她心中的位置。晚年的慈禧太后行事做派处处喜欢模仿乾隆，万寿庆典自然更要以“乾隆年间历届盛典崇隆垂为成宪”。谓之：“以昭敬慎，而壮观瞻”。可见乾隆的自然观艺术理念对后世影响之大。

清代帝王热衷于自然山水之道的根源之一还在于儒家“君子比德”的美学思想，以山水之性对应君子品德，“水”成为具备仁义礼智的完美君子人格的象征；而“山”的品质则成为帝王仁德的象征，“智者”“仁者”自然也就成为帝王的形象。这些在乾隆《御制帝都篇》以“德”治国的思想中都有所印证。

第二章　现代城市艺术观念

第一节　大众文化的崛起

一、文化与大众文化

1982年的“世界文化大会”发表的《关于文化政策的墨西哥宣言》里曾明确提出：“文化赋予我们自我反思的能力。文化赋予我们判断力和道义感，使我们成为有特别的人性的、理性的生物。我们正是通过文化辨别各种价值并进行选择。人正是通过文化表现自己、认识自己、承认自己的不完善、怀疑自己的成就、不倦地追求新的意义和创造出成果，由此超越自身的局限性。”我们也常常提到“某人有文化”或“文化程度如何”，指的是一个人认字的多少、掌握和运用文字的能力、接受教育的程度；而在另一层面上，不只是普通人，即便是专家，对“文化”亦有各种不同的理解，大到人类的进化、文明的发展，小到个人的行为、心理、思维、价值观念，都可以是文化。据统计，世界上专家学者对文化下的定义有260多种。毫无疑问，“文化”一词的内涵和外延在时空发展上都具有明显的泛化倾向，直至成为一个人类所能意识到的、无所不包的东西。从此，“什么是文化”的本质论问题逐渐退隐，拿来就用、张口就说的文化成为普通大众的时髦谈资，而严谨的学者则从系统论的具体层面上展开他们的话题与讨论。

“致力于人文科学和自然科学的沟通以及诸种学科之间的有机结合，把自然科学和人文关怀融通”的法国当代著名学者艾德加·莫兰，鉴于“文化”在人文科学和日常用法中的模糊、不确定与多义性，从5个不同层面对其加以分辨和确认，得出如下结论：“第一，从人类学的意义上说，文化与自然相对，并且因此而包括所有不属于天生行为的东西。因为人的特点是有本能，而本能很难由程序来确定；文化是指所有属于组织、结构、社会程序范围内的东西，所以文化最终与人所特有的一些方面混淆在了一起。第二，人类学上对文化的另一种定义指的是所有有意义的东西——首先是语言。这意义的范围和第一种定义中一样宽泛，包括所有的人类活动，只不过强调的是人类活动的意义和精神的方面。第三，有一种人种志上的意义，其中文化的东西与技术的东西相对，包括了信仰、宗教仪式、标准、价值、行为模式（从各种语汇中提取的一些杂七杂八的词汇，不知该归哪一类，只能保存在文化这个杂货店里）。第四，社会学意义上的'文化'这个词显得更加是个废品回收站，专门回收经济、人口统计、社会学等学科无法吸收的废物，所包容的范围有心理情感、人格、感受能力及社会关联；有时候它的范围甚至收缩到我们所说的'有关学问的文化'。第五，将文化的概念集中在古典人文科学和对文学艺术的兴趣上的观念。与前边的观念所不同的是，这种观念很受人们的吹捧，从伦理上和以精英为重的意义上来看，有文化和没有文化是相对的。"经过以上的分层剖析，艾德加·莫兰认为："一方面，'文化'这个词在完全的意义和杂烩的意义之间摇摆，另一方面又在人类学、社会学、人种志学的含义和伦理学、美学的意义之间摇摆。事实上，在谈话和论战时，人们往往会不知不觉地从宽泛的意义过渡到狭窄的意义，从中性的意义过渡到为人们所吹捧的意义。因此，人们把大众文化和有关学问的文化作为相对立的两种文化，却忘记了在这两种说法中，'文化'这个词的含义不同了……这实际上是将具有人种志学和社会学性质的大众文化同具有标准化作用和贵族倾向的有关学问的文化进行比照。如果我们不能从一开始就明白这实际上是两种层次的不同概念，我们就无法制定文化政策。"在此基础上，艾德加·莫兰从两方面说明了文化的总括性或普遍性特点：第一，将文化的概念归结为语义学的概念，并按结构语言学的模式到语义学中去寻找文化系统的编码和结构；第二，文化中最重要的是与生存有关的方面，它不应被看成一种概念，也不是一种供参考的原则，而是人们体验一种总体问题的方式。艾德加·莫兰认为文化概念的意义"只能是联系生存的黑暗和结构的形式的意义"，认为"必须将文化看成是一种在生存的经验和形成的知识之间进行沟通、进行对话的体系……文化体系与经验的关系是双向的：一方面，文化体系从生活中提取经验，以供吸取，必要时还可以贮存；另一方面，文化体系还为生活提供框架和结构，在将实践和想象分别或混合的同时，保证人在生活中的行为或参与，或享乐，或迷醉等"。

德国哲学家卡西尔最早提出，文化是人类创造和运用符号的领域，包括神话、宗教、语言、艺术、历史和科学等形态，它主要处理人类生存的意义问题。美国当代文化批评家丹尼尔·贝尔也倾向于将文化视为表达或阐释人类生存意义的象征形式。美国文化人类学家克利福德·格尔茨在其名著《文化的解释》中表述了相似的意见，他说："我主张的文化概念实质是一个符号学的概念。马克斯韦伯提出，人是悬在由他自己所编制的意义之网中的动物，我本人也持相同的观点。于是，我以为所谓文化就是这样一些由人自己编制的意义之网，因此对文化的分析不是一种寻求规律的实验科学，而是一种探求意义的解释科学。”“人是意义的动物”，失去了意义，人将不成为人，文化也将不成为文化。因此，周宪认为：“所谓文化，究其本质乃是借助符号来传达意义……文化的核心就是意义的创造、交往、理解和解释。”美国当代社会学家布朗在其代表性著作《社会作为一本书》中则提出，把社会看成一本书，这本书随时代推移而由不同人群不断续写、改写和阅读；文化是一个动态的过程。显而易见，布朗笔下的“文化”与“社会”是可以通约的概念，其文化概念具有很强的隐喻性。把文化比作一本不断改写的书，这对我们看待文化是有启发性的。

虽然像艾德加·莫兰一样，绝大多数学者在分析“文化”概念时使用了分层解剖法，但是他们大多并没有在其文化概念中为大众文化明确设定合适的领域，只有美国当代文化批评家弗雷德利希·杰姆逊真正解决了文化分层中的大众文化疆域问题。杰姆逊认为文化有三层内涵：一是指“个性的形成或个人的培养”；二是指与自然相对的“文明化了的人类所进行的一切活动”；三是指与贸易、金钱、工业和工作相对的“日常生活中的吟诗、绘画、看戏、看电影之类”娱乐活动。这第三层意思体现了杰姆逊的特殊立场和关注焦点：后现代文化或消费文化其实就是以日常感性愉悦为主的大众文化。

明确了大众文化在文化中的基本范畴，那么就来正面审视这一“每时每刻潜移默化地影响，甚至塑造人们的情感和思想，成为人们日常生活的一个当然组成部分”的文化现象。

关于大众文化的界定，西方学者曾经列出了至少6种不同定义：第一，大众文化是为许多人所广泛喜欢的文化。这个定义强调了受众在数量上的绝对优势，但没有考虑价值判断。第二，大众文化是在确定了高雅文化之后剩余的文化。这里注重它与高雅文化的明显区别，但忽略了两者之间的复杂关系。第三，大众文化是具有商业文化色彩的、以缺乏辨别力的消费者大众为对象的群众文化。这里主要从批判和否定意义上理解大众文化，无视它的积极意义。第四，大众文化是人民的文化。这里强调大众文化是“人民”自己创造的，但未能指出这种创造所受到的文化语境的深层制约。第五，大众文化是社会中从属群体的抵抗力与统治群体的整合力之间相互斗争的场所。这个定义对大众文化不是理解为一种文化实体，而是理解为不同群体之间的“霸权”斗争战场，但与斗争相对的协调方面却基本忽略了。第六，大众文化是后现代意义上的消融了高雅文化和大众文化之间界限的文化。这里突出了近来大众文化与高雅文化间的融合或互渗趋势，但有可能因此而抹杀其差异性。

英国文化学者威廉斯 1976 年出版的《关键词：文化与社会词汇表》中，有一段话经常为人们所引用："大众文化不是因为大众，而是因为其他人而得其身份认同的，它仍然带有两个旧有的含义：低等次的作品（如大众文学、大众出版商，以区别于高品位的出版机构）；刻意炮制出来的以博取欢心的作品（如有别于民主新闻的大众新闻或大众娱乐）。它更现代的意义是为许多人所喜爱，而这一点，在许多方面当然也是与旧有的两个意义相重叠的。近年来，事实上是大众为自身所定义的大众文化，作为文化，它的含义与上面几种都不同，它经常是替代了过去民间文化占有的地位，但它亦有很重要的现代意识。"如果把威廉斯的意思引申开来，可以得出关于大众文化的三种理解：第一种是大众文化的中性概念，即低等次的文化作品，主要指与严肃艺术、精英文化相对立的通俗艺术、流行文化。第二种是"大众文化"的批判性概念，即刻意炮制出来的"文化工业"；在西方马克思主义主要是"法兰克福学派"中，大众文化统指文化工业制造的产品，主要包括电视、广播、广告、流行报刊等大众传媒文化。第三种是"大众文化"的肯定性概念，即体现了文化民主化倾向的现代民间文化，为普通大众所喜闻乐见，应当高度评价。

从大众文化的生产与消费角度进行综合分析，大众文化"是自由市场经济把价值规律和商品交换逻辑向文化领域的推演，现代技术对人的物质和精神产品的生产消费行为改变的必然产物"。因此，它有三大特征：一是商业性。当代大众文化与其他文化形式的本质区别是，其文化产品由于体现了创造者的具体劳动、具有特定的使用价值、要在市场上流通等特点而具有商品属性，使"文化工业的每一个产品，都是经济上的巨大机器的一个标本"。在这些标本中，商品属性已凌驾于一切之上，成为最本质的属性之一。而它作为文化所应具备的精神价值、情感价值也日益被商业利润所渗透、侵蚀，成为伪精神与伪情感。这与文化产品的审美属性相比，大众文化只承认效益，以市场上的叫卖声为指归。二是感官愉悦性。为迎合消费者的虚拟性消费，当代大众文化就以寻求大众感官快适的直接性为原则，以其欲望化的叙事法则，对大众的感官进行着刺激和按摩。同高雅文化那种凛然超拔于世俗化、功利化、感官刺激的旨趣大相径庭。所以，当代大众文化一般不以理性的、审美的条件要求其受众，而是以普通的、自娱自乐的、消遣的感官刺激来迎合大众的口味；滞留于人的"现实感性"维度，满足其生理层面的需求，如无理性的暴力、索然寡味的煽情……直接服务于大众的感官愉悦，以至达到了为感官愉悦而感官愉悦，大众对它的需求已如吃喝拉撒一样，是一种自然需求而非精神需求。三是复制性。当代大众文化也是一种技术性文化。事实上，如果没有现代科学技术，当代大众文化就无从产生。这是因为现代科学技术不仅为当代大众文化的产生提供了技术手段，而且为当代大众文化的传播提供了媒体，同时为当代大众对大众文化的消费提供了设备。大众文化从其生产、传播及消费都带有明显的技术特征。基于技术与基于商业性，大众文化生产就具有了鲜明的复制性。例如，一件好的作品受到大众的关注，人们对它的需求所暗含的巨大经济利益使生产完全可以放弃由“唯一性”而带来的艺术价值，反而以大批量的生产将其兑换为交换价值。因此，当代大众文化“原则上是可以通过相同的劳动过程生产出来的”。它的生产就像工业产品的加工那样完全可以通过标准化的流水线大规模地复制出来，这就形成了当代大众文化外在风貌的机械、单调、统一，呈现给大众的是始终没有风格的东拼西凑的大杂烩。

作为一个总体概念的“文化”泛化了，作为子概念的“大众文化”也在泛化；“大众文化”虽没有“文化”气吞山河的气势，但是其内涵和外延却具有明显的时代特色，经历了由贬斥到褒赞、从“乌合之众”走向“大众流行”的情感变色过程，同时因其与文化产业的不解之缘而成为主导舆论吹捧的明星。艾斐认为：“这里所说的‘大众文化’，与传统意义上的大众文化并不具有同一的命意和内涵，而是专指在改革开放和市场经济条件下所出现的一种以现代科技为传播手段的社会型、大众化的文化形态。这种文化形态的主要特点，是具有鲜明的信息性、科技性、商业性和产业性，具有强烈的实用功利价值和娱乐消遣功能，具有批量复制的创作生产方式，具有快速、直观、应时、随意的创作特点，具有主体参与、感官刺激、精神快餐和文化消费的都市化、市民化、泛社会化的审美追求，特别是具有与西方后现代文化及广义市场经济文化的契合性和呼应性。所有这些特点，不仅在卡通片、警匪片、摇滚乐、霹雳舞、流行歌曲、通俗小说、行为绘画、实证电视等中可以清楚地看出来，而且在西方文化影响下和市场背景下出现的常规性的录音、录像、广播、影视、书籍、报刊等中，也同样可以看出来。”有鉴于大众文化的语义复杂性，有学者在比较综合的基础上对大众文化下了一个“简要的操作性定义（不是最后的定义）”：“大众文化是以大众传播媒介（机械媒介和电子媒介）为手段、按商品市场规律去运作的、旨在使大量普通市民获得感性愉悦的日常文化形态。在这个意义上，通俗诗、报刊连载小说、畅销书、流行音乐、电视剧、电影和广告等无疑属于大众文化。”有学者认为大众文化“偏重‘感性愉悦’，它不以提供对世界的理性反思为目的，而主要倾向于创造娱乐大众的文化形式，达到‘捕获’大量受众、获取商业利润的目的。因此，感性层面上的‘快乐’成为大众文化的运作核心”。并进一步指出：“大众文化所提供的感性愉悦，不是神圣的迷狂和欣悦，而是一种在人们的日常生活环境中的日常经验和体验，它往往自觉不自觉地远离精英文化的批判性意蕴，放弃精英文化的那种‘赐予文化’的姿态，将‘生产快乐’（而不是‘生产意义’）作为主要的制作原则。”对大众文化的审美风格有见仁见智的看法实属正常，但是感性层面的快乐或者说感性愉悦是大众文化产销运作的核心却成为人们的一个基本共识。

二、审美与审美文化

在中国大众文化刚刚崛起的20世纪80年代，那时的美学主流认定：审美（包含艺术和其他审美活动）是精神性的甚至是形而上意义的，它指向一种不同于现实世界的“第二自然”，追求一种超然于日常平庸人生之上的纯粹精神体验；同时，审美活动追求无功利，既不以满足人的实际要求为目的，也不以满足人的欲望本能为归宿。可以说，这是一种传统的精英性的“纯审美”或“唯审美”观念，它强调的是审美与艺术所具有的与日常生活相对立的精神性或超验性内涵；其最适合的审美对象往往是具有强烈的终极关怀意义的、神性思考层面上的经典文化或者说高雅文化。20世纪90年代中期以来，上述“纯审美”或“唯审美”观念却迅速被“审美文化”话题取代。

随着中国社会向市场经济的迅速转型，市场经济对社会生活的各个领域，包括现代大众传媒和审美文化产生了重要影响，在大大增加了人的生存负荷之后为人们留出了更多的大块生活闲暇时间，于是，审美在痛苦的争吵中迅速走向产业化、商品化和日常生活化；而后从理性沉思到感性愉悦的审美趣味转向，又促使审美文化走向娱乐化、欲望化和享乐化，并形成了审美与生活的全面互渗态势。20世纪90年代以来，在市场逻辑的掌控和数码技术的支撑下，精英文化和高雅文化不断被边缘化，而物质化和世俗化的新型消费文化——以产业化的大众文化为表征——不断扩大着自己的地盘并迅速成为事实上的社会主流文化。正是在这种情势转变中，人们越来越不满足于“纯审美”或“唯审美”，而是渴望美在生活、实用、通俗和商业的基础上展现自身，美成为日常生活本身的组成部分。一方面，以往的纯审美被泛化到文化生活的各个层面，日常生活体验成为审美的重要资源；另一方面，日常文化生活也趋向于审美化，有意无意地将审美作为自己的标准，泛审美倾向尤其明显。正是在这样的文化氛围中，审美文化取代传统审美就成为必然。

“审美文化”概念的出现，体现了对孤立地研究纯美活动或现象的不满，表现出当代审美研究的一种新诉求：立足于日常生活世界而对发生于每个人周围的各种泛审美活动加以观照，凸显具体审美活动的文化维度及其意义。在这个意义上，审美文化概念可以适当普遍化，既突出地专指当前日常审美形态，也可以宽泛地把至今发生影响的传统审美形态及其成果包容进来。所以，中国目前的审美文化是一个容纳多重层面并彼此形成复杂关系的结合体，它起码容纳了包括大众文化在内的5个层面的文化：一是国家主导文化。即以群体整合、秩序安定和伦理和睦等为核心的文化形态，往往代表政府及统治阶层群体的共同利益，更强调正统审美文化的教化作用。二是精英文化或称高雅文化，代表占人口少数的人文知识界的理性沉思、社会批判和精神探索，是对知识、人自身和世界的思考，更强调正统审美文化的高雅趣味坚守和审美标准推广，所以有时又称为人文文化；三是以工业生产和现代传播为基本特征的大众文化，尤其注重满足数量众多的普通市民的日常感性愉悦需要，并获取较大的经济利润；四是民间文化，代表社会更低层的普通民众的、出于传统的、自发的而非制作的通俗趣味；五是科学文化，代表一种使信息得以大量增加的文化，使人们积累更多的知识、掌握更多的技术，凸显的是一种专业化的实用精神和效率原则，并且内蕴着强烈的工具理性甚至可以达到忽视生命存在的地步。这5个层面的文化既相互独立又相互关联而且在一定条件下常常发生转换。这也是20世纪后期以审美泛化为代表的文化泛化风起云涌的结果，所以审美文化话题的声势浩大也是情理之中的事。

对于大众文化与审美文化的密切关系，不少学者发表了类似上述内容的看法，认为"'审美文化'概念，或者是指后现代文化的审美特征；或者是用来指大众文化的感性化、媚俗化特征；或者是指技术时代造成的技术文化如电话、广播、电影、电视剧、流行歌曲、MTV等娱乐文化的特征"。并进一步指出：审美文化研究绝不限于传统的美学领域，而是更加广泛地包含着诸如人的生存境遇和文化活动、当代社会的文化景观与艺术景观、当代技术与当代人审美活动的关系、物质生产与艺术生产、大众传播与艺术话语的转型等一系列问题的探索。特别是当代审美文化研究，一方面突出地强调对现实文化的观照、考察，强调美学研究与当代文化变革之间的内在联系；另一方面，它又总是强烈地表明自身的价值批判立场，在批判的进程中努力捍卫自身的人文理想。这样，审美文化研究在一定意义上，可以理解为一种当代形态的批判的美学。它是一种将人、人的文化放在一个更加全面的观照位置来加以审视的理论，因而在当代社会实践中也将更加鲜明地体现出其现实的品质。这些学者重视的是对现实审美文化的观照，并用一种批判反省的眼光来对待这些当代新生事物；他们进行的是一种美学转型工作，并用一种人文精神的诗意启蒙观点来判定审美文化发展的趋势。也有学者干脆用美学范畴的"当代审美文化"概念取代社会学范畴的"大众文化"概念，提出"当代审美文化""是指在现代商品社会应运而生的、以大众传播媒介为载体的、以现代都市大众为主要对象的文化形态，这是一种带有浓厚商业色彩的、运用现代技术手段生产出来的文化，包括流行歌曲、摇滚乐、卡拉 OK、迪斯科、肥皂剧、武侠片、警匪片、明星传记、言情小说、旅行读物、时装表演、西式快餐、电子游戏、婚纱摄影、文化衫等”。

总之，正是基于上述的“日常生活或文化娱乐与审美之间相互渗透的状况”，在具体的审美沟通活动中，审美文化作为审美文本与审美语境的一种特殊结合而存在，代表着审美沟通在其中被影响并发生影响的惯例与传统维度：一方面，它相对于神话文化、宗教文化、语言文化、历史文化和科学文化等可以独立存在，集中表现为艺术活动及其产品形态；另一方面，这些艺术活动和产品又遍布在人们的日常生活中，成为已经泛化了的审美活动。因此，无论是读小说、吟诗、作画、听音乐和看戏等审美娱乐生活，还是看电视广告、逛商场、美容美发、居室美化、穿自制文化衫甚至经商等日常实用活动，都涉及审美文化，那么“大众文化的审美研究”也便转换成了审美文化研究的一部分。但是，因为“审美文化”一词的外延过大、内涵较为丰富，不利于在有限篇幅内展开较为深入细致的讨论，所以笔者仍然以“大众文化的审美研究”作为问题研究的切入口，而将“审美文化”作为本书的学术视野和文化依托；笔者将综合运用文化人类学、文化社会学、文艺美学、文化美学、审美现象学等跨学科的多种方法和多样成果，试图阐明大众文化的审美是一种以“欢乐”为核心理念、以新型技术拓展想象时空的自由体验，它在价值上走出了 2000 多年来的形而上学迷雾，给感性的艺术化生活以较高的地位，结束了“艺术指导生活”的等级控制及“艺术是生活的一面镜子”的庸俗社会学阐释，完成了文化与审美从单一纯粹的、神性体悟的精神圣祭到多元共生的、世俗生活的日常消费的巨大转换，形成了艺术（审美）与生活（现实）的双向互动和深度沟通。媒体化生活和消费性艺术至少在可以预期的未来仍将是现代人文化生活的重要方式，在科技与市场的互动关系中，不断注入的高新技术含量将使它变得越来越新颖怡人；同时，人们心中也出现了一种新的期望，一种既不为过去也不为现今所吓倒的决心。在这样的时代趋势中，成熟的大众文化文本应该是既注重日常生活的感性体验又不放弃价值理性维度的意义追求，既着意于审美愉悦的“欢乐”性解放又不舍弃神性维度的精神提升，并以此制衡生活的表面化、形象化、感观化所带来的无深度的不可承受之轻，在世俗化的文化氛围和生活化的审美环境中，跳出日趋严峻的“欲望陷阱”“反省缺失”和“欢乐空洞”状况，实现人类真正的审美解放。

第二节 现代主义艺术观念

农耕—手工的文化—经验与现代艺术是完全不同的文化—经验系统，无论是西方的模仿概念、中国的“物与神游”，都把“以神遇而不以目视”视为最高境界，不追求自在存在的物的真实——“形似”，而是追求让物是其所是的显现——“神似”。科学技术、工业制造以及资本主义市场经济的发展改变和取代了几千年形成的农耕—手工的文化—经验，并取得了前所未有的对自然和物质的支配力量。

西方现代艺术和美学就产生在由分析理性（科学技术）、工业制造和资本主义市场经济对世界进行符号编码的过程中，它不可能与传统艺术和美学拥有同样的话语构成原则，它不再按照自然的有机形式来构成自己的形式，而是通过分解自然形式和进行符号编码的重组来构成一个属于现代的艺术和符号的表达世界。由此可见，现代艺术已经不再是传统意义上的“审美”活动，更多的是一种“表现”“构成”的活动。

一、现代艺术的形态学意义及其特征

西方现代艺术和审美的一个主要趋势，就是走向“抽象”。它构成了20世纪西方现代主义艺术和审美的根本特征。

传统艺术和审美总是形象的和具体的，与此相关的总是“这一个”“那一个”，而不是“这一类”“那一类”。而20世纪的现代主义艺术和审美却与这种传统完全背离，走向了建立抽象形式和对抽象形式进行观照的道路，这是一种全新的审美形态和艺术语言。

20世纪现代艺术和审美中的抽象，大致经历了两个时期，第一个时期是1905年到1915年，主要是借助后印象派和塞尚所初步发展出来的艺术语汇，完成艺术形式对自然形式和物象的脱离，以建立抽象形式的艺术表达。这个时期所形成的“抽象”是未脱净物象痕迹的“具象抽象”，艺术流派有：野兽派、立体派、未来主义、早期表现主义和后来的超现实主义。第二个时期是1916年到20世纪50年代，这时艺术已彻底摆脱了自然形式和物象，建立起纯粹的抽象形式的艺术语言，形成了不指称任何事物和现实的，以纯粹的形式因素构成的完全的“非具象抽象”，艺术流派有：抽象表现主义，构成主义，极简主义等。20世纪50年代以后的西方艺术仍然延续着已经作为现代之“传统”的抽象形式语言，如美国的新抽象表现主义、大

色域绘画等。所以，也可以说西方现代艺术和审美的创新是一种形态学意义上的一场革命——形式的革命。

（一）艺术形态创新的动因及基础

1. 艺术形态创新的动因

艺术形态和审美从总体上走向抽象，其动因是多方面的，主要有下面几个方面。

首先是思想层面的需要。20 世纪西方精神世界存在着的普遍孤独、苦闷、焦虑和无家可归的状况，依靠了几千年的神圣的自然，由于“我思”主体的强大，变成了纯粹对象性的存在物，它的意义不再自明，而是依赖于主题的“表象”意志；“我思”主体同时发展出“工具理性”来应对自然世界。这样，自然与人的关系疏远了。同时，人的意义和价值处于晦暗不明的状况，这就产生了“抽象冲动”。

其次是社会层面的需要。抽象的出现是工业化时代的产物，是对速度、力量、效率等这些对视觉来说非常抽象而又确实存在的概念在艺术上、精神上的一种回应。大工业生产的标准化、定型化和批量性，取消了手工业产品的个别性、具体性和差异性，必然要求对形式的某种抽象。而现代人生活的具体环境，亦要求人们的审美心理逐渐习惯于概括简练的形式语言，所以抽象是在新的社会历史文化背景中诞生出来的。

最后是内在表现的需要。走向“抽象”是追求内在表现的必然结果。“抽象冲动”其实就是表现的冲动，真正的表现并不是内心的呐喊或抒情冲动，也不能借助自然形式进行这种内心的表现，只能借助于抽象的形式，通过与外部现实没有任何语义关系的抽象符号形式来建立表现世界。艺术和审美走向“抽象”，也是追求艺术的自足独立性和美学领域的“语言转向”的必然结果。艺术之自足独立性的思想，包含着三个层面：①艺术自身是独立的，它不是再现世界的工具；②艺术是自足的，艺术在其自身内部的组合中产生自身的意义，而不是通过指称外部现实获得；③艺术内部有其自身的独特的语法，自身就是一种独立的语言。

艺术是一种自足独立的符号系统，它就像语言一样，在其内部的组合中产生自身的意义，这就是关于艺术是抽象的基本思想。

2. 艺术形态创新的基础

艺术形态的创新有其艺术哲学的基础，这种艺术哲学不是处理艺术与对象世界的关系，而是把形式作为艺术的本体，并对这个形式本体进行种种探讨，其主要理论基础如下。

（1）艺术作为“有意味的形式”。

1914 年，英国美学家、艺术批评家克莱尔·贝尔在其著作《艺术》中把艺术定义为“有意味的形式”。“有意味的形式”是一切视觉艺术的共同性质，是艺术品必须具备的一种能唤起这种审美情感的特殊品质。贝尔对他的理论解释有实证的和形而上的两个方面。在实证解释中，他把“有意味的形式”归之为线条和色彩等纯形式因素所构成的关系和组合。这种关系和组合是纯粹的，意味是非指称性的，与现实或对象世界没有任何关系。而在形而上的解释中，他又把“有意味的形式”与“终极的实在”相联系，“有意味的形式”就是使我们可以得到某种“终极现实”之感受的形式，这里所说的“终极现实”就是隐藏在事物表象背后的并赋予不同事物以不同意味的那种东西。贝尔在方法论上处于“表现论”和“形式构成论”分析之间。

怎样通过对形式因素的组合来创造“有意味的形式”呢？贝尔通过分析总结塞尚、后印象主义者、马蒂斯、康定斯基、毕加索等现代主义画家的艺术作品，提出了两种方法：简化与构图。

简化是以创造“有意味的形式”为原则，将与对形式意味无关的东西也就是与艺术无关的东西都尽量简化掉，排除在艺术形式之外。没有简化这一过程，艺术就不成其为艺术。因为艺术家创造的是有意味的形式，只有简化才能把有意味的东西从大量无意味的东西中提取出来。

构图就是把各种形式因素组织成一个有意味的整体。换句话说，就是对形式的组织，使其本身成形。如果说简化就是把纯粹的形式因素抽象出来的话，那么，构图就是把这些抽象出来的纯粹形式因素组织或组合成一个有机整体，从而获得纯粹的形式意味。贝尔的简化与构图深得现代主义艺术的精髓，他的“有意味的形式”的思想体现着构成主义的精神。

（2）艺术作为完形形式。

在 1912 年左右产生的格式塔心理学作为现代心理学具有生理—物理学的实证主义方法论基础，它也与当时欧洲的形式—构成主义有着直接的关系。

格式塔心理学是在继承康德的思想和反对 19 世纪冯特的元素主义心理学中发展起来的。康德认为，知觉不是被动印象和感觉元素的结合，而是主动把这些元素直接组织成完整的经验和形式。例如，从我们的窗户看出去，一眼就看见一棵完整的松树。格式塔心理学认为我们是一下子就把这棵松树把握为一个完整整体的，它根本不是感觉元素复合而构成的。把对象一下子就把握为一个完整形式的知觉，就是人的心理活动的格式塔（完形，完整的形态）倾向。

另外一个重要的理论支持就是物理学领域新形成的“场”理论。格式塔心理学美学直接沿用了“场”这个概念。

阿思海姆在其《艺术与视知觉》中，全面论述了艺术作品的格式塔构成的种种方面，如平衡、形状、发展、空间、光线、色彩、运动（时间）、张力等。他认为格式塔的精髓在于“平衡”，艺术构图中的平衡都反映了一种宇宙中一切活动所具有的趋势。这种平衡不是简单的形式问题，而是有意味的。另外，他认为“张力”构成了艺术中的动态感，对艺术之所以成为艺术是至关重要的。绘画、雕塑和建筑是静止的，可我们是怎样感受到运动呢？其原因是艺术中的形式结构有着某种不平衡的强烈倾向，它打破了我们视知觉中的格式塔的平衡倾向，我们的视知觉的平衡就会努力抵制艺术形式上的不平衡，要求恢复到平衡状态。互相对抗较量所产生的结果就是最后生成的知觉对象。只有视觉经验到这种张力，才能感受到画面静止中的运动。艺术家在创造艺术作品时，就是要在作品形式与我们的视知觉之间造成这种张力。

（3）艺术作为符号形式。

把艺术作为纯粹的符号形式，是20世纪二三十年代发展出的以德国哲学家、美学家恩斯特·卡西尔和美国美学家、哲学家苏珊·朗格为代表的符号哲学美学的基本观点。这一派别把构成主义美学思潮建立独立自主的艺术本体的运动推到了完全成熟的境界，并完成了美学领域的“语言转向”。

贝尔的“有意味的形式”和格式塔心理学美学都把自己局限于视觉艺术的领域，不同的艺术领域都以自足独立的形式结构为其本体。符号哲学美学在更高层次上进行了统一，找到了它们的共同性。

卡西尔认为所有的文化活动都是符号形式，包括神话、宗教、语言、艺术、历史、科学、哲学、伦理、法律和技术，人就是生活于其符号化活动的圈子里，其产品就是文化，文化是诸符号形式的统一体。所谓“符号”，就是把感性的材料提高到“抽象”，提高到某种“普遍”的形式。同时，“符号”不可能是孤立的、个别的，而必定是有自己的系统，有自己的规则和结构。这种由规则和结构组成的符号系统，就是“符号形式”。这里的“抽象”“普遍”，是指所获得的形式的，而不是概念。卡西尔认为人的意识有三种赋形的功能：表现的功能、指称的功能和意指的功能，意识的这三种赋形功能是可以逐级转换的，也就是表现的功能可以转换成指称的功能，指称的功能又可以转换成意指的功能。在文化的诸符号形式中，与表现的功能对应的是神话和艺术，与指称功能对应的是语言，与意指功能对应的是科学。在卡西尔的符号形式的哲学中，神话形式为所有其后的符号形式奠定了基础，人的所有文化活动都起源于神话意识。神话理论在卡西尔的符号形式哲学中处于基础地位，他的符号形式哲学的美学也植根于神话理论。卡西尔认为艺术与神话有明显的区别，神话是主—客体未分化而处于“交感”状态的整体性符号形态，而在艺术中，主客体已经分离，艺术是主体把对象作为纯粹的形式来观照的符号形式。卡希尔把表现与构形紧密联系起来，认为没有构形，就没有表现，而构形总是在某种感性媒介中进行的。他认为，艺术使我们看到的是人的灵魂最深沉和最多样的运动，但这些运动的形式、韵律、节奏等不能与任何单一的、赤裸的情感相对应，我们在艺术中感受到的是生命本身的运动过程的形式——欢乐与悲伤、希望与恐惧、狂喜与绝望等相反两极的持续摆动过程。在艺术创作中，情感并不导向行动，而是表现为一种构成或构形的力量。卡西尔将表现主义和形式——构成美学创造性地结合在一起。

苏珊·朗格认为，艺术符号形式的典范不是神话，而是音乐。她的艺术符号形式的哲学理论主要是建立在音乐的分析之上。她认为生活活动所具有的一切形式，从简单的感性形式到复杂奥妙的知觉形式和情感形式，都可以在艺术中表现出来。所以，艺术符号形式又称作表现性的形式或生命形式。她把艺术定义为人的情感的符号形式的创造，并认为艺术中的一切形式都是抽象的纯粹形式。自足独立的抽象符号形式的成立有3个条件：首先，要使形式离开现实，赋予它“他性”“自我丰足”，要创造一个虚的领域来完成，在这个领域形式只是纯粹的表象，而无视现实里的功能；其次，要使形式具有可塑性；最后，一定要使形式“透明”。

符号形式的哲学美学产生了巨大的影响，它把表现主义美学与构成主义美学从符号形式创造的角度进行了创造性的结合。当它把艺术归结为符号形式的时候，艺术不再是再现的，其形式也不再是采取自然的形式，而是一种抽象的符号形式，审美不再与对象相关，而是与主题的构形能力或符号化冲动所创造的符号形式的观照相关。从19世纪开始的西方美学领域的“语言转向”到了符号形式的哲学美学才逐渐成熟。

从此，西方美学可以大胆地把艺术作为符号形式加以理解了，观众可以从理解艺术品的符号形式的“语言”来观照艺术品了，而艺术家也从符号形式的角度来构成他的艺术品了。

（二）艺术形态创新的特征及意义

1. 艺术形态创新的特征

传统艺术是再现、写实、模仿性的，现代艺术走向了抽象，在形态上进行了根本性的创新，其特征如下。

（1）形态抽象。现代艺术抛弃了再现、模仿，与外部世界语义信息的联系减到了最低限度，甚至被完全割断，彻底走向了抽象；而艺术表现的因素被增加和被强调，并且是通过某种抽象结构或“纯构图”的形式。这种表现和纯粹抽象的构图被看作与外部可见世界完全无关，只关乎艺术品自身的内部组合和结构的性质，它成了自身指称自身的东西，审美就只能靠对这构图或符合形式的观审来完成了。这些我们可以在后期康定斯基、蒙德里安和马列维奇等大师的绘画中看到。现代抽象艺术是双重的后撤，既是从客观对象的后撤，又是从对象的意义的后撤。

（2）精神反叛。反叛传统是现代艺术的重要特征，传统艺术在所有方面都受到了挑战，几乎所有表达艺术概念的词汇（素描、构图、色彩、质感等）都改变了原来的含义。它以反叛传统为旗帜，将整个西方艺术史的演变历程理解为自觉反叛传统的历史，试图以全新的观念来取代传统的审美态度，建立起新的价值标准和审美体系。

（3）语言个性。现代艺术放弃了对客观对象的观照也就彻底得到了解放，实现了语言的个性化、多样化。从塞尚、高更和梵·高等对个性语言的探索开始，现代艺术家都将独特的艺术语言作为其探索的目标。马蒂斯从日本浮世绘中寻求到单纯、简洁的语言灵感；勃拉克从几何结构中受到启发；毕加索对非洲木雕表现语言的偏爱；波菊尼从运动中探索表达时间的语言方式；康定斯基从形式心理学原理得到启发生成的抽象语言。这些独具个性的表现语言成就了现代艺术的价值和生命。

2. 艺术形态创新的意义

现代艺术走向抽象、艺术形态的创新不仅自身具有重要的意义，而且对现代设计领域（包括景观、建筑等）具有重要影响，实现了艺术形态与设计形态的直接互动。

（1）视觉方式的革命。赫伯特·里德说：“整个艺术史是一部关于视觉方式的历史，关于人类观看世界所采用的不同方法的历史。”传统艺术的视觉方式主要是依赖对客观对象的写实、再现和模仿。而现代艺术切断了与客观对象的指称关系和形象联系，将画面完全从视觉对象印象的复制中解脱出来，通过色彩和线条的构成和组织去表现情感，甚至进行纯形式的演绎，最终构成新的超越现实的视觉感受。关注形式、创造和使用纯形式使现代艺术形态创新成为一次彻底的视觉方式的革命，一个形态学意义上的革命。

（2）艺术与设计的互动。现代艺术的形式创新全面走向抽象，使艺术与设计（包括景观、建筑等领域）有了同构的形式关系，相同或相似的语言结构表达方式，实现了真正意义上的直接互动。在反对僵化的古典景观与古典建筑和探讨新的形式语言的过程中，现代艺术的成果与经验起到了一定的启示作用。现代艺术为现代景观与建筑提供了丰富的理论和实践依据。特别是现代艺术所提倡的形式解放，在现代包括当代景观形态、建筑形态的创作中都产生了重要影响，留下了不可磨灭的印迹。

（3）设计的原创动力。对景观与建筑形态与艺术创作的互动关系进行研究，就是为当代景观创作在艺术中寻求创作的灵感和原创动力。艺术形态走向抽象恰好提供了这种可能。中华人民共和国成立后，由于历史的原因使现代艺术的创新发展在一段时间内成为空白，这也是当代景观设计师设计语汇缺乏，盲目模仿照搬西方设计模式与形式，相关领导和一般城市居民偏爱写实形象和西方样式的重要原因之一。所以我们应该补上现代艺术这一课，为景观与建筑设计领域的创新直接提供原创的动力。

二、现代艺术的主要艺术现象及其观念探析

西方现代艺术异常纷繁复杂，但透过其复杂的表象，仍能追寻到其内在的发展规律。我们可以从众多的艺术流派和作品中，归纳出主要的艺术现象和创作理念以及它们共同的表现特点。现代艺术深刻地影响着现代景观与建筑的创作观念、手法，为其提供原创动力。应该系统分析理解现代艺术的创作观念及创作方法，知其然更知其所以然，才能使我们在景观与建筑创作中更多一些主动性的创新，少一些被动性的“模仿”。

现代艺术主要包括：印象派与后印象派、野兽派、立体派、表现主义绘画、达达派、超现实主义、未来主义、构成主义等。

（一）表现代替模仿

野兽派相信色彩具有独立的生命。以马蒂斯为代表的野兽派画家首先实现了绘画色彩的解放。而在这以前的西方绘画史上，一直把素描作为艺术的真谛，色彩只不过是素描的补充物，处于从属地位。色彩的解放对于20世纪现代艺术的发展具有重要意义。马蒂斯在《画家笔记》中表达了关于表现的信念和观点，他说：“我所追求的就是表现。”这是他终生追求的目标和其艺术的基础。他所追求的表现就是把内心的东西通过创造性的构图注入形式之中，而这构图和形式就成了精神或情感秩序的对等物。绘画所达成的结构或构图并不是一种源自对象的结构或构图，而是由内在的精神所决定的构图。虽然马蒂斯身上有浓厚的古典主义因素，强调观察自然，但他观察自然并不是为了模仿自然，而是为了表现观察自然时的内心感受。在表现感受时，自然物象就解体了，所获得的结构就是一种表现的结构。马蒂斯让色彩和构图与自己的内心保持一致，如马蒂斯创作的《舞蹈》（见图2-1），他的画通过抽象表现，通过内在的原则组织构图，整个画面给人的是一种宁静，一种宗教般的安慰。

图 2-1　马蒂斯《舞蹈》

如果说色彩是由野兽派从欧洲几个世纪的绘画体系中解放出来的，那么造型的解放则是由毕加索、勃拉克共同创建的立体主义来完成的。它的核心是摆脱把绘画当作视觉的真实而进行模仿的概念，建立一种在空间里、时间中形体的新的表现方法，创造完全有别传统的视觉方式和造型体系。20 世纪初的欧洲在科学进步的思想推动下，哲学、物理学、心理学等各个领域都产生了革命性的进步，传统的常规、观念逐渐被抛弃，这为立体主义的认识论提供了一把钥匙："现实被看作包含了隐藏在事物表面现象之下的一系列转化。"转化的结果就是立体主义的重新构造现实。毕加索 1907 年创作的《亚维农少女》(见图 2-2)，标志着立体主义的诞生。在这幅画中，已经看不到一个完整的人的形象，看到的只是由抽象的几何形式构成的似人的东西，非洲部落原始处理对象的办法对毕加索的巨大影响在这里已转化成立体主义的基本语法。

图 2-2　毕加索《亚维农少女》

立体主义介于马蒂斯所代表的野兽派和康定斯基所代表的抽象表现主义之间，

如果说野兽派还保留了某些物质对象的基本轮廓，那么立体主义则是对物质对象的形式进行最大限度分解和拆毁的现代派别，它成为走向纯粹抽象表现主义的一种过渡形式。

立体主义在一种含糊不清的意义上保持了物象之间的关联，如他们经常表现的小提琴或其他物品虽来自现实物象，但经过处理，这些物象已不是直接看到的样子，也不是焦点透视法则所控制的主题的再现，而是变成了一组视觉元素的自由组合，一种视觉的构造。在立体主义绘画中，焦点不再集中，也不再把对象固定在一种不间断的连接空间中，而是从不同视点所观看到的同一个对象的不同方面的叠加组合。以毕加索的《三乐师》为例，一切视觉因素都变成了单纯的色块和几何形状，而不是作为知觉对象的再现而存在，它们作为结构的因素被再组织成一个纯属于绘画本身的结构，如图 2-3 所示。

立体主义分为分析时期和综合时期。在分析时期，物象都被瓦解成了碎片，然后再拼凑在一起。在一个侧面像中，我们可以看到本来在正常视觉中所看不见的另外一只眼睛竖着长在额头上，另外一只本来看不到的耳朵粘在面颊上。而在立体派的综合时期，物象已消退，画面上全是纯粹的色块和几何图形的构成，表明它在摆脱了物质的羁绊之后，走向了彻底的抽象。

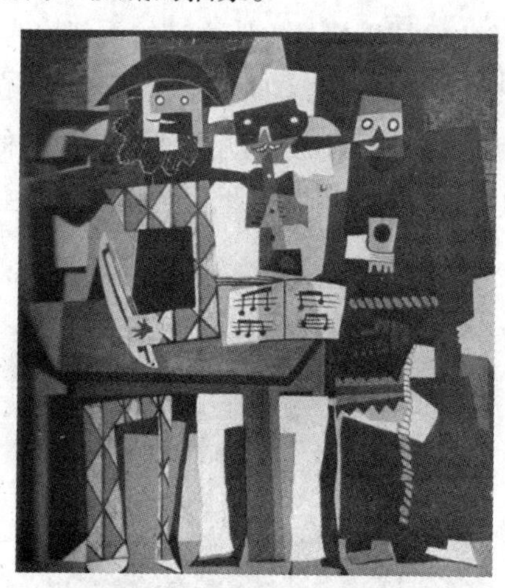

图 2-3 毕加索《三乐师》

彻底放弃模拟自然的艺术形式，与具象艺术决裂的是以康定斯基、马列维奇和蒙德里安等为代表的抽象表现主义。他们用崭新的艺术形式，反映了意识形态上的现代性，在艺术发展史以及人类活动的其他领域（如景观、建筑等），都产生了非常重要的影响。

康定斯基认为，艺术的唯一原则是“内在的需要”，内在因素决定艺术作品的形式。他认为抽象形式就是脱离了物质性依附关系的、非自然的三种因素：色彩、形式和声音，而这里的形式指线条、几何图形等。这三种抽象形式可以代替对象而存在，艺术家可以根据内在需要对它们加以自由组织，使内在需要得以表现。一方面，是对内在需要的依赖；另一方面，是对不依附于自然形式的抽象形式的自由组织，这两条原则使不表现任何具体对象的抽象艺术成为可能。在康定斯基成熟期的绘画中，已经看不到任何对象世界的影子，有的只是由抽象的形式产生的构图。

蒙德里安创立了构成性抽象艺术，他认为抽象应达到纯造型性，以表达纯粹的真实性。构成蒙德里安的构成性抽象绘画的几大要素：①由直线、直角、矩形、红黄蓝三原色构成画面的基本框架，是依据对宇宙本质的感悟和理解来形成的。垂直线与水平线的交错以及中性的黑、白两色，构成终极纯粹的布局。②均匀的粗细不等的黑色直线的运用。③蒙德里安相信以“对立的等势”去寻求统一性，表现了他的均衡组织原则。平衡关系对于生活而言是最基本的，社会中的平衡关系表示着公平合理的东西，这种均势是由基本的几何图形清晰地构建的。他在此吸收了 17 世纪荷兰哲学家斯宾诺莎建立的几何学理论体系。如果说康定斯基是热抽象（抽象表现主义），那么蒙德里安就是冷抽象（几何抽象）。他非常理性地运用减法手段，在变化万千的大自然中抽出直线、矩形、三原色，把传统绘画的体积、深度、透视、笔触、绘画性都取消了，创造出了平面的“纯构图”画面。去掉一切无关紧要的多余东西，得到的是重建的世界。蒙德里安的经典作品是《红黄蓝的构成》，如图 2–4 所示。

图 2–4 蒙德里安《红黄蓝的构成》

马列维奇是俄国前卫艺术的一位极具独创精神的艺术家，1915 年自创“至上主义”艺术体系。他认为：“对于至上主义者而言，客观世界的视觉现象本身是无意义的，有意义的东西是感觉，因为是与环境完全隔绝的，要使之唤起感觉。”所以“有创造性的艺术，纯感觉至上”。马列维奇把艺术语言简化至最抽象的集合元素。《白色上的白色》（见图 2–5）这幅作品是在正方形的白画布上，斜放着另一个白色方形。色素、色相、黑白……都消失了，感觉两块白色块在旋转中交融形成一种茫然的状态，消失感觉的感觉。作者把作品中的构成关系作为一种精神的终极价值来陈述。《黑圆上的红十字》（见图 2–6）创作于 1927 年，20 世纪 20 年代，前卫艺术家们生存的环境开始令人沮丧。画面中稍微倾斜漂浮在霸道的黑圆前面的红色十字，仿佛支撑在天地之间，好像是一种感情因素在抵抗另一种感情因素，且释放出由于它们之间的对抗而形成的力量……白底上洒落着几个倾斜的矩形，若似振翅欲飞又无能为力的伤感状态。马列维奇只用圆形、长方形这两种几何抽象要素，就使整个画面处于飘摇不定、关系复杂的状态中，用极少的语言表现出那个具体年代。

图 2–5 白色上的白色

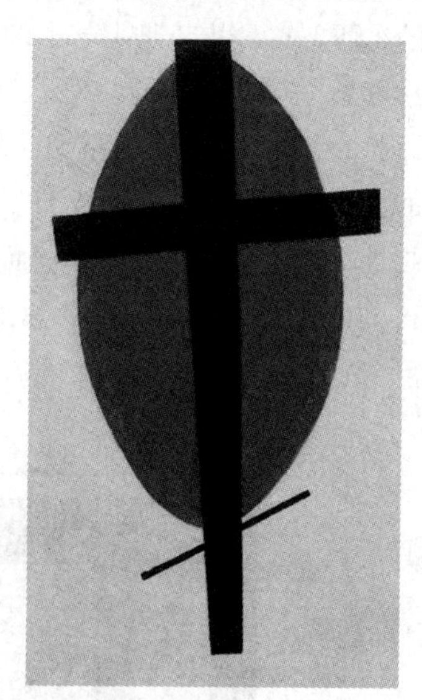

图 2–6 黑圆上的红十字

马列维奇的绝对几何抽象，对俄国构成主义有重要影响，其影响也遍及欧洲各国，为包豪斯的设计理念提供了新的思路，并且成为现代建筑的国际风格和 20 世纪 60 年代极少主义的先导。

1919 年开始出现的以米罗、达利等为代表的超现实主义受到了精神分析学说的影响，它主张放任无意识，放纵梦想和想象。它与其他现代主义艺术一样，致力于使想象或自觉从理性和程式的约束下解放出来。区别在于，超现实主义在放纵无意识方面更为极端，它主张通过无意识、自由放纵的想象对理性和现实进行一种“癫狂的批判”。它认为由梦和解放了的无意识所创造的，与现实相对应的另一种现实是更具本质意义的，称为“超现实”。

总之，现代主义“先锋”艺术的诸派别，都强调抛弃模仿，根据内在原则来构图和创作。虽然它们的构图可能受到现实对象的“暗示”，但是这“暗示”仍然被瓦解和拆毁，以另行创造表现性的结构。这是现代艺术与传统艺术的巨大区别。在此，艺术对对象世界的依附关系和指称关系彻底被取消了，一种不意指任何对象世界的艺术和审美诞生了。

（二）时间代替空间

如果说古典艺术是趋向空间化的，那么现代艺术就是趋向时间的。现代艺术抛开客体，追随内在生命的过程，特别是人的体验和情感，这种内在的东西的涌现，是一个时间的川流。当审美知觉不是局限对一定确定对象的观照，而是生命内在力量的自身流溢，那么它的呈现样式则是一种时间形式，是一种绵延。

审美的空间形式必然是静态的，但时间形式则必然是动态的。因此，尽一切努力去表现流动和运动就成了现代艺术的必要手法。马蒂斯和野兽派是第一个在现代主义艺术中把运动、动态和绵延作为他们艺术的基本元素的。

马蒂斯认为：“瞬间的连续性构成了生命与事物的表面存在并不断地对它们进行修饰和变化，在这种瞬间的连续性下面，一个人能够寻求更加真实、更为本质的特征，艺术家将要捕捉这些特征，从而对现实做出永恒的解释。”马蒂斯的画就像影片一样，记录了他一生绵延的种种直觉。他表现这种知觉的时间形式的方法，就是对纯色和无体积感的线条的组合。在他的画中，一切似乎都处于流动之中，色彩被当作音符一样来加以利用，并根据直觉或表现情感的需要进行自由组织。因为音乐在人类的艺术中最早采用了时间形式，所以追求审美的时间形式的艺术就把音乐作为自身的楷模。

未来主义则把运动作为其追求的主要目标。未来派在其宣言中声称：“我们在画布上重现的情节，不再是普遍运动的一个凝固下来的瞬间，它们将直接就是动力感觉自身。在运动中的物象，不停地复现着自身，因此艺术的使命就是捕捉这种运动。”

在成熟的立体派绘画中，物象的体积完全被消解了，传统绘画中为了保持画面的稳定而必须设计的水平线也消失了，根本没有了变动所依据的不变者，只剩下由几何形的块面在平面上相互重叠着，每一个块面在各异的相互渗透的平面中同时存在，画面处于不停歇的运动过程。

如果说马蒂斯的画中构成审美时间形式的主要是色彩和线条，那么康定斯基则是线条、点和几何形式。他这样比喻：色彩好比琴键，眼睛好比音符，心灵仿佛是绷紧的钢琴，艺术家就是弹钢琴的手，他有目的地弹奏各个琴键，使人的精神产生各种波澜和反响，画面在这样美妙的旋律中律动。

现代艺术将时间、运动作为其表现的形式和手段，音乐的旋律和节奏也成为其语言。所以说古典艺术是空间性的，现代艺术是时间性的、运动性的。

（三）从具象抽象到非具象抽象的发展

从野兽派、立体派到早期抽象表现主义绘画，具象抽象之具象性逐渐减弱，它们所创造的画在指称外部对象方面逐渐减少。现代主义艺术家经过不断探索和实验，经过具象抽象的阶段后，终于发现了艺术的自身意义和存在可以不依靠对外部对象的“再现”，可以完全脱离自然物象的具体形象，从此发展到了以抽象表现主义、构成主义、极少主义、概念艺术等为代表的非具象抽象。非具象抽象有两条发展的路径：一条是以康定斯基和抽象表现主义为代表的“表现性抽象”；另一条是以蒙德里安和构成主义为代表的“构成性抽象”。前者强调艺术家的内在情感的表现；后者强调摆脱艺术家的情感表现，创造既不指称外部世界，也不表现艺术家自我内部世界的纯艺术，即所谓“纯构图”。“纯构图”“格子式结构”可以说是达到了非具象抽象艺术的巅峰。

（四）从表现到构成观念的转换

需要强调的是，在“构成”的观念与“表现”的观念之间，有着一种内在的转换。在现代主义的第一阶段，以“表现”为核心，在第二阶段，以“构成”为核心。在第二阶段，艺术被创作出来后就与作者没有多少关系了。艺术家虽然在进行表现，但他们的作用被降低了，甚至只起到了一种工具的作用。作品形式的形成主要取决于艺术符号形式系统内部的规律的制约。这种制约表现为符号系统自身的规定和自主作用，也就是抽象艺术自身呈现的力量。换句话说，作为艺术本体的形式，在其产生的过程中，几乎是客观的，而且一旦产生出来，就与作者没有了关系。这样艺术不仅与对象世界的关系被割断了，而且与作者的关系也逐渐隐退了。达到这一阶段的现代艺术，其形式因素的点、线、面等构成关系与现代景观、建筑设计的造型元素就有了相同和相似的造型语言。

第三节　后现代主义艺术观念

后现代主义艺术出现于20世纪50年代，其产生的历史背景主要由4个方面构成。第一，现代科学技术发展进入高度发达的时代，科学技术不仅为大众生产了大量的消费用品，而且还改变了世界的构成：我们不再有天空，有的只是天文学；不再有神圣的生命，有的只是DNA；不再有土地的灵魂，有的只是基因控制下的物品的生产；不再有田园和风光，有的只是人为制造出来的主题公园、观光地；不再有祖辈生息而建立起来的家园，有的只是人工制造和控制的大都市……在科学技术发展的强势影响下，艺术已不再有原先的终极关怀之意义和作用。第二，现代主义在与资本主义商业化的斗争中宣告终结，自由资本已经把世界变成了它的大市场，任何通过生产而产生的东西都可以被资本的自由运作转变成商品，艺术产品也不例外。先锋现代性艺术在与市场的对抗中已经没有了容身之处。第三，大众传播媒体的广泛应用改变和控制了大众的生活方式。传播媒体由原先的报纸和广播等语言媒体占主导转变成以电视、电影、图像广告、互联网等图像传播媒体占主导。由于艺术的传播天性和媒体的复制特点，后现代艺术与媒体的结合也就使它通过复制得到传播和销售。第四，后现代艺术家也不再像现代艺术家那样，通过无限挖掘其内在自我，通过自我探索来形成自己的意义本源。这个主体已经变得空无一物。主体的衰落、个体——自我主体作者的“死亡”以及所谓关于本源的形而上学的瓦解和崩溃，都使后现代艺术失去了精神、意义上的根基，一切都变成了“只是游戏而已”。

一、后现代艺术的文化学意义及其特征

在艺术的发展史中，绘画一直是视觉艺术的中心，无论是古典艺术的“再现”“模仿”“写实”，还是现代艺术的“抽象”“表现”“构成”，绘画一直是以画布为中心，是色彩、造型、笔触、体积、光影、构图等的组织和形态的创造。而当代艺术的实践结果却把绘画艺术推到了极致，它们或者脱离了古典艺术和现代艺术的主题、形象、色彩和构图，而成为一种“非绘画性”的绘画；或者干脆取消了绘画本身，转为对艺术“观念”的关注，使其成为纯精神的观念，所以极简主义艺术家唐纳德·贾德据此宣告了“绘画的死亡”。

后现代艺术具有多元的实践的性质，抽象表现主义将行动引进绘画，使绘画的过程成了一个仪式的表演过程；波普艺术将流行的大众传媒引入绘画，电视、广告、

招贴画、床单、枕头、汉堡等现成品和实物等皆成了艺术的组成部分；极简主义那些缺少美感的几乎空白的画布，几个相同长方体组成的雕塑，追求“初级结构”并推向极端，使艺术自身走到完结的边缘。观念艺术消解了艺术本体，在他们看来，艺术似乎与绘画、雕塑无关，它强调的是在艺术作品背后的“观念”。没有任何深刻意义的广告、招贴、现成物直接成为艺术，商业进入了艺术，绘画成了事件和行为，这些都表明艺术已突破了其传统界限，正如美国艺术哲学家阿瑟·丹托所说，“最近的艺术产品的一个特征就是关于艺术作品的理论接近无穷，而作品客体接近于零。”所以，后现代艺术是一场文化学意义上的革命 —— 观念的革命。

（一）艺术观念转变的动因及基础

1.艺术观念转变的动因

（1）20 世纪 70 年代，随着科学技术的全面发展，工业产值迅速增长，生产力水平大幅度提高，商品空前丰富，巨大的消费市场形成，现代科技文明导致了工具理性的畸形发展与人文精神传统的萎缩；周期性经济危机对社会政治、文化、心理的影响；高发展、高消费、向自然无限索取造成了人类生态圈的破坏、生态失衡等。人类面临着新的如何生存下去的问题。艺术家面对这些问题通过对自身的反思，得到了一个文化共识——“关心问题”的思想观念。即艺术的使命应该是回归自然、回到社会和大众之中、参与生活、关心生存环境、关注现实的生存状态，向当代社会提出质疑，表现自己的关切。艺术家应该勇敢地承担生活中的道德责任，艺术重要的不是对风格的渴求，而是对内容的关注；不是对形式的追求，而是对本质的表达以及使事物变得真实和创造真实事物，并追寻其意义。

（2）现代艺术在达到形式主义的高峰后，由于其形式的不断纯化、简约，显得极端概念化、非人性化，纯洁无瑕的艺术走向贫乏和枯燥，使人厌烦和不安。形式创新的逻辑结构走向僵化，对结构的强调同时失去本质的表达。正如 K·莱文所说，“这种人为形式的创造再不能解决这个各方面都蒙受着技术冲击的世界中的所有问题。在一个不单一的世界中，纯粹化是不可能的。”这种为艺术而艺术的纯艺术形式，丧失与生活的对话能力，滑向形式和语言的游戏，在走向极端的同时，孕育着新的关注社会、关注大众、关注艺术观念创新的后现代主义的出现。

（3）现代主义的整个文化形态的缺陷与当时西方已进入多元化的后工业社会背道而驰。文化裂痕的出现是必然的。艺术要随着社会的发展变化而变化。这是人类精神需求演化的必然结果。后工业社会是信息时代、后工业文明时代，必然催生出与其社会发展同步的，以表达观念艺术、信息内容为特点的信息时代的文化衍生体——后现代艺术。

（4）现代艺术与资本主义的商业化进行的斗争最终后者取得了胜利，现代主义的先锋艺术纳入了市民现代性的范围。自由资本的活力和无孔不入已经把世界变成了它的市场，任何生产出来的东西都可以转化为商品，艺术也不例外。

（5）大众传播媒体的广泛发展改变和控制了人们的生活方式，媒体是在不断复制中获得生命的。后现代艺术与媒体的结合也就使它通过复制才能传播和销售。

总的来说，后现代社会商品、技术、传媒、娱乐与艺术的结合是后现代艺术产生的重要基础。

2. 艺术观念转变的基础

当代艺术需要有当代哲学思辨的支撑，艺术观念的转变有其哲学美学的理论基础。

（1）分析美学与结构主义美学的“语言的囚笼”。杰姆逊的“语言的囚笼”这个提法，概括分析了美学和结构主义美学如何使美学整个地局限于语言分析和语言结构之中。结构主义是建立在瑞士语言学家索绪尔的结构语言学的基础上的，它把索绪尔建立的语言之深层结构描述作为普遍可适用的模式，去揭示任何可被看作是文本的东西，如艺术作品、神话、民俗或哲学文本等，以图在这些文本中揭示出起自主作用的深层结构模式。语言分析哲学是由英国逻辑实证主义发展而来的哲学，这种哲学的目的是力求在语言的层面上建立一种能够进行科学的、类似于数学一样的事实陈述逻辑。此哲学后来在维特根斯坦的引导下，发展出了对语词的使用进行分析的哲学，即语言分析哲学。

后现代文化是一种整体上陷入语言或符号的“囚笼”中的文化。人类社会贯穿性的主题就是人怎样和如何本真地与现实相关。但到了后现代时期，这个人类文化的核心主题突然消失了，语言或符号取代了直接现实，人所面临和拥有的只有语言和符号，语言和符号就是我们所能面临的唯一现实，可以说科学技术的高度发展使一切都可以用符号来加以运用，这极大地推动了所谓“语言囚笼”说的确立。“信息社会”其实就是一个符号化的社会。

（2）后结构主义——解构主义的消解和解构。解构主义的代表人物主要有法国思想家拉康、福柯、德里达等。解构主义就是一种解释学，如果我们把结构主义看作是一种建构的解释学的话，那么解构主义就是一种拆解的解释学。德里达认为，通过差异原则、在场与缺席的游戏、“去中心”等方面对“语义中心主义”“在场形而上学”的解构，我们既体验到痛苦、惊慌、不知所措，也体验到真正自由游戏的快乐。这种快乐与解构的经验、解构性质疑、游戏式阅读或写作密切相关。

解构主义并不要求把被它解构的世界重新整合为一个有序的世界，它所追求的就是一个多元因素差异并置的世界。只有消除了思想表达形式中的“在场”、主体、终极意义以及中心、结构等专制的权力力量，我们才能真正获得自由。这是后结构主义思想的基础。这是在此意义上，作为纯然的后现代性思潮，后结构主义标志着以“我思”主体为根基的现代性思维模式的终结和现代性“哲学的终结”，它开启了一个新的时代。后结构主义的美学比以往的任何美学思潮都更彻底地动摇了现代性美学和审美模式。

大众社会的出现与大众观念的觉醒。20世纪西方艺术观念发生了重要转变，从最初的对大众艺术的成就的否定与对大众的能动作用的否定，转向对大众艺术的成就的肯定与对大众的能动作用的肯定。传统的艺术审美观念是建立在精英性的基础之上的，而大众社会的出现与大众观念的觉醒，使大众性成为当代艺术审美观念的转型的契机。大众性使当代艺术被重新改写，将艺术置身于商品、技术、娱乐这前所未有的三极之间，从而催生一种与精英艺术相对的以商品性作为前提、以技术性作为媒介、以娱乐性作为中心的艺术类型，这就是大众艺术。

（二）艺术观念转变的特征与意义

1. 艺术观念转变的特征

后现代艺术观念转变既涉及它的内涵、其内部观念的反叛与探索，更涉及它的外延，它从实质上表现出对于各种界限的突破，将艺术推到了某种极端的状态。后现代艺术观念转变有以下几个特征。

（1）绘画的终结。西方古典艺术与现代艺术都是以画布为中心的，而当代艺术却抛弃了艺术的绘画性，远离了古典与现代艺术的主体、形象、色彩与构图，它们要么成为一种“非绘画性”的艺术，要么干脆取消了绘画本身，转为对艺术观念的关注，使绘画艺术转变为纯精神的观念。从当代艺术中的行为绘画、波普艺术、极简主义和观念艺术等的创作实践中可以看到，艺术似乎都与绘画无关，所以从这个意义上讲，“绘画的艺术”已经终结，作为概念和观念的艺术得到了发展。

（2）艺术与生活“距离的消失”。当代艺术不认为艺术是自主独立的，“有意味的”形式，它与生活中的用品没有什么区别，这就是当代艺术中“距离的消失”。当代艺术极大地消解了现代艺术那种纯粹的清教徒式的贵族面孔，呈现出一种超越边界的无限开放的姿态。这种转变包含有波普艺术对通俗形象和日常事件的选择，也有观念艺术对观众的参与的需要等。现代艺术所强调的纯粹的形式被当代艺术关注的现实的“生存”“生活”所代替。当代艺术家对于我们自身生存生活状态的关注，使他们将艺术转变为生活，又把生活转变为艺术，艺术与生活得到融合，跨越了艺术与现实、艺术与非艺术、艺术与大众之间的鸿沟，最终达到了超越现代艺术的目的。

（3）艺术反艺术、反形式、反审美。当代艺术在解构以后的无序，呈现出反艺术、反形式和反审美的“总体”面貌——一种中心失落之后的荒诞。

①“不确定性”。“不确定性”指由下面这些不同概念勾勒出的一个复杂范畴：模糊性、间断性、多元性、散漫性、反叛、变形等。其中仅“变形”一词就包含了许多当今表达自我消解的术语，如反创造、分解、解构、去中心、移植、差异、分裂、反正统、反讽等。这种不确定性抛弃了逻辑，呈现出令人眼花缭乱的关联偏差的无限可能性。

②“反讽”。当缺少一个基本原则或范式时，我们转向了游戏、相互影响、对话、语言、寓言、反省。总之，趋向了反讽，这种反讽以不确定性和多义性为条件。也就是说在追求真理或意义时，真理或意义总是不在场，由此形成了一种自我的讽刺。

③“狂欢”。它指后现代主义把种种不同的东西聚合在一起时，所产生的那种不和谐但又给人刺激的喧闹和喧嚣；同时，它也传达了后现代主义那种喜剧式的甚至荒诞的精神气氛。

④“表演性”“参与性”。它指后现代艺术取消了审美静观，要求身体直接参与，即行动和表演。它其实是一种自我陷入当下的自我陶醉、自娱，观众与艺术之间的距离消失，行为艺术典型地体现了这点。

⑤“精神分裂症的语言”和“戏仿”。它们都与“中心失落”、主体性衰落、意义和本源丧失、虚无、缺乏联系性等有深刻的联系。“精神分裂症”指后现代艺术话语的零碎化、碎片化、缺乏连续性、丧失中心而不能聚合的特征。“戏仿”则是缺乏中心、主体性、意义本源、所指和整合的力量的必然结果。由于缺乏强有力的意义本源，作为现代性意义本源的个体主体的死亡，后现代主义艺术就只能“剽窃”“蹈袭”以前所有经典的东西。

⑥ 大众艺术的崛起与泛化。传统的艺术审美观念是建立在精英性的基础之上的，而大众性使当代艺术被重新改写。这种改写是通过将艺术置身于商品、技术、娱乐这三极之间，从而催生出一种与精英艺术相对的以商品性为前提、以技术性为媒介、以娱乐性为中心的艺术类型——大众艺术。大众艺术的崛起在当代艺术审美观念的转变中具有重大的意义。大众艺术的问世，意味着人类艺术审美观念本身的边界的极大拓展（艺术的生活化），也意味着商品、技术、娱乐本身的文化含量、艺术美学含量的极大提升（生活的艺术化）。

2. 艺术观念转变的意义

后现代艺术观念的转变具有重要的意义：首先，它从现代艺术的注重艺术形式、脱离现实世界，转化为注重艺术观念、关注社会现象，注重自己的社会责任；其次，后现代艺术打破了艺术的传统界限，打破了艺术各个领域、艺术与生活之间的界限，使艺术不再高高在上，而是进入社会和大众生活的每个角落，改变了大众的生活面貌；再次，后现代艺术观念的转化极大地解放了艺术家的创作思维和创作观念，促进了艺术创作理论的创新和研究；最后，以上各方面开拓了当代景观与建筑的理论研究和创作实践的思路，并且为其提供了方法论的指导，其影响是不可估量的。

（三）艺术与理论的关系重构

在现代艺术"表现"的时代，艺术家创作凭借的是天赋，是天赋造就了艺术家，从而造就了艺术家的艺术风格。这是一个艺术与人文学科相互排斥的时代，人文学科掌管理性，而艺术掌管感性。在这种感性狂热中，理论无法干预艺术家，艺术家也从来不听从理论对艺术的指引，因为理论对艺术所总结的某种艺术规则（那种理论的任务就是要为艺术家概括出某种条条框框），只能限制其创作的冲动，让艺术家一无所获。所以有一种说法，只有低手庸才会以理论作为他的金科玉律。但当代这种艺术的态度已经完全改变了理论的身份，即理论总是冲击着艺术而不是尾随艺术。由此，艺术与理论已经改变了原先的关系，艺术不再是形式的创造，而是观念的创新，而观念需要理论来引导。当理论已不再是一种艺术的障碍，艺术家凭借理论来设计和指导自己的艺术创作，艺术能指的差异性就在理论与理论之间，这对以前不重视艺术理论的艺术家当然是一种苛求，没有什么时候会像今天这样让艺术家伤透脑筋，即绘画技巧已不再是艺术家的全部，它要求艺术家要另外增补至关重要的能力，即对艺术的理论分析。现代艺术过渡到后现代主义艺术，艺术家也由技术、技巧型向学者型、理论型转化。这样，艺术家绝不再是画工，他身兼两职——艺术家与批评家。他要让艺术存在于对自己作品的观念解释之中，这种解释是艺术家的艺术实体——思想、观念、精神的视觉形式。

后现代社会和后现代文化这个大背景，决定了艺术家要从单一认识向度向多维认识向度发展。要了解和掌握历史、哲学、社会学、人类学、生物学、环境学等各学科的知识，关心现实社会和生活的敏感问题并进行深刻的思考和反省。站在当代文化的高度上提出问题、回答问题，才能从文化的深层去认知。不仅要解决作品构成的技术问题，还要能揭示人类生存的现实状态，并预示未来的文化指向。造型艺术家要减少传统意义上的手的功能，而去培育一颗智慧的大脑：发展艺术家意识形态、思维智慧和高智能实验能力。只有艺术家具备了自身心理素质的强度和智慧的巨大综合能力，方可在艺术上超越、升华。21 世纪的艺术作品不仅要满足视觉的功能，更重要的是要重铸文化精神、智慧和思维方式。总结一句话就是塑造一个思想，而非塑造一个形式。

艺术与理论的关系重构与艺术家的角色再定位，对我们景观与建筑设计师具有重要的启示，景观设计师也应该从过去单一重视表现与造型技巧向重视理论思考和观念创新转化。当今世界已进入“知识就是资本”的时代，只有具备知识和智慧才能创新。而创新是知识经济的灵魂。思想有多远，我们的景观创作之路就能走多远。

（四）现代艺术与后现代艺术的比较

现代艺术与后现代艺术在审美观念、文化特征、艺术风格和艺术观念等各方面都表现出了明显的差异。

（1）现代艺术：国际化、实验性、反传统、崇尚新、风格化、形式美、同一性、标准化、经典化、永恒化、精英意识、理想主义、迷信理性、信奉科学、崇尚技术、自我中心主义、追求完美和纯洁、明晰和秩序、结构的条理性。

（2）后现代艺术：民族意识、地域性、复归传统、多元共生、差异性、多向度、多样化、混杂的、折中的、开放的、追问的、游戏的、无中心、非理性主义、不确定性、非连续性、暂时的、怀疑的、亲近自然、承认大众文化和民间文化、打破公式、正视现实。

可以看出，后现代艺术正是背离现代艺术的特点，走向现代艺术的反面的。从本质上说，现代艺术是语言创造，突出本体论和形式主义，而后现代艺术是媒体创造，强调人本主义和智性论。后现代艺术主张兼容的美学观，即横向包容：本土的、外国的、高雅的、俗气的、新的、民间的都可以随意撷取，纵向拼接；传统的、古典的、现代的、当代的都可以加以综合，热衷于挪用。没有固定的形式，没有固定的风格，没有固定的画种界限。可以任意混同运用，抽象的、具象的、现实的、荒诞的，任何材料、媒介、手法都可以同时并用。艺术家想怎么创造就怎么创造，也就是说内容是混杂的，方法是综合的，风格是自由的。后现代主义展示及其宽容的态度，给予了艺术家百无禁忌的权利，可以从容自由地创作，如表 2–1、表 2–2 所示。

表 2–1　现代艺术与后现代艺术术语的比较

现代艺术	后现代主义
形式风格	信息、媒质
语言创造	媒体创作
形式主义	人本主义

续表

本体论	智性论
大师代码	个人习语
塑造一个形式	塑造一个思想
一场美学革命	一场观念革命

表 2-2　现代主义与设计 —— 后现代主义与设计

类　别	现代艺术	后现代艺术
哲学	理性主义	非理性主义
美学	形式派美学、精神分析美学、符号学美学	分析美学、结构主义美学、后结构主义美学——解构主义
思想	对技术的崇拜，强调功能的合理性与逻辑性	对高技术高情感的推崇，强调人在技术中的主导地位和人对技术的整体化、系统化把握
文化观	精英文化	大众文化（精英文化与大众文化界限消失，或者说是跨越了精英文化与大众文化的二分模式）
艺术风格与艺术观念	野兽派、立体主义、抽象表现主义、构成主义	行为艺术、观念艺术、波普艺术、超现实主义、偶发艺术、大地艺术、装置艺术
历史	从 19 世纪到二战结束，以工业革命以来的世界工业文明为基础	从 20 世纪 70 年代到现在，以科技和信息革命为特征的后工业社会文明为基础
设计语言	功能决定形式、少就是多、无用的装饰就是罪恶、纯而又纯的形式。非此即彼的肯定性与明确性。对产品的实用性原则、经济性原则和简明性原则的强调	产品的符号学语言，形式的多元化、模糊化、不规则化。非此即彼、亦此亦彼、此中有彼、彼中有此、混杂折中，对产品文脉的强调
方法	遵循物性的绝对作用、标准化、一体化、专业化和高效率、高技化	遵循人性经验的主导作用，时空的统一与延续，历史的互渗、个性化、散漫化、自由化

二、后现代艺术的主要艺术现象分析

后现代艺术所取得的成果更加令人瞩目，它们以抽象表现主义为起点，以反对现代主义艺术观念为目标，展开了激烈的艺术变革，把艺术引向了一个异彩纷呈的世界。后现代艺术可谓盘根错节、散乱繁杂，其脉络异常纷乱复杂。但我们仍能透过其表象梳理出内在的转变与发展的趋势，后现代艺术对当代景观理论研究与创作观念的影响是深刻而广泛的。

后现代艺术主要包括波普艺术、极简主义、过程艺术、偶发艺术、观念艺术、大地艺术、行为艺术等。

（一）艺术回归观念

观念艺术是艺术观念的极端发展。观念艺术顾名思义，就是关于“观念”的艺术，在观念艺术中“艺术观念”被单独凸显出来，甚至其中只留下艺术观念。杜尚在20世纪初提出“反艺术”观念，将日常现成物转换成为艺术，如作品《泉》（见图2–7），对观念艺术具有重要启示。这种现成物将艺术的焦点从语言的形式转化为内容方面。这是艺术本质问题的转换，是从“外观”到“概念”的转化，是观念艺术的开始。指称某物为艺术，这正是一种“赋予观念”的过程，从这个意义上说，杜尚可称为观念艺术的鼻祖。“所有艺术（在杜尚之后）都（本质上）是观念的，因为艺术只能以观念的方式存在。”但从观念艺术激进的观念来看，只有彻底“观念化”的艺术才是艺术，才是观念艺术。

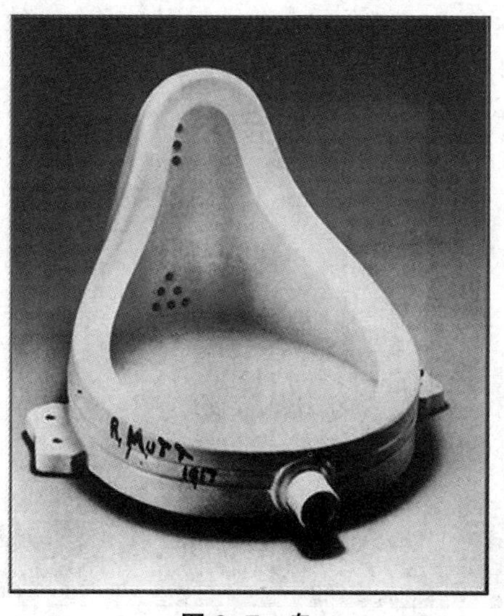

图2–7　泉

约瑟夫·库苏斯和索尔·勒维特都是观念艺术的主要代表人物，前者是观念艺术里面一个主流门派“语言学观念主义”的代表，后者是另一个门派“主题式观念主义”或称“非理性观念主义”的代表。库苏斯和勒维特有不同的美学理论。库苏斯坚持“艺术创作的理性模式”，这种模式“确定了艺术家的中心与权威的地位”，艺术家在观念艺术的创作中始终都是决定者；与此相对应的，勒维特则认为“观念主义艺术并不需要直觉、创造力和理性思考……作品是依据一种逻辑顺序而创造出来的，这种创作过程就本质而言，一句话，就是非理性的”。另外，这两种观念主义的区别还表现在“接受美学”方面。前者的理性主义认为只有观众主观思考的参与才能获得成功，后者则接受了“无限的公众”的观念，认为观念艺术品一旦被创作出来就失去了控制，不仅艺术家不能控制观看者对艺术的态度，而且即使对同一作品不同的人也可以采取不同的态度。由此可见，库苏斯的美学是属于“作者中心”论的，而勒维特则强调了“接受者”的重要价值。

对观念艺术的“观照”，并不会像对传统艺术那样直接诉诸感官就可以了，更要诉诸头脑。观念艺术已非“眼的艺术”而是“脑的艺术”，已非“看的艺术”而是“思的艺术”了。对观念艺术的观赏，需要经过一系列的心理过程。以库苏斯的观念艺术品《一把和三把椅子》（见图 2-8）为例，作品里“椅子的照片”“真实的椅子”“椅子的词条”并置在同一个空间，这里面深藏着作者的哲学思考，对物的“视觉的”和“文字的”呈现的“本质”之追问。观念艺术似乎与佛教禅宗的某些观念具有相似和默契之处。借用禅宗公案中青源惟信禅师的一段话：老僧 30 年前来参禅时，见山是山，见水是水。将至后来亲见知识，有个入处，见山不是山，见水不是水。而今得个体歇处，依然前见山是山，见水是水。这段话和我们鉴赏观念艺术《一把和三把椅子》一样充满了禅宗的“玄机”。

图 2-8　库苏斯作品《一把和三把椅子》

观看《一把和三把椅子》之初，相当于参禅初时，这个作品被置于美术馆的语境里，而且注明这就是艺术，人们来的目的也是观赏艺术品。这是“看山总是山，看水总是水”。

然而，疑惑出来，将两把椅子（一个实物、一个照片）和椅子的词条并列在那，就成了艺术？按传统审美观念比照“这不是艺术”。即“禅有悟时”，此时，便“看山不是山，看水不是水”了。

最后，经过思索领悟到作品的真义的“禅中彻悟之时”，“看山仍是山，看水仍是水”。这就是艺术嘛。

观念艺术所注重的“赋予观念的过程”，与参禅的过程具有“异曲同工”之妙处，都是要找寻一种艺术的本来面目。

后现代所有的艺术革新，都是“观念”的，艺术向生活里真实的观念回归，这也是观念艺术带来的重要启示。

（二）艺术回归身体

在20世纪70年代，行为艺术开始风行欧美世界，至今仍具有强大的艺术生命力。行为艺术的产生和发展是有一个过程的，其实在早先的现代艺术内部就已经孕育了“走向”行为的萌芽。第一，是未来主义确立了行为艺术的起点。菲利波·托马索·马里内特于1909年2月20日发表的“未来主义宣言”就已经提出：艺术可以成为是日常生活的进行样式，观者也可能直接参与到艺术的过程中来。其后未来主义的一系列主张和行动都可视为行为艺术的雏形。第二，达达派推动和加速了行为艺术的出现并成为其动力源泉。达达创作本来就具有随机性，就是说，作品的取材并不重要，重要的是形成作品的过程本身。也就是这种不确定的偶然性，直接引发出偶发艺术和行为艺术的特性。第三，包豪斯的戏剧也起到了助推作用。桑迪·沙文斯基和约瑟夫·阿伯斯于1936年开创了“舞台研究项目”，他们在音乐和舞蹈上实验各种素材和形式，强调日常生活和“日常的真实状态”，着重点还是“行为”，力求找到一切艺术都可以融合的基础。原属于达达派的杜尚，也可以说是观念艺术的创始人。早在1914年，杜尚丢下3根1米长的线，当线落在下面的画布上，他就将线以落下的形状粘贴在画布上完成了其创作。在此他强调了其创作的随机性模式。第四，比较有影响的是美国抽象表现主义大师波洛克的“滴画”创作（见图2-9），依赖一种随机的创作过程来完成其作品。这与中国传统水墨画的“泼墨”以及刘海粟独创的“泼彩”有异曲同工之处，都是追求一种自然的艺术效果，这些都对行为艺术有重要启发。

图 2-9 “滴画”创作

行为艺术与现代主义的“艺术行为”有着紧密的传承关系。“艺术走向行为”的特性其实早就潜藏在各种艺术流派和思潮之中了，行为艺术只是将其核心特质凸显了出来。

行为艺术具有“环境”“身体”“行动”“偶然”四要素。它与传统艺术形式具有历史性的断裂，如图 2-10、图 2-11 所示。

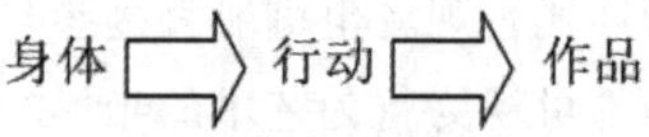

身体 ⇨ 行动 ⇨ 作品

图 2-10 传统艺术简图

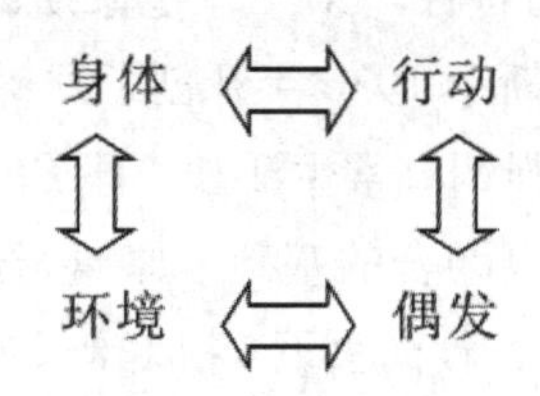

图 2-11 行为艺术简图

传统艺术从“身体”到“行动”流程是不可逆的，单向的。同时，再到“作品”的“身体”与“行动”都是次要的，重要的是结果“作品”。而现代艺术中就已经出现了对这种单向流程的变革，如“行动绘画”尽管还着重在“作品”，却将流程中的“行动”要素凸显了出来；再如开始跨到后现代艺术界限的“身体艺术”，就直接将原始“身体”要素提取出来，试图抛弃传统的作品观念。

“行为艺术”作为更成熟的当代艺术形式，创建了完整的艺术体系。吉尔伯特与乔治在1970年创作的著名行为艺术——《演唱者的雕塑》（见图2-12），诠释了行为艺术的典型特质。在这个《演唱者的雕塑》里面，两位艺术家最重要的艺术工具就是他们作为活动雕塑的“身体”，还有两位艺术家模仿演唱歌曲做出的一些“行动”。进而，每次的行为表演，两位艺术家的行为动作基本都是“随机”“随性”“即兴”“偶发”的。最后，就是“环境”，他们演出的地点是不断变化的，有时是美术馆和画廊，有时则是艺术情景之外的地方，这都为他们的行为构成了背景环境。而且整个过程中4个要素关系是互动的。

总之，从“偶发艺术”“身体艺术”“行动绘画”到“行为艺术”，基本朝着相同的道路前进，都是要回归身体来进行艺术创造，最终目的是要打破艺术与生活的界限。在偶发艺术家与行为艺术家心目中，真正的艺术，是作为“像生活的艺术”而存在的，这种艺术就应当直接与“日常生活中的各项活动互动”。在“目的是要像生活”之类的艺术里，无论是偶发艺术通过偶然的动作接近生活的本质，身体艺术通过身体艺术语言来观察生活真实，还是行为艺术通过行为过程的实施来获得贴近生活的经验，都是为了通过对“过程”的注重，使生活向艺术靠拢。

图2-12　演唱者的雕塑

（三）艺术回归自然

“大地艺术”是当前欧美艺术中的重要流派之一。它的独特与重要之处就在于以地表、岩石、土壤等作为艺术创作的材料。该艺术运动起源于20世纪60年代末，主要代表人物有罗伯特·史密森、米歇尔·海泽等。大地艺术以“回归自然”为宗旨，参与“同大地相连的、同污染危机和消费主义过剩相关的生态论争”，从而形成了一种反工业和反都市的美学潮流。

非常值得一提的是大地艺术与中国传统道家美学思想有着异曲同工之妙。大地艺术要求某艺术活动真正走向广阔的“天地之际”，其创作材料包括森林、山峰、河流、沙漠、峡谷、平原等大地自然材料，同时可以辅助以建筑物、构筑物等人造物。史密森在美国犹他州大盐湖中创作的著名大地艺术作品《螺旋形防波堤》（见图2–13），就是由黑色玄武岩、盐结晶体、泥土等形成的巨大的螺旋形。大地艺术强调要尽量保存自然的“原生态”，认为只有自然才是一切事物的原初源泉。在艺术手法上，大地艺术强调采用“极度写实主义”的手法。所有这些都和道家的“天地有大象”“原天地之美”等美学观是相通的。

当代大地艺术重塑了“天、地、人”三位一体的和谐关系，在大地艺术中，人不再具有“主体性”的地位，也不是改造自然的“人”，而要与自然保持和谐和依存的关系。这与老子的“故道大、天大、地大、人亦大。域中有四，而人居其一焉”的思想如出一辙。

图2–13 螺旋形防波堤

大地艺术家们普遍认为艺术与生活、艺术与自然之间没有严格的界限，在艺术创作中要寻求与自然的对话，让艺术回归真实的自然。

（四）艺术回归生活

生活直接变成艺术，这曾经是现代艺术精英的主张之一，后来转化为后现代艺术的根本诉求之一。从20世纪初叶，现代派的未来主义、达达主义、超现实主义就已经开始探索和实践艺术向生活的转化，但还是后现代艺术真正打破了精英文化与大众文化的界限，使艺术与日常生活之间的距离消失了。

未来主义早在20世纪初就提出“我们想重新进入生活”的纲领性主张，并且进行着不断的尝试和探索。杜尚在1914年将日常用品直接贴上标签当作艺术品，使达达成为艺术与生活相互融合的倾向的最重要代表。

1924年诞生的超现实主义接受了达达主义的基本精神，也试图取消艺术与日常生活的界限。“虽然超现实主义一开始就宣称自己是一场艺术运动，但它希望被看作是一种生活哲学”“它打破了传统，摧毁表面的秩序，使人用惊奇的手段迫使我们注意”，以此达到关注日常生活，重新融入日常生活的目的。

波普艺术在20世纪50年代末开始兴盛，此后风靡世界，其影响持续到20世纪70年代早期。波普艺术与流行的大众文化互相渗透、互相影响，大众文化从波普艺术中汲取营养，波普艺术也从大众文化那里获得灵感。波普艺术在诞生之初是以英国为中心的，后来逐渐转移到美国，主要是因为美国的文化是波普艺术的沃土，美国商业化的社会现实，使波普艺术获得了更大的发展空间。

波普艺术（Pop Art）中的“Pop”是从英文词“popular”截取的一部分，有流行的原意，但它们的基本含义却不能等同于流行。流行文化的重要载体就是“大众”，但是这种自动盲从和随波逐流的大众却不能包含波普艺术家在内。因为波普艺术基本上“否定”将自己划为“大众艺术”和“大众文化”。波普艺术这样做就是要在某种程度上保持着对现代社会的一种“批判性的态度”与“态度的批判性”，流行文化与大众文化则根本缺少这一批判性的态度。波普艺术的美学特质被理查德·汉密尔顿归纳为：波普艺术是通俗的与流行的（具有通俗性与流行性）、短暂的（具有瞬间性）、可消费的（具有可消费性）、便宜的、大批生产的、年轻的、机智诙谐的（具有机智性）、性感的、诡秘狡诈的、有魅力的。

波普艺术的这十一种特质是其“原初性”的美学特质，所以并不像有的艺术家所认为的“这种定义与其说适合于波普艺术，不如说更适合于广告”，因为波普艺术只在表面上同大众商业文化具有相似性，甚至可以说非常相似（这也是本书把波普艺术归入后现代艺术的主要原因，另外部分原因是后波普的出现），波普艺术从未放弃在艺术史上的追求，它最初毕竟是一种精英化的艺术形态，即使后来美国波普艺术、后波普有了某种变异。

波普艺术的作品来自日常生活，其特征是“画面上没有紧张的强度，只有诙谐的模仿”。

波普艺术家们否定上层社会的艺术口味，把自己的注意力转向了“以前认为不值得注意更谈不上用艺术来表现的一切事物”“波普艺术家注意象征性……选择小汽车、高跟鞋等现代社会的标志和象征”“把互不相干的不同形象结合在一起，在比例和结构上做莫名其妙的改变”。

波普艺术家们通过对现代“机器文明”的夸张表现，刻画了这个物质丰富而精神空虚的世界。他们的目的不在于讽刺挖苦，也没有任何反抗的意思。他们观察包围着我们的物体和形象，力求通过生活中最大众化的事物把观赏者和创作者都融于生活之中，如通俗喜剧、披头士、海报画等。波普艺术的表现手法可以归纳为三类。

1. 再现日常生活品的手法

波普艺术家们讲求回归生活环境，重新审视我们平时司空见惯的各种物件，不管是美的还是丑的，高雅的还是平凡的，都赋予它们新的意义，让人们重新认识它们。

贾斯珀·约翰斯的《三面旗帜》（见图 2-14），以美国人再熟悉不过的美国国旗为题材。他没有将其制作成一面悬在旗杆上的国旗，而是在帆布上绘制了三面叠在一起的、大小不一的、厚重的、浮雕般的国旗，庄严而凝重。纽约波普艺术家之一奥登堡 1962 年创作的《巨型汉堡包》，通过极其夸张的模拟和再现美国快餐文化的象征——汉堡包，来强化它的地位和作用。此作品不仅比例夸张、色彩鲜艳，而且奥登堡一反传统雕塑都是坚固、结实的观念，将其用内部充满了泡沫塑料的帆布制成，新颖独特。这件作品充分体现了美国 20 世纪 60 年代快速发展起来的“快餐文化”。

图 2-14　贾斯珀·约翰斯的《三面旗帜》

2. 运用艳丽色彩的手法

成功的商业艺术家安迪·沃霍尔喜欢对大众所熟悉、热爱的人物照片进行再创作，如伊丽莎白·泰勒、玛丽莲·梦露、埃尔维斯·普雷斯利等。在著名的代表作《玛丽莲·梦露》（见图 2-15）中，沃霍尔运用明亮的红、黄、蓝以及紫色等，对其头部进行再调色，为这位好莱坞的悲剧人物又添加了一丝悲凉与幽默。

图 2-15　安迪·沃霍尔的《玛丽莲·梦露》

3. 重组现成品的手法

波普艺术家们以复杂的、奇怪的、荒诞的思想，来表达反纯粹、反崇高、反理性等思想。他们将绘画、展板、日常物品等一切见得到的、可用的东西都作为创作的“原材料”，并将它们进行装配或拼贴。他们认为“集合”“拼贴”“并置”可以使物品丧失原来的功能，应该把原来被忽略的美推到第一位。著名的英国波普艺术家彼特·布莱克创作的《阳台上》(见图 2-16)，画面中坐在公园长凳上的 4 人被杂志和报纸上的流行图像等覆盖，画面中到处充满了可消耗性的商业产品，如香烟盒、杂志、食品包装袋等。画中基本没有透视，表现出了严谨认真、毫不夸张的态度。

图 2-16　彼特·布莱克《阳台上》

波普艺术就是要通过上述表现手法，使“平凡物”“日常生活物”转变为艺术，从而达到消除艺术与生活之间的距离的目的。

激浪派（Fluxus）与波普艺术共存，德国的前卫艺术家约瑟夫·博依斯是其代表。“Fluxus”这个词来自拉丁文，原意就是流动的，这个词与达达一词的选择一样随机，因为“达达”就是随手翻字典而来的。激浪派没有统一的风格，其基本目标就是要破坏艺术与生活中既定的规律秩序。从早期的街头景点、点子音乐会到晚期的集体朗诵、叙述散步的事件，激浪派艺术品所采取的从音乐、舞蹈、诗歌、表演、电影、出版物到邮寄物这些变换的形式，都有一个共同的目标宗旨——让艺术从“高高在上”转为平常，让艺术从“脱离生活”转向生活。同波普艺术一样，激浪派也踏上了回归生活的艺术之旅。

经历了观念艺术、大地艺术之后，波普艺术在20世纪80年代末90年代初又迎来了“第二春”，即后波普时代（所以也可把前波普叫作经典波普）。与经典波普相比，后波普似乎更关注人物绘画方面的探索，从而偏离了“经典波普”那种物化的表现，但是其将日常生活与艺术的边界打破的审美取向却还是始终未变的。

在20世纪60年代，美国和英国还兴起了超级现实主义（也称照相写实主义）的艺术潮流。照相写实主义通过精细的模仿来描绘摄影作品，追求真实的视觉形象，逼真程度达到使人产生强烈的照相幻觉的境界。由于其根据现实生活中的人物及场景图片来创作，也就是用传统技法而“画照片”，含有波普艺术的因素，所以也可归为波普艺术发展的一个分支。与波普艺术的当代复兴巧合的是，超级现实主义在20世纪90年代以来也得到了很大的恢复，并被赋予“新写实主义”的称号。

总之，在艺术回归生活的道路上，不仅包括曾经辉煌的经典波普与激浪派，还有当代复兴的后波普、超级现实主义与新写实主义。将生活直接纳入艺术的浪潮在如今不仅没有丝毫衰弱的迹象，反而在当代的文化语境下愈演愈烈。

可以看出，当代艺术有四条回归之路（趋势），即以观念艺术为代表的艺术回归观念，以行为艺术为代表的艺术回归身体，以大地艺术为代表的艺术回归自然，还有以波普艺术为代表的艺术回归生活。但是将前三条道路归纳到一起，就等于第四条道路——艺术回归生活。因为观念艺术是要回归生活里真实的观念，行为艺术是要回归生活里真实的身体，大地艺术也要回归生活背后真实的自然，而这些也正是波普艺术的追求。

当代艺术向生活回归的同时，它也就更加逼近了生活背后真实的景观了，大地艺术已经与景观亲密地会合了。

第三章　景观设计及其发展

景观生态学原理、现代空间理论、行为心理学以及设计艺术思潮等领域的探索与研究奠定了现代景观设计发展的基石。现代景观设计强调尊重自然、尊重人性、尊重文化，生活、科技、文化的交融成为现代景观设计的源泉。通过将空间、行为、生态及人文精神有机结合，综合提升土地的使用价值与效率，以可持续的方式、方法促进人居环境的发展。正如西蒙兹（John Ormshee Simonds）指出，"景观，并非仅意味着一种可见的美观，它更是包含了从人及人所依赖生存的社会及自然那里获得多种特点的空间。同时，应能够提高环境品质并成为未来发展所需要的生态资源"。不断地探索优化人与自然的关系，始终是景观设计发展的前进动力。当代景观设计已超越单纯追求美观或纯粹的生态至上的界限，在科学的基础上，强调感性与理性的结合，表现人工与自然融合成为现代景观设计的发展趋势。现代景观设计以多学科的整合为基础，它与建筑学、城市规划学共同构成人居环境建设的三大学科。

第一节　近代景观设计与理论的发展

现代景观设计经历了一个不断演变的过程，它顺应了科学技术的发展并满足了社会的需求。景观设计是一个开放的领域，与大多数实践性学科类同，变革发展成为景观学科自我完善的根本途径。景观设计的变革与高速发展的社会经济和科学技术以及文化的震荡相伴，促进现代景观设计变革的主要因素大致有以下四个方面。第一，20 世纪的世界各国均力图在急剧变化的世界格局中确定各自的位置，国家间既相互合作又激烈斗争，景观设计领域的开放和相互渗透交流的国际化过程加剧。第二，哲学与美学及艺术思潮直接或间接影响着景观设计理念，20 世纪是一个"多主义"的时期，不同的艺术思潮先后或交互冲击着此间的景观设计，景观设计师们追逐并创造潮流，受到不同思潮的影响，其间人们在不懈地探索有别于古典主义的设计途径，由此带来景观设计领域的空前繁荣。第三，相关科学技术的发展改变着景观设计的基本架构，以生态学、“3S”技术、信息技术为代表，不仅改变景观学科的发展态势，也改变着传统的专业价值观念。第四，伴随着学科发展速度加快，景观设计专业知识呈现出既高度分化又高度整合的趋势，景观设计不断变化的目的在于适应学科的发展。可持续发展不仅适用于人类对自然的认识，而且也符合学科的发展规律，景观设计经历了一个不断发展与完善的过程。

时代的变化，一方面加速了景观设计观念更新，同时也加速了知识老化。景观设计主动适应和促进科学技术和社会经济的发展，必须不断地丰富与发展设计思想与方法。发展变革是现实需求，符合景观学科内在的发展规律，也是景观学科不断自我完善的主要途径。近百年来，关于景观设计的研究经历了逐步深入与拓展的过程，它对于现代景观的形成与发展具有深远的影响。20 世纪以来，人类社会发生了巨大的变化，科学技术突飞猛进，哲学、美学思想空前繁荣，其间又经历了两次世界大战，人们一次次地重新思考现实世界的问题，不断地变化着自身的价值取向，从而导致了 20 世纪的景观设计五彩缤纷，诸多的主义、流派杂糅并存，但总体而言，现代景观设计正在向艺术和科学两个方向深入发展，世界上许许多多的景观设计师都在进行有益的尝试和积极的探索，并取得了令人瞩目的成就。

景观设计在经历了古典主义的唯美论、工业时代的人本论之后，在后工业时代迎来了景观设计的多元理论。回顾现代主义景观设计历程，不同的景观设计师甚至是不同时段与地域的景观师之间，往往其设计思想或手法表现出某些相似性，如托马斯·丘奇与布勒·马克思都热衷于立体主义、超现实主义，流畅的曲线与几何化的平面构成是他们景观作品的共同特征；丹·凯利与佐佐木英夫都精通建筑设计手法，不论是大尺度的城市环境还是在建筑的夹缝之中，他们的作品均能够与所在环境充分对话；而劳伦斯·哈普林与彼得·沃克作为现代主义景观师的代表，面对高度建筑化的人工环境，他们没有采取妥协的方式去趋同于建筑秩序，而是以自己的方式诠释着自然的秩序与美，他们以弱化界面、延续构图以及自然或拟自然的材料实现与环境的融合。更多的景观设计师选择默默地改变着环境而不抛头露面，但他们与大师们一道在改变环境的同时推动景观设计的进步。这百余年的景观设计难以用传统的史学观念加以简单的分类，不同阶段往往也是诸多主义与思潮并存，同一景观设计师在不同时期的设计思想与风格也不尽相同甚至是迥异。为了概括地勾勒出现代景观的沿革历程，选择其间影响较大、最具阶段性特征的设计师及其成熟期作品为例，将近百年来的景观设计历程大致划分成以下四个阶段。

一、现代景观设计系统观的形成

现代景观设计思潮源于欧洲兴于美洲。18 世纪，英国“如画的园林”与古典主义崇尚理性的欧洲造园不同，建立在对自然环境模拟的基础之上的景园，体现着时人对于自然的尊重与向往。19 世纪末，英国人对于传统的园林形式展开讨论，希望创造新的园林形式。1892 年，英国建筑师布鲁姆菲尔德出版了《英国的规则式庭院》一书，批评传统的都铎式风景园趣味不正、不合逻辑。他提出庭园设计应将庭园与建筑物紧密结合。他对造园家简单地模仿自然的造园方式加以批判，提出风景式庭园仍然是人工的东西。而修剪的树木和森林树木是一样的，也具有自然的属性。因此，自然式园林不应排斥人为因素，典型的庭园模式由肾脏形的草坪、弯曲的园路、乔灌木环抱的人工山丘和花坛共同组成。园艺家罗宾逊反对布鲁姆菲尔德的建筑化庭园理论。他反对在花坛里种植外来植物种，提倡“野趣园”，大力推荐种植适应英国气候条件、生长繁茂的植物。

欧洲如此，美洲也不例外。19 世纪的自然主义运动对美国的环境设计产生了很大的影响，在这场运动中诞生了美国景观建筑学。19 世纪的代表人物唐宁等一大批景观师在学习欧洲的基础上延续着莱普顿的造园风格。他在莱普敦的作品中接受都铎式造园的影响，并研究了培育树木的先进技术。就景观设计方法而言，由老欧姆斯特德及沃克斯合作设计的中央公园也是模仿英国自然式园林的营造方法，其中自然的湖面、起伏的草地、成片的林木以及水晶宫等无不有其都铎式的原型可循。正如弗雷德里克·劳·欧姆斯特德的第一本著作《一个美国农夫在英格兰的游历与评论》一样，早期的美国景观设计从英国的都铎式中汲取了丰富的养分，他与卡尔弗特·沃克斯共同完成了纽约中央公园设计（见图 3–1）、布鲁克林的希望公园（见图 3–2），将贝克海湾的沼泽地改造为一个城市公园，所有这些项目均延续都铎式造园的布局手法，几乎都与英国的自然式如出一辙。但欧姆斯特德创造性地提出，在保护自然风景的基础上，按照需要对景观环境加以整理修补，除建筑物周围的有限区域外，一般应避免规整式设计。在欧姆斯特德的景观作品中，宽敞的草坪和牧场占据景观的中央，曲线状的洄游园路穿行园区。与此同时，美国的城市规划设计开始摒弃杰弗逊的“方格网加放射广场”的古典主义、折中主义和理性主义思想，19 世纪开始的纽约市规划就完全放弃了巴洛克风格，而是采用了单纯的方格网，通过 12 条纵向大道，155 条横向大街，同时在上城区留出面积较大的中央公园。

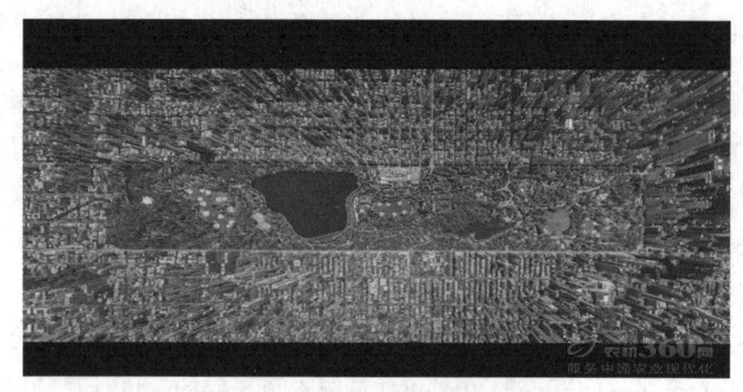

图 3-1　纽约中央公园俯视图

图 3-2　布鲁克林希望公园

与杰弗逊竭力宣传他的民主思想相对应，欧姆斯特德则将公园设计的相关理论推广到平民的生活范畴，老欧姆斯特德致力于改善美国人民的生活质量，注重从整个城市的角度出发，主张把一系列公园联系起来，构成有机体融入城市，即形成公园系统。1880 年，他与查尔斯·艾略特合作的波士顿公园系统规划更加鲜明地强调了这一构思。该公园体系以河流泥滩、荒草地所限定的自然空间为定界依据，利用 60 ~ 450 米宽的带状绿化将数个公园连成一体，在波士顿中心地区形成了景观优美、环境宜人的公园体系。老欧姆斯特德提出“公园路”将城市公园串联起来，构成公园系统，为城市居民提供多样化的公共娱乐休闲设施，以缓解城市人的生活压力。波士顿“翡翠项链”规划方案将查尔斯河畔与富兰克林公园沟通起来，组成公园系统（见图 3-3）。老欧姆斯特德不仅提炼升华了英格兰“如画的园林”，他的设计建立在对人性的肯定基础上，以陶冶公众心理感受，“创造人与环境的和谐”作为景观规划设计的终极目标。而欧姆斯特德父子的开放空间系统的观念更是进一步从操作层面深化了这一理论。当时，美国大多数城市的急剧膨胀带来许多问题，如城市空间结构不合理、环境恶化、城市交通混乱等。从 19 世纪 60 年代开始，欧姆斯特德和卡尔弗特·沃克斯构思一个宏伟的计划，即用一些连续不断的绿色空间——公园道将其设计的两个公园和其他几个公园，以及穆德河（该河最终汇入查尔斯河）连接起来。欧姆斯特德尝试用公园道路或其他线性方式来连接城市公园，或者将公园延伸到附近的社区中，从而增加附近居民进入公园的机会。欧姆斯特德所说的“公园道”，主要是指两侧树木郁郁葱葱的线性通道。这些通道连接着各个公园和周边的社区，宽度仅能够容纳马车道和步行道。用欧姆斯特德的话说：“在公路上，行车的舒适与方便已经变得比快捷更为重要。并且由于城镇道路系统中常见的直线道路以及由此产生的规整平面会使人们在行车时目不斜视，产生向前挤压的紧迫感。我们在设计道路的时候，应该普遍采取优美的曲线、宽敞的空间，避免出现尖锐的街角。这种理念，它暗示着景观是适于人们游憩、思考，且令人们愉快而宁静的环境。”欧姆斯特德和沃克斯在晚期的作品中大量使用这种表现方式，包括布法罗的公园道和芝加哥的开放空间系统等。这些公园道首先强调的是那个时代最迫切的社会和美学问题。应该注意的是：由于欧姆斯特德生活的时代汽车还未大量使用，他所强调的交通方式依旧是马车和步行。1920 年以后的公园道建设虽然继承了欧姆斯特德的思想，但主要强调汽车以及道路两旁的景观所带来的行车愉悦感。比如，在芝加哥的河滨庄园规划中，欧姆斯特德将河流及其两侧的土地规划为公园，并用步行道将其和各个组团中心的绿地连接起来。在“翡翠项链”计划的实施工程中，欧姆斯特德也非常强调城市防洪和城市水系质量等问题，这些问题主要通过修建下水管道、水闸等工程措施解决。尽管这些手段与今天强调的生态方法有所不同，但欧姆斯特德在无意识中开创了多目标规划的先河。

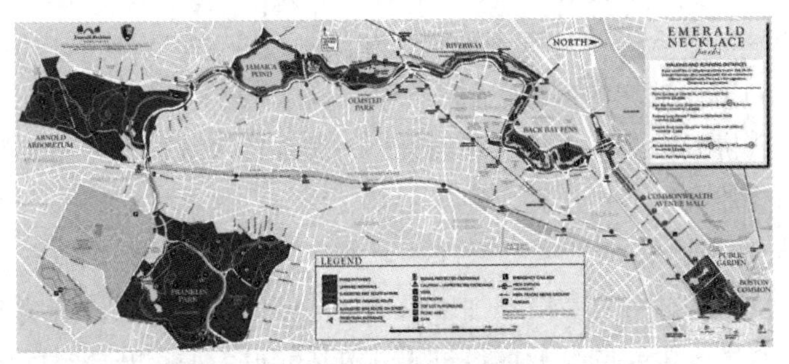

图 3-3 波士顿“翡翠项链”计划

随后，在英国也相继出现了一些相关的概念，如 1898 年埃比尼泽·霍华德的花园城市、绿带等思想。在霍华德的田园都市理想计划中，126 米宽的林荫大道环绕着中心城市（见图 3-4）。人们不再局限于传统景园设计思想和对于花园的研究，而是将视野拓展到城市范畴，霍华德的景观环境观念充分体现在其花园城市的构想之中。与传统不同，其思想建立在城市系统基础之上，而不再是单纯的园林，从霍华德提出花园城市理论到欧洲花园城市运动的兴起，欧洲的城市社区规划、工业园区规划、绿带城镇规划等均不同程度地实践花园城市概念。

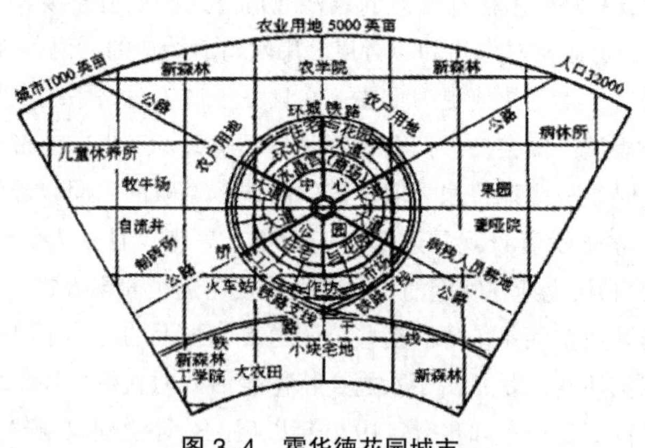

图 3-4　霍华德花园城市

查尔斯·艾略特先后与欧姆斯特德父子两度合作从事景观规划设计。查尔斯·艾略特提出，在闲置土地上建立一个开放空间系统，征用湿地、陡坡、崎岖山地等无人利用的土地，规划设计成公园系统。伴随着城市扩展，公共工程大量增加，城市历史的维护被提上了议事日程，城市景观的研究将保护历史的观念发展到不仅包括建筑物，还包括空间和环境。时人已经开始注意到保护全面的区域、邻里、社区和乡土景观。其中一个很具代表性的活动，就是将受到干扰的地区恢复成原生自然景观。新的种植观念、资源管理的观念和技术，使许多凌乱的环境，如采石场、矿区和其他受到工业破坏的区域，再次变得美丽并重新具有“生产力”。艾略特参加了波士顿及剑桥城市公园系统的规划设计，调查该区域植物分布并绘制草图，在此基础上采用叠加方法分析道路、地形和水文特征，这种方法确立了以资源调查为基础的设计模式。其中，艾略特的突出贡献在于提出“保护区”概念，将城市中海岸、岛屿、河口、森林等自然资源加以保护，与城市公园共同构成城市开放空间系统。城市的滨水区、废弃的工业区经过规划改造，成为城市开放空间的重要组成部分。在这一时期，城市美化和景观改良反映了一种新的景观研究方向。艾略特参与了欧姆斯特德在波士顿的主要项目（如希望公园）等。1893 年，他加入欧姆斯特德的事务所并成为主要负责人之一，该所也更名为艾略特景观设计事务所。1893年，该事务所承担了规划设计波士顿都会开放空间系统的任务。艾略特最杰出的贡献体现在两个方面。一是对自然景观的保护。1890年，他在发表的《韦弗利橡树园》一文中，竭力呼吁对麻省贝蒙特山的一片橡树林进行保护，并制定了一些保护麻省优美景色的策略。1896年，艾略特完成了名为“保护植被和森林景色”的研究。在该研究中，他发展了一整套方法，即著名的“先调查后规划”理论，该理论将整个景观设计学从经验导向系统和科学。该方法一直影响到20世纪60年代以后的路易士和麦克哈格的生态规划理论，强调景观规划设计的科学性是艾略特对景观学的又一大贡献。

20世纪早期，德国的景观设计开始走向现代，1901年德国的第一个花园城市德累斯顿的一个区——荷尔伦开始建设。由莱赛提出的第一个公共园林的计划在1906年产生。一个是由卡尔·海克斯为法兰克福的东公园所做的设计，包括一个很大的三角形草坪，由一条水系一分为二，环绕着一圈高大的树木。湖边草地上有密集的树丛和曲折的小径，周围缺少大型建筑，似乎在和莱内的传统设计相交流，公园的设计概念有三个清晰的元素——湖面、铺满草地的岛屿以及背阴的树丛，这些都使设计步入了一个新的境界，并且代表了一种适应未来发展的方案。第二个规划是由莱赛为柏林佛纳自治区所设计，并被命名为“活动公园”，园内大量的绿化都服务于运动场、马球场和网球场，这些场地都必须是矩形的几何空间，随后许多现代公园设计相继推出，其中有1908年弗里德里西·鲍尔设计的柏林席勒公园和1909年由弗里茨·恩克在科隆设计的沃格博格公园。20世纪早期的德国景观设计强调，必须为人的各种活动和游戏提供足够的大空间，并且必须对外开放。林荫大道应该靠近活动场地并且将人引导向大面积的水域。根据现有的城市规划的发展和卫生环境等主要因素来决定公园的选址、流线和设施。里博切特·米凯是典型的现代主义派代表人物，他强调公园的使用功能，更新公园审美观念。一种有序而富于变化的几何组合能更好地布置体育设施，创造吸引力，不仅景观和谐，而且有一定的逻辑性。米凯构想的庭院似乎不仅基于建筑周围的环境，而且扩大到建筑外部空间的功能性。它们提供了建筑以外的生存空间，在这个空间里，孩子们可以嬉戏，大人们可以进行锻炼和活动，并可以种植果蔬，园林空间构成元素都是自然生长的缤纷的植物。

19世纪末20世纪初是现代景观设计理论与方法形成与探索阶段，欧洲早期现代艺术和“新艺术运动”促成了景观审美和景观形态的空前变革，而欧美“城市公园运动”则开始了现代景观的科学之路，其中最具代表性的是美国景观师对城市景观具有里程碑意义的研究与发展。这一阶段的代表人物有老弗雷德里克·劳·欧姆斯特德、卡尔弗特·沃克斯、查尔斯·艾略特、埃比尼泽·霍华德、小弗雷德里克·劳·欧姆斯特德、约翰·查尔斯·欧姆斯特德等，他们提倡大型的城市开放空间系统和景观的保护，发展都市绿地公园系统，致力于“给予国民休闲和居住的乐趣”，这一观念成为指导景观设计的宗旨。此间的公园设计拥有田园般的风光，代表了城市生活的一部分和文明的生活环境。他们的景观设计为工业社会的“冲突和紧张”创造了理想的放松环境。欧姆斯特德不仅创造性地发展了都铎式景观，而且把景观园林这个由莱普顿创造的术语分解并转化成景观建筑。1900 年，小欧姆斯特德及其同母异父的兄弟约翰·查尔斯·欧姆斯特德等人在哈佛大学成立景观建筑学科，将景观研究从非正式的个人研究发展到学院专业化的研究，开启了现代景观设计的新里程。

二、二战前后的现代主义与景观设计思潮

1914—1918 年的第一次世界大战不仅给世界带来动荡，也重新划分了世界格局。现代主义盛行，强调以科学为基础，讲求理性逻辑、实验探证，并主张无神论。其中牛顿的力学理论、达尔文的进化论及弗洛伊德对自我的研究为现代主义奠定了重要的基础。欧美景观设计先后出现与传统景观设计分道扬镳的各种流派和思潮，有着鲜明的现代主义色彩。现代主义景观艺术比起建立在感性基础之上的以写实和模仿为特征的传统景观艺术而言，具有注重功能、理性、象征性、表现性和抽象性的特点。20 世纪的现代主义思潮与新艺术思潮交互冲击着景观设计，当时的先锋景观设计师们关注空间的形式语言，其中包含对于人、环境、技术的理解，抛弃对称、轴线以及新古典主义的景观法则，成为当时景观师们的新追求。与单调专制的直线不同，曲线有着不受约束并和神秘性的特征，由于景观具有自然的属性，曲线更易于适应自然的地形与植物，景观师们从建筑与景观形式的内在二元性出发，借此生成一种全新的设计语言。20 世纪的新艺术思潮中，立体主义为景观设计的形式和结构提供了丰富的源泉，立体主义理性地融合了空间与时间，并将四维的效果转化成二维，从而实现单一视角内的多重画面。在景观建筑中，立体主义表现为抽象概念和联合视点的产生。这一艺术手法首先在 20 世纪 20 年代由法国设计师罗伯特·马利特·斯蒂文斯、安德烈、保罗·薇拉和加布里埃尔·圭弗莱基安等人将立体主义手法运用在庭园景观设计中。1925 年的巴黎展览会上，盖帕瑞尔·古埃瑞克安设计的“水与光的园林”，几何的形式与强烈的色块使其成为展览会上最前卫的设计，随后他在诺李斯花园的设计中也充分体现了风格派和构成主义的影响。英国景观师唐纳德在其功能、移情和美学的理论中开始强调在景观设计中应用绘画和雕

塑的手法。唐纳德和艺术家们保持着密切的联系，直接或间接地受到艺术家米罗和保罗・克利等人的影响，前卫的抽象艺术和超现实主义的手法在他的景观作品中有明显的体现。1939年，唐纳德受格罗皮乌斯邀请赴哈佛任教，支持了加略特・艾克博、詹姆斯・C・罗斯、丹・凯利等人的新探索，对美国的现代景观发展起到了积极的推动作用。1937年，加略特・艾克博在加利福尼亚格里德利附近的一个公园设计，艾克博受到密斯・范德罗的影响，尝试以穿插的绿篱划分组织空间，彼此重复而不相交的"绿墙"完全是建筑化构成方式。

罗斯认为，"实际上，它（景观设计）是室外的雕塑，不仅被设计为一件物体，并且应该被设计为令人愉悦的空间关系环绕在我们周围。""地面形式从空间的划分方式发展而来……空间，而不是风格，是景观设计的真正范畴。"艾克博强调景观应该是运动的而不是静止的，不应该是平面的游戏而应是为人们提供体验的场所。无论如何，景观脱离不了对"美"的追求，而不同时期的审美趣味的改变，影响着景观设计的去向。从20世纪30年代末开始，在欧洲、北美、日本等一些国家的景观设计领域已开始了持续不断的相互交流和融会贯通。

20世纪初建于德国德绍的包豪斯是所著名的建筑学校，也是现代主义设计的发源地。20世纪30年代，纳粹党关闭这所学校后，大批艺术家、建筑师和教师纷纷逃往美国，其中心由欧洲迁往美洲。二战以前，密斯与弗兰克・劳埃德・赖特两位建筑大师的设计思想不仅影响着建筑界，也给景观设计思想带来全新的血液。1929年，密斯设计了巴塞罗那世界博览会德国馆（见图3-5）。这座展览馆占地长约50米，宽约25米。主厅部分有8根十字形的钢柱，上面顶着一片薄薄的屋顶，长25米左右，宽14米左右，玻璃和大理石构成的墙面相互穿插，伸出屋顶之外。紧邻建筑有两方水池和几片墙体，由此形成了一些既分隔又连通的半封闭半开敞的空间，室内各部分之间、室内和室外之间相互穿插，没有明确的分界，室内外的区别被悬浮于穿插墙面之上的屋顶淡化了，密斯成功地将建筑与景观环境处理成统一的空间。简单的形体突出建筑材料本身固有的色彩、肌理和质感，巧妙地实现了"less is more"的建筑设计原则。

赖特相信现代社会中诸多弊端主要根源于人与自然的不和谐以及人定胜天的误区，建筑师的职责便在于协调人与自然的关系。因此，赖特的建筑始终是自然环境的一部分。美国中西部的草原成为赖特有机建筑理论的实验平台，建筑舒展的形体与地面平行，一方面强化了场地的特征，同时也与场地环境共同成为景观的一部分，实现建筑与环境的相互渗透。他的建筑与环境之间构成了可塑的整体空间。流动与连贯成为赖特建筑与环境有机性的特征。"我们不再将建筑内部和外部空间作为两个独立的部分。如今，外部能够成为内部，同样，内部也能成为外部。它们之间可以相互转化……有机建筑要从它的场地中生长出来，从土壤中来到阳光里——场地也是建筑的一部分”，因此赖特的建筑犹如土地中生长出的一般，在1936年的流水别墅（见图3–6）、1938年的西塔里埃森均有突出的表现。西塔里埃森位于亚利桑那州斯科茨代尔附近的沙漠中，那里气候炎热，雨水稀少，西塔里埃森的建筑用当地的石块和水泥筑成厚重的矮墙和墩子，粗犷的乱石墙、没有粉饰的木料和白色的帆布板错综复杂地组织在一起，它与当地的自然景物相匹配，给人的印象犹如从那块土地中长出来的沙漠植物一般（见图3–7）。

图3–5 巴塞罗那世博会德国馆

图3–6 流水别墅

图 3-7 西塔里埃森

1890年前后，大约65%的美国人口居住在农村地区，从1930年起，超过半数的人口居住在城市和郊区。城市和城镇的新人口，有更多的闲暇时间，要求更多的机会，需要休闲公园、露营地和体育设施。20世纪初的马尔福得·罗宾逊也呼吁对于城市形象加以改进，以此解决当时美国城市脏、乱、差的现状，随后兴起了持续多年的“城市美化运动”。两次世界大战之间的美国景观设计已从由欧洲承继的传统设计思路转向开辟新的景观设计方法。二战后，新的公共建设给设计者提供了大量的机会，众多的建筑师与艺术家开始加入景观设计的行列中，景观设计与城市设计结合在一起，“现代主义”景观设计得到广泛应用，一些大规模的景观设计项目得以实现。随着科技的发展，生态技术开始出现在景观的设计中，追求精神表现的作品也大量出现，文脉性、地域主义逐渐得到景观设计师的重新认同。人文思想、回归自然的渴望是这期间发生的最大变化，多元文化的需求也促使景观设计再一次寻求自身的变革。美国现代景观设计实践首先大规模出现在私家庭院中，继而反映在校园景观设计中。从20世纪20 ~ 30年代美国的“加州花园”到50 ~ 60年代景观规划设计事业的迅速发展，都集中表现为“现代主义”倾向的反传统强调空间和功能的理性设计。这期间涌现的一些大型景观设计事务所和众多杰出的设计师在其中起到了不可忽视的推动作用。由于美国成为世界经济的中心，大量的实践再次将美国推向景观发展的前沿，与此同时，欧洲在二战后也重新开始走向繁荣，自由形式设计的语言在各种规模的景观项目中得以广泛运用。从20世纪50年代开始，一些早期景观设计已在创作手法上有所变化。结构主义大师马勒维奇和罗德琴科创造了抽象的几何结构和硬边结构；迪奥·凡·兹泊格和约瑟夫·阿尔伯斯实现了具体艺术；汉斯·阿尔皮和简·米洛则运用抽象的松散结构，即生物形态。加之受到立体主义的影响，从20世纪40年代开始，一些美国景观建筑师如加略特·艾克博、詹姆斯·罗斯、罗伯特·洛斯顿、托马斯·丘奇、劳伦斯·哈普林等致力于新形式的探索，随后而来的“肾形”“变形虫”之类的设计语言广泛出现在托马斯·丘奇等人的景观设计中，甚至成为加州景观的标志。

当现代景观艺术来临之后，与美洲及欧洲其他国家相比较，英国却显得相对保守，现代景观艺术对英国的影响微乎其微，杰弗里·杰里科在1929—1934年是建筑联合会的一个工作室的主要负责人，他吸收了现代主义思想。杰里科对现代主义景园做出的最具现代意义的设计，是在1936年为约克郡的公爵夫妇所做的“平台”。他通过把建筑刷成白色，并在建筑周围种满杜鹃花，一改维多利亚时代哥特式皇家风格的古板与沉闷。保罗·克利对杰里科的景观设计产生了深刻的影响，莎顿庄园和舒特住宅花园是他的代表性作品，充满高贵优雅而又富有神秘的色彩。直到二战前夕，亨利·摩尔和巴巴拉·赫普沃斯终于凭借现代雕塑为英国争得了一定的国际地位，本·尼克松的抽象雕塑经常会出现在杰里科的景观中。

安东尼奥·高迪初期作品近似华丽的维多利亚式，随后采用历史风格，属哥特复兴的主流。高迪作为建筑师希望仿效大自然，像大自然那样去建筑房屋。1900年，高迪设计了一处供中产阶级使用的居住小区，取名古埃尔公园，公园位于佩拉达山坡，面积29 hm^2，规划的每一栋住宅都可以得到阳光的充分照耀并可以俯瞰以大海为背景的巴塞罗那市容，遗憾的是已建成的住宅只有两栋，一栋是为古埃尔家庭设计的，另一栋后来被高迪买下并一直住在那里。作为住宅，无疑这个项目是失败的，而作为公园，古埃尔公园却成为奇迹。高迪将建筑、雕塑、色彩、光影、空间以及大自然环境融为一体。虽然高迪极力地追求形式的特异，但公园布局沿用中心轴线的平面构图，有些古典味道。由于山地不规则的地貌，而采用水渠形状的桥梁作为公园的路径，融合了地中海地域特征。大门两侧分别是警卫室和接待室，建筑平面为椭圆形，屋顶是传统的加泰隆尼亚式砖砌穹顶，碎石砲筑的墙是用色彩斑斓的马赛克装饰。进入公园，沿轴线布置大台阶和跌落水池、喷泉，导向一座由69根陶力克柱支起的大厅，原设计作为居住区的中心商业街，大厅的屋顶作为露天剧场，其中的柱子犹如森林中的树干。在古埃尔公园中，高迪成功地将大自然与建筑有机地融合成一个完美的整体，其中的小桥、道路和镶嵌着彩色瓷片的长椅，都蜿蜒曲折流动着，构成童话般的境界（见图3-8）。

巴西画家罗伯特·布勒·马尔克斯是抽象画家出身，早年在德国学习绘画，深受当时先锋艺术的影响，熟悉植物和生态知识以及景观设计的基本理论，他将景观设计当作绘画艺术与自然的结合。在巴西教育部侧楼屋顶花园的设计中，他采用绘画艺术造园，庭院呈现出抽象性平面构图。马尔克斯的景观作品表达了他对艺术构图过程的理解，形体的布局、色彩与形的有节奏的交替、重复与并列的使用，类似的设计手法也出现在潘普尔哈公园和里约热内卢美术馆庭院、巴西利亚的动植物园之中，马尔克斯的景观犹如一幅幅真实的“生态画”，表现着自然的价值。

图 3–8　古埃尔公园

马尔克斯认为，艺术是相通的，1954 年他在美国景观设计师学会（ASLA）演讲时再次提道：“艺术之间没有隔阂，因为我们使用相同的语言。”景观设计与绘画从某种角度来说，只是工具的不同。他用大量的同种植物形成大的色彩区域，如同在大地上而不是在画布上作画。他曾说：“我画我的园林。”这生动地表明了他的绘画般景园设计手法。从他的设计平面图可以看出，他的景观形式语言受到超现实主义绘画及立体主义的影响。

20 世纪 40 ～ 50 年代，美国景观设计师丘奇将新的视觉形式运用到园林中，立体主义、超现实主义的形式语言被他结合形成简洁流动的平面，满足功能要求。他对包豪斯和立体主义绘画产生了浓厚的兴趣。1948 年，他与哈普林合作设计的唐纳花园被评价为“20 世纪最重要的花园设计之一”。受立体主义思想的影响，丘奇认为，花园每处景观应可以同时从若干个视角来观赏，并且一个花园应该没有起点和终点的限制，景观空间是周而复始的。线条之间的对抗、形式之间的对立，使整个形体具有强烈的约束感，不仅具有自身独立的特点，同时也符合场地的需要。丘奇从阿尔托的设计中获得了灵感，并且将阿尔托设计的独特的凳子、椅子和花瓶引入旧金山。索诺玛附近埃尔·那维赖勒教堂水池是其代表作。水池的形状与旧金山湾北部弯曲的盐碱沼泽地互为呼应。随后，丘奇不仅对于设计的基本元素和原则掌握得十分熟练，而且对历史景观先例也有充分的研究，他能够从传统的“三段式”提取设计的灵感。他擅长整合内部空间和外部空间，于是场所空间和其中的活跃元素就成为一个具有整体格调生活空间的一部分。同样，涉及自然景观的设计也要考虑这二者的整合。他擅长在铺地上用绿色植物进行“减法”，或者用构成和间隔重复的方法，打破铺装的单调。在一个小的范围内，不同的场所功能常常被组合在一起，一个升起的路基边缘毫无疑问会被设计成能坐的矮墙或者是绿化的平台。在他所有的设计中，无论规模、地形及业主的要求等如何不同，他总是能够将环境中各个部分综合起来，形成一个具有整体性的场所。

丹·凯利的设计理论是基于其对现代建筑的深邃感悟，与其他倾向于自我表现的景观师不同，凯利的设计更强调景观环境与建筑的有机结合，突出整体美感的持久魅力。1955—1958 年，他设计了印第安纳州哥伦布市的米勒花园，从中可以看出凯利尝试运用西方古典主义景观语言营造现代空间，凯利的设计显示出对理性与功能的重视。而于 1988 年设计的北卡罗来纳州国家银行公园，则显示出一些微妙的变化。与早期功能主义不同，这一时期凯利加强景观的偶然性、主观性，突出时间和空间不同层次的叠加，创造出更复杂更丰富的空间效果。在这两件作品中，凯利采用的是建构与种植相结合的手法，其中占地 1.86 hm^2 长条形的米勒花园平面沿着长轴方向被划分为三个部分，花园、草地和林地，他用树篱、林荫道和墙垣围合形成矩形空间，在庭院区和草坪之间是一条两边种植着美洲皂荚的林荫道（见图 3-9），道路的尽头摆放着亨利·摩尔的雕塑（见图 3-10），花园与埃罗·沙里宁设计的住宅部分完美结合。在达拉斯联合银行广场的设计中（见图 3-11），凯利在基地上采用了建筑玻璃幕墙的构成方式，以两套重叠 5 m × 5 m 的网格，于网格的交叉点上布置了圆形的落羽杉树池与喷泉，整个景象犹如森林沼泽，为夏季炎热的达拉斯带来阵阵清凉。米勒花园及北卡罗来纳州国家银行环境等作品均反映了凯利以建筑秩序作为景观设计的出发点，在景观环境与建筑之间形成内在的同构关联，景观细部刻画追求简洁与多重变化，实现建筑与景观环境的交融。

劳伦斯·哈普林作为美国现代第二代景观设计的代表人物之一，先后在康奈尔大学、威斯康星大学和哈佛大学学习，深受赖特、唐纳德、格罗皮乌斯、丘奇等人现代主义景观的设计思想的影响。1945 年，他加盟托马斯·丘奇事务所，协助丘奇从事“加州花园概念”的完善与发展。1949 年，开办了自己的事务所。他的景观设计领域广阔，从雕塑喷泉设计到城市更新、建筑及区域规划，水、树木、粗糙的石块与混凝土等都是其景观作品中最具特征的组成部分。

图 3-9　林荫道

图 3-10　亨利 · 摩尔的雕塑

图 3-11　达拉斯联合银行广场

哈普林强调对于自然及其过程的解读，其景观设计融合西方的理想与东方的哲理。“理解、记忆与体验”大自然景观及其过程是哈普林景观设计的特色。通过巨大的水瀑、波涛、粗糙的混凝土墙面与茂密的树林在城市人工环境中为人们架起了一座通向大自然的桥梁，它使人想起点缀瀑布和植物的绵绵山脉。受到东方艺术与哲学的启发，他在开始设计项目之前，首先要查看区域的景观，并试图理解这片区域的肌理，结合其自创的谱记方法记录下自然的过程，再通过设计来反映这个自然的“全貌”，如同“搜尽奇峰打草稿”的创作过程。其中一个很好的例子便是著名的滨海农场住宅开发项目。大自然是哈普林许多作品的重要灵感之源。在深刻理解大自然及其秩序、过程与形式的基础上，他以一种艺术抽象的手段再现了自然的精神，而不是简单的移植或模仿，哈普林通过对自然的观察，体验到自然过程之“道”。20世纪60年代，他为俄勒冈州波特兰市设计的一组广场和绿地——伊拉凯勒水景广场，从高处的涓涓细流到湍急的水流，从层层跌落的跌水直到轰鸣倾泻的瀑布，整个过程被浓缩于咫尺之间。“演讲堂前广场”是这一系列中的高潮（见图3–12），广场的大瀑布是整个序列的结束（见图3–13）。依据对自然的体验来进行设计，哈普林一系列以自然景观为表现对象的景观设计，不仅美化了场所而且营造了人性化的开放空间。1974年，在罗斯福纪念园的设计中，哈普林以一系列花岗岩墙体、喷泉、跌水、植物等营造了四个空间，分别代表了罗斯福的四个时期及他所宣扬的“四种自由”，以雕塑表现四个时期的重要事件，用岩石和水的变化来烘托各时期的社会气氛，设计与环境融为一体，开放的、引人参与的纪念园的空间特色、景观风格与罗斯福总统平易近人的个性非常吻合，从设计上摆脱了传统模式，更为尊重人的感受和参与，用独特的视角和创造性的理念设计了罗斯福纪念园。在表达纪念性的同时，也为参观者提供了一个亲切、轻松的游赏和休息环境。

图3–12 演讲堂前广场

图 3-13 伊拉凯勒水景广场

当代景观接受现代建筑营造法则的同时，一些勇于思考的景观师则提出了质疑，如哈普林在 1961 年指出："推土机吹起可怕的灰尘，乡村树林在一夜之间死亡，山丘被平整以迎合车辆的需要，在平整的农业用地上，富饶的土地被下水道的格网和成千上万的延伸数千米的混凝土板分割，……在这些人造的现代景观中，重要的是应该考虑和实现什么是我们所追求的，应该采用什么样的方法来达到我们的目的。"哈普林用自己的景观语言诠释了现代景观设计的基本含义，以现代的工程技术结合抽象的表现、简洁的形式去展示自然的美与规律。他的景观作品没有"网格"与"轴线"，不谋求以趋同的方式获得与建筑环境的协调，而是以表现自然的过程、典型景象与模糊的界面，实现与包括建筑在内的周边环境相融合，表现出他高度的智慧与娴熟驾驭景观环境的能力。

佐佐木英夫是景观、城市设计和规划事务所 SWA 集团及佐佐木事务所创始人，1948 年毕业于当时格罗皮乌斯执掌的哈佛大学设计研究生院景观建筑系。1953 年，佐佐木建立了自己的景观建筑设计事务所。佐佐木将景观规划设计理解为人类的财富和文明的记忆，将设计领域从景观拓展到城市设计，在更广泛的范畴中思考自然资源、人类活动的场所，因此极力推动景观设计与城市设计的结合。他鼓励景观建筑师与规划师、建筑师在城市设计领域紧密合作，为城市设计带来新气象。同时，他身体力行，将自己从景观设计中发展出来的一些观念带入城市设计中，并以城市设计引领建筑设计。从景观设计到城市设计，佐佐木的设计与创作事业也随之蓬勃发展，他对景观与城市设计领域的认识也在不断深化。

佐佐木侧重大范围内的、适应场地的设计，而不主张受先入为主的概念和理论的束缚，强调设计应当基于对自然环境的理性分析。在对环境正确理解的基础上，从各种生态张力的作用中找到适合的设计手段并将生态系统纳入城市基本结构，追求生态与城市的共生；人与自然、城市与自然的和谐；建立开敞空间系统，并追求宜人的空间和适当的尺度，支持连续的步行空间；联系整体环境考虑地段的设计；提供土地的混合使用，激发城市的活力。佐佐木的和谐设计观是动态的和谐，他主张城市各方面弹性发展，从城市整体结构到具体使用功能的配置均应有可塑性，佐佐木以动态的和谐观所做的系列城市设计、景观设计均取得与环境的协调。他既有学院派规划设计方法的坚实基础，同时也具有为现代建筑场地环境设计的实际经验，他将设计注意力集中在和谐、整体的环境塑造上，建筑与环境彼此烘托。佐佐木认为，景观设计是为了给现代建筑与雕塑提供优雅的环境，他倾向于采用人工水面来调节建筑的物理环境，因此佐佐木成为继丹·凯利之后最为现代建筑师们青睐的景观师。佐佐木是现代主义的设计师，其作品中流露出对于理性的执着，同时他又有着如同欧姆斯特德一般的田园审美理想。

这些不同的风格聚合在一起，共同构成了 20 世纪上半叶的景观世界，他们大都能够从这些形式复杂多样的风格中获取创造灵感。

三、20 世纪 60 年代到 70 年代的生态主义与大地景观

二次大战后，西方的工业化和城市化发展达到高峰，郊区化导致城市蔓延，环境与生态系统遭到破坏，人类的生存和延续受到威胁。人们对自然的态度发生了转折性的变化，一度被认为是强大而取之不尽的自然环境突然变得脆弱而且资源短缺。20 世纪 60 ~ 70 年代开始，雷切尔·卡森的“寂静的春天”把人们从工业时代的富足梦想中唤醒，生态环境问题日益受到人们的关注。60 年代，移居美国的意大利建筑师保罗·索勒瑞创造了一个新词，它由两个词结合而成，一个是生态学，另一个是建筑学，二者首尾相接组成了生态建筑学，这是绿色建筑时尚的开端。由于新景观的自然、历史及生态价值观和新技术的发展，开始强调景观规划设计的可持续性，城市经济发展与环境发展需要保持动态的稳定，二者之间要相互适应，共同协调地发展。通过对人的行为需要及其规律的研究，调整人与外部环境的相互关系，对自然的存在与生长规律进行研究以提高环境质量。科学、哲学和“现代主义”的理性促使现代景观设计思想与范式的形成，在关注空间、功能的同时，“生态主义”的审美观与方法论成为 20 世纪 60 年代后景观设计科学化的主流。

生态学正改变着人们对于自然环境的观点，甚至左右着人们的审美观念，一处相对稳定的生态群落，依据传统的（古典的）观念来看，是杂乱的，然而生态科学

研究表明这意味着多样的、稳定的存在形式，并且是一个动态的、平衡的与稳定的系统，是需要加以保护的对象。正如凯文·林奇所言："科学和设计的准则只是部分的吻合。纯粹的保护与人的意向是有矛盾的，而我们对解决这种矛盾缺少引导。对我们的价值观和条件有了更深的理解，就能创造一个包容整个有机体的更合适的道德准则。"生态学带来了人们对于景观审美态度的转变，20 世纪 70 年代，在英国的住区景观环境设计中，个别案例已到了近乎疯狂的地步，景观师抛弃了传统的"设计"，而是将大量的植物种子播撒在住区的环境中，任其生长，两三年之后一片荒芜的景象展示在眼前，随之而来小动物出没，以及住区的安全问题，大量的住户迁徙，迫使设计者重新审视自己的举措，其结果是重新恢复到传统的住区景象。将生态观简单地"自然化"，杜绝人为的加工显然是失败的，人们在实践中不断地修正思路，景观师更多地在探索"生态化"与传统审美认知间的结合点与平衡点。需要整体地理解生态系统、行为环境以及空间形式之间的内在联系，这是现代景观设计逐步建立起的整体设计价值观。

大量的创造实践，丰富了生态建筑学理论。景观师伊恩·伦诺克斯·麦克哈格于 1969 年出版的《设计结合自然》一书，反对传统的依据使用功能而对区域和城市加以规划的做法，提出了将景观环境作为一个系统加以研究，其中包括地质、地形、水文、土地利用、植物、野生动物和气候等，这些决定性的环境要素相互联系相互作用共同构成环境整体。麦克哈格强调了景观规划应该遵从自然的固有价值和过程，即土地的适宜性。他完善了以环境因子分层分析和地图叠加技术为核心的生态主义规划方法，俗称"千层饼模式"。麦克哈格的研究范畴主要集中于大尺度的景观与环境规划上，麦克哈格的设计思想逐渐影响到不同尺度的景观实践，景观环境由"生态"与"美学"两大体系共同组成。1960—1981 年，麦克哈格和设计师威廉·罗伯特及托德合伙成立了一家设计事务所，与生态学家吉姆斯·索恩、李·亚历山大等共同在纽约设计了一个滨河公园。公园位于布朗克斯区，面积为 50 英亩，设想中的公园将作为一个环境教育中心。麦克哈格的方案是将这处场地恢复为原先的森林群落。他的计划包括对覆盖了此处近半数面积、有着 200 年历史的森林的治理恢复，同时努力保持场所的延续性，运用自然生态系统的可持续性——这种强大的自然力量去创造富于多样性、易于管理的景观环境，符合自然生态的规律性。麦克哈格于 1996 年出版了《生命的追求》，1998 年又相继出版了《拯救地球》等书。

约翰·O·西蒙兹在《大地景观：环境规划指南》一书中提出，从"研究人类生存空间与视觉总体的高度"探讨景观规划设计，"景观设计师的终生目标和工作就是帮助人类，使人、建筑物、社区、城市以及他们共同生活的地球和谐共处"。这极大地拓展了景观研究的范畴与视野，为了人类的生存环境改善而设计。西蒙兹说："自然法则指导和奠定所有合理的规则思想。"他主张理解自然，理解人与自然的相互关系，尊重自然过程，需要全面解析生态要素分析方法、环境保护、生活环境质量提高策略。西蒙兹认为，改善环境不仅是指纠正由于技术与城市的发展带来的污染及其灾害，还应是一个人与自然和谐演进的创造过程，帮助人们重新发现与自然的和谐。规划的"人的体验"必须通过重组物质空间要素实现，景观要素既有纯粹自然的要素，如气候、土壤、水分、地形地貌、大地景观特征、动物、植物等，也有人工的要素，如建筑物、构筑物、道路等。西蒙兹的景观规划设计理念深受美国现代主义建筑大师路易斯·沙利文"形式追随功能"的影响。他说："规划与无意义的模式和冷冰冰的形式无关，规划是一种人性的体验，是活生生的、重要的体验，如果构思为和谐关系的图解，就会形成自己的表达形式，这种形式发展下去，就像鹦鹉螺壳一样有机；如果规划是有机的，它也会同样美丽。"西蒙兹的研究内容涉及组群规划、生态决定因素分析、各种方式的交通运输设计、社区规划、城市更新、城市与区域规划的结构、露天矿区、垃圾场和土地改造方法、噪声消减、水和空气的保护以及动态的保护方针等。作为匹兹堡环境规划与设计公司合伙人，西蒙兹通过 60 余个大型社区的规划实现其景观规划理想。近半个世纪以来，遵从自然的景观设计模式在生态学和人工景观环境之间建立起联系，走出一条可持续环境发展的科学化景观设计之路。后工业时代的景观师们勇敢地担负起"人类整体生态环境规划设计"的重任，由此景观设计研究范畴进一步拓展到人类生态系统的设计，一种基于自然系统自我有机更新能力的再生设计。

"大地景观思想"从科学到艺术层面，对这一时期的景观设计产生了巨大的影响，与景观设计科学层面的演变相呼应。20 世纪 60 年代，大地艺术家们开始摆脱画布与颜料，走出艺术展览馆，他们带着环保意识到美国西部广阔无垠的沙漠和荒地进行创作，营造出巨型的泥土雕塑——"大地艺术"。这些艺术家不仅用泥土，还用石头、水和其他自然因素，改变并重新塑造景观空间。早期的"大地艺术"是为艺术而产生的，正如迈克尔·海泽所说："艺术必须是激进的"，面对"现代功能主义"和"技术理性"的所谓"科学的思想与技术"带来的环境危机，艺术家们的美学理论最初目的是反人工、反易变的，企图摆脱商业文化对艺术的侵蚀，强调不妥协，强调创新。他们的作品都建造在沙漠、废弃的采石场和海滩、湖畔等地。"大地艺术"的作品超越了传统的雕塑艺术范畴，与基地产生了密不可分的联系，从而走向"空间"与"场所"，视环境为一个整体，强调人的"场所"体验，将艺术这种"非语言表达方式"引入景观建筑学中，并为之提供了新的设计观念与思路，赋予其勃勃生机。

四、现代主义之后的多元共生格局

20 世纪 70 年代之后，景观设计格局向多元化方向转化，一方面以生态学为代表的景观科学化设计思想仍在如火如荼地发展，景观师们的视角开始从自然与建成环境转而关注整个地球。生态学的发展改变着人们的世界观与方法论，“异质性”和“共生思想”是 20 世纪生态学整体论的基本原则。景观异质性理论指出：在景观系统由多种组分和要素构成，如基质、斑块、廊道、动物、植物、生物量、热能、水分、空气、矿质养分等，各种要素和组分在景观系统中总是不均匀分布的。由于生物不断进化、物质和能量不断流动，所以景观永远也不会实现同质化。日本学者丸山孙郎从生物共生控制论角度提出了异质共生理论，他认为增加异质性、负熵和信息的正反馈可以解释生物发展过程中的自组织原理。在自然界生存最久的并不是最强壮的生物，而是最能与其他生物共生并能与环境协同进化的生物。差异与共生不仅符合自然界的规律并且具有优越性，这无疑动摇了传统的一元论、二元论思想基础，人们对于自然界的包容性理解更为透彻。不仅如此，80 年代以后，随着冷战的结束，国际政治呈现出多元化格局，局部的动荡代替了世界大战的危险，从一个方面证明了保持“异质性”基础上的“共生”思想同样可以适用于人类社会的其他方面，这是 80 年代以来思想领域的一次飞跃。

当大尺度的景观规划转向理性的生态方法，小尺度的景观设计受到 70 年代以来的建筑与艺术的影响以及后现代主义思潮的激励，景观界对于艺术思潮与景观的关联做了大量的探索。伴随着“国际主义”的衰退，新现代主义和后现代主义并存是现代建筑与景观的一大突出现象。现代哲学、美学、艺术设计思潮极大地影响着现代景观设计思潮的流变，观念和哲学的成分在景观设计创作领域中逐渐加重。设计师们意识到往往由于理论创新的缺失而导致了形而上设计哲学思想的落后，最后致使设计程序缺乏理论依据。除去一般的空间形式之外，缺少了形而上的追求，其景观设计结果难免缺乏诱人的意义。概念艺术的盛行几乎使艺术家、景观师成为哲学家，而这种观念直接导致了景观设计中大地艺术、极简主义、后现代主义等不同流派的诞生，各种流派之间彼此渗透。现代景观设计较之于过去，在更强调人和自然的相互依存关系的同时，提倡尊重文化的多元化特征，景观环境被视为文化的一种载体。除去美国一度引领了现代景观运动的主要潮流，欧洲以及世界各国的多元实践共同推动了现代景观发展。帕瑞克・纽金斯称 20 世纪 70 年代以来的世界建筑为“个人主义和现代技术的多元化世界”。20 世纪是一个多“主义”的时代，如结构主义、解构主义、新构成主义、有机主义、新陈代谢主义、现代主义、后现代主义、历史主义等不一而足。极简主义、地域主义、表现主义、后现代古典主义、达达主义，而更多的“主张”“宣言”则不胜枚举。凡此种种，正说明20世纪建筑与景观设计思维的活跃与丰富，反对单纯的模仿传统，探索、求新、发展成为20世纪景观设计的主流。80年代以来，信息的快速传递，不同学科间的相互交融，尤其是哲学与建筑、景观设计的结合，设计创作变得更加自信，表意更加丰富、深刻，所表现出的思想观念和技术水平也更为先进。景观师们可以从建筑、绘画、雕塑、电影等相关艺术领域中获取灵感，在单一性的环境中，拓展了更多样的观点角度。在建筑领域里，面对现代主义的单调与乏味，来自后工业化国家如英国、美国、日本、瑞士等国的一些新锐建筑师们坚持发展自我概念，积极推动当代建筑设计理论与方法的探索，各种反传统的观念在现实的设计中得以实现。建筑师们利用现实环境中的“片段”“表象”的现象作为主题并反思建筑及景观创作，提倡增强建筑与景观的展示性、表现性、个性化及其信息化，建筑师不再受“形式追随功能”的束缚，建筑创作可以彰显设计者的个性风格。各种非理性的设计思想、混沌的非线型思维丰富了建筑师的创作理念，突破传统美学的框框，设计师们不再受到主从、对比、变化等传统营造法则的限制，在个性化空间与形式秩序基础上追求混沌晦涩的空间效果，创造新的形式与意义。

黑川纪章认为，现代主义时代人们的思维方式是机械的二元论，非此即彼，是追求“真”的时代。而生命时代，则是多元共生的，是追求关系的“真”的时代。在认识论上已经从否定和矛盾的时代，转向了包含有否定和矛盾的时代，整个知识体系都发生了结构性的变化。共生思想是黑川纪章哲学理念的主体，共生哲学几乎涵盖了自然及人类社会的各个领域，是黑川纪章城市设计思想和建筑设计理念的核心。同样，欧洲当代景观师也反对传统的认知观念，如人与自然、城市和自然、人类和生态、技术和自然之间不再是对立和矛盾的关系，而是可以共生的。安德烈·高伊策认为，技术与生态之间是一种新的共生关系。由于景观设计的介入总是在改变着自然，即使是自由放任也是一种塑造自然的方式，故而应当淡化“人造”和“自然”的界限，争取更为宽泛的设计空间。

20世纪末高新科学技术的不断涌现、大批新型材料的运用拓展了景观设计的表现空间。以CAD、3DS、GIS等为代表的辅助设计软件出现后，对于景观环境研究与设计本身变得更加方便，景观分析与设计语言的表达更加生动。三维与虚拟现实技术极大地深化了设计研究的深度与维度，拓展了现代景观设计空间与表现力，以生态学为代表的生命科学、环境科学思想本身成为当代文化的一部分，渗透到景观设计各个层面。而合成金属、玻璃纤维、清洁能源被运用于景观环境，极大地丰富和扩展了景观设计的表现力。行为科学的发展及其向景观环境领域的渗透为景观环境设计提供充分的依据，景观“规划的不是场所，不是空间，也不是物体；人们规划的是体验——首先是确定的用途或体验，其次才是随形式和质量的有意识的设计，以实现希望达到的效果。场所、空间或物体都根据最终目的来设计”。从而景观环境更加富有人性化与人情味，实现功能性、舒适性与美观的最佳结合。现代景观设计倾向于运用科学与艺术原理融会贯通，创造出可持续、富有审美情趣并且具精神内涵的人居环境。虽然科学与艺术是人类存在和需求的两个相对独立的分支，在景观设计领域，科学与艺术的“整合”成为学科发展趋势，现代景观设计成为科学与艺术的结晶。

建筑师们的探索极大激发了景观师们的创新意识，不甘寂寞的景观师们先后扛起各自的旗帜，各种风格、主义、流派层出不穷，似乎并不比建筑界冷清，景观师们从不同角度探讨景观设计所面对的各种环境问题，走自己的路成为个性景观师们的共性，而似乎人们热议都是那些最富个性特征的景观师。彼得·拉茨曾批评景观界缺少如同建筑界的创新意识与理论思维，反对传统田园牧歌式的唯美景观设计。拉茨认为现代景观设计与建筑艺术相关学科发展相比较，景观设计的理论与实践滞后了 20 年。而 20 世纪 50 年代出现的一些借鉴建筑语言的景观设计单调乏味。除了个别项目外，大多数的景观设计缺少理智地与现代主义的对话，而流于一种表面的尝试。景观设计师几乎没有找到通往后现代景观艺术的道路。当下的景观师忽视表达景观的结构。多数景观设计师在玩一些形式的游戏，或者一头钻进了历史，缺乏体现当代文化的景观设计语言。一方面人们追逐、鼓励个性，另一方面则是争议不断。拉茨的探索有大批拥护者，世界各地不乏其模仿秀。与此同时，拉茨的创作又被指责为垃圾美学的代表，庸俗的堆砌，凌乱不堪，莫衷一是。而景观师本人往往也厌倦长时期坚持一种个人风格，如 80 年代中晚期彼得·沃克开始怀疑“极简”的价值。景观学是一个开放性的学科，来自不同领域的影响共同造就了其相对宽泛的涉猎面。景观设计有其自身的规律性，不能脱离景观本体讨论其他领域对景观的意义。现代主义和工业化社会、后现代主义和当代高科技社会都存在关联。后现代主义是针对现代主义节省、极简风格的一种反应，过分地关注文脉、隐喻和形象，它是多种文化的混合物，没有明确的概念。在乔治·哈格里夫斯、安德烈·高伊策、凯瑟琳·古斯塔夫森和德维涅以及道尔诺基等人的作品中都含有后现代主义元素。后现代主义宣扬、鼓励多元化设计思想。受到现代主义、后现代主义、文脉主义、极简主义、波普艺术的侵染。景观设计不再拘泥于传统的形式与风格，提倡设计平面与空间组织的多变、形式的简洁、线条的明快与流畅，以及设计手法的丰富性，现代景观设计呈现出了前所未有的个性化与多元化特征。

与建筑相比较，景观环境设计的制约因素（功能等）相对要少一些，而更加强调艺术性，除去景观师以外，先锋的建筑师们往往也会选择景观项目作为其新锐设计理念的试验场，景观空间成为建筑师们阐述观念的理想介质。景观较之于单纯的建筑似乎更能够营造宽松的创作环境，任凭建筑师们抒发自己的理想，这些“有意思”的空间或建筑体量虽小，但意味深远，代表着建筑及景观创作领域的新思潮。20 世纪 70 年代以后，现代景观设计思潮更加趋向多元化，从一个层面反映了文化及审美的结构性转变。“复杂”“矛盾”“对立”“冲突”等非传统美的现象均为现代景观师们接受，推崇破除传统的二元论，即所谓形式与功能、抽象与具象等二元思想。相对于传统美学观念的变异，引发出并置的复杂意象，体现了当代景观设计的发展趋势——多元的价值取向。在后现代理论视野中，人类理性被压制，而非理性大放异彩。从而解构“自我”与“他者”的二元对立，实现不同文化、思想观念甚至表现手法之间基于彼此差异的相互尊重。创造与拼贴并存，在复杂与无序景观的背后，不难看出，多元共生的价值观念的核心仍然是基于肯定差异的和谐。

20 世纪 50 年代后期欧美发达国家先后进入后工业时代，至 80 年代大量的工业用地与设施随着产业的调整面临“关停并转”。此外，矿山废弃地是人为干扰下生成的一类特殊的环境资源，随着矿山资源的枯竭，产生大量的废弃地，由此带来大量的土地与工业设施遗存，被污染的河道，废弃的滨水区、矿山、化工厂、仓储设施、垃圾场、冶炼厂、铁道等所谓棕地。在这样的背景下，人类文明进程中如何更加科学地利用工业废弃地，如何节约再生土地资源，变废为用，对于健全生态系统，是实现工业及矿山废弃地持续发展的重要课题。景观化改造是诸多废弃地解决途径之一，新兴高科技工业不是利用既有的工业用地或遗存，而是另择他处。于是，利用空置的工业、交通用地供景观开发，可以节省大量的财力和精力。各国都在探索相应的对策，德国成功转型的鲁尔地区部分工业遗存、英国著名的铁桥峡谷等都是利用工业遗存资源，重建具有特色的工业遗产景观环境。促进生态恢复、土地复垦与再生利用，对于具有历史价值的建筑及地段进行保护性改造再利用，公园化、景观化改造利用是诸多方式之一，依据场所固有特征，结合游憩需要进行景观复原、改造设计，进而形成所谓“后工业景观”。在充分研究场地现状、历史的前提下，利用原有的构筑物、设施等，赋予新的游憩与展陈功能。这一类景观的显著特征是体现着工业文明和记忆，蕴含着个性化的场所精神。通常关于废弃地景观再生设计思想理性而清晰，往往采取“生态修复”与“遗存再生”并置的方式。首先，利用工业遗存中既有的自然修复，结合人为干预进一步实现生态化、景观化修复，改善区域生态环境条件，营造良好的生态氛围。其次，保留工业遗存、场地遗址，选择部分具有利用价值的建筑物、构筑物经过二次设计赋予其新的使用功能，通过缝合、填充与串联方式来满足新的使用需要，将观赏、交通、娱乐、演艺、展示和购物等功能重组到设施与建筑物中，以此来取得场所与设施的再生。废弃的机械装置和建筑物、构筑物被重新诠释了美的意义，废弃地景观再生思想与20世纪六七十年代在环境保护思想的影响下出现的“废弃品艺术”是何等的相似。从历史的角度来看，欧洲古典造园艺术一直就有用残缺遗存表达历史与怀旧的情愫，如文艺复兴时期巴洛克园林艺术就热衷于废墟的发掘，甚至造假。

装饰主义在现代景观设计中仍然流行。人们一方面猛烈地抨击着“城市美化运动”，另一方面又在突出形式至上，充满着矛盾。通过迥异于周边环境的强烈对比的色彩、体块、线型等引起人们关注，历史的遗存被重新粉饰一新，甚至改变其颜色。而超越功能要求的构筑物、小品早已不再安分地充当“小品”，无限制地放大尺度、披上鲜艳的外衣……凡此种种，一方面与不同民族的审美心理、趣味、取向有着密不可分的关联，另一方面也说明景观尤其是小尺度的环境中的景观，美化仍然是设计的基本目的之一。景观环境中的美化与装饰并不一定都是“罪恶”，其关键在于“度”的把握，适当的装饰可以画龙点睛，过度的装饰则会走向堆砌和烦琐，与营造美的景观环境相去甚远。

20世纪六七十年代波普艺术在美国发展迅速，波普艺术的思想代表了一种回归，从精英文化向大众文化的转变，在景观设计中表现为对工业产品的直接运用，景观设计风格通俗化、世俗化，严谨的现代主义作风被戏谑、轻松的手法所替代。美国景观师玛莎·施瓦兹曾经从事纯艺术创作，后来转向景观领域。她认为，景观是与其他视觉艺术相当的艺术形式，也是一种采用现代材料制造表达的当代文化产品。她极力主张波普艺术的思想，在景观中大胆地使用工业产品，以塑造一种世俗性、商业性和大众性的文化景观。与抽象表现主义正好相反，波普艺术的作品中往往采取超级写实的手法，逼真到夸张的形体与细部极其强烈对比的色彩。波普艺术思想影响广泛，其中主题公园是依据特定的主题而创造出的景观空间，它以景观环境为载体，是景观设计与旅游业、娱乐业联姻的产物。主题公园设计受到波普艺术影响较大，通常以典型地域文化的复制、缩微等手法表现景观，以不同的主题情节贯穿各个游乐项目，具有信息量大、直观的特点。迪士尼乐园作为主题公园的代表，把动画片所运用的色彩、刺激、魔幻等表现手法与游乐园的功能相结合，运用现代科技，为游客营造出一个充满梦幻、奇特、惊险和刺激的游乐世界。

20世纪70年代中期开始的合作模式，由一些小型事务所或分支机构共同组成大的设计团体，一些大型的建筑设计公司也开始成立各自的设计机构，公司化的运作与团队规模的扩大，景观师、规划师以及经理人共同领导着景观公司，极大地冲击了由一两个主持人对于设计目标与过程的决策，到80年代早期，当公司成员达到百人以上时，当个人意志难以充分贯彻时，早期的创始人大多选择了“离开”，如加略特·艾克博、佐佐木英夫、劳伦斯·哈普林、伊恩·麦克哈格、彼得·沃克，他们或重返讲坛，或两者兼顾。这也从另一个方面说明了与规模经济利益相比较，大师们更注意实践和追求自我与个人的景观设计理想，正是他们的不懈努力推动了现代景观设计理论与思想的发展。

简约是现代景观艺术设计的特征之一，极简结构、线条和抽象的几何图形不断地出现在20世纪末的景观作品中，简洁的形式与耐人寻味的空间，所谓“简洁而不简单”是极简主义艺术作品的共同特征。彼得·沃克对“极简主义”抱有极大的兴趣，运用极简艺术的手法进行景观设计，将简约的设计与日本禅宗的枯山水庭院相结合，特别是在日本的实践得到世人的认可之后，通过日本的成功之作的广泛宣传而使其在欧洲被广泛接受，从此声名鹊起。他先后设计了索尼幕张技术中心、丰田艺术博物馆、慕尼黑机场凯宾斯基酒店庭院、IBM公司庭院等有影响力的景观作品。彼得·沃克的景观作品带有强烈的极简主义色彩，他也因此被公认为极简主义景观设计师的代表。他的作品具有简洁的布局形式、古典的元素，充满矛盾、神秘的氛围，简洁的形式中往往蕴含了深刻的意义。彼得·沃克曾经师从劳伦斯·哈普林，后与佐佐木英夫合伙成立了事务所（SWA集团的前身）。两位景观设计大师的锐意创新精神对他的创作有深刻的影响，沃克是在对法国古典主义规则园林、现代主义及极简主义艺术综合研究后，开始尝试将极简艺术结合到景观设计中去，从而创造出了其极简主义的景观设计。其早期的设计作品包括1980年和施瓦兹合作的尼可庭院和1983年的伯纳特公园等。20世纪80年代中后期沃克的一些作品标志着其极简设计风格的成熟，以1984年设计的唐纳喷泉、IBM索拉那园区规划、广场大厦以及1991年的市中心花园等为代表。其中，哈佛大学校园内的唐纳喷泉（见图3–14）位于一个交叉路口，是一个由159块巨石组成的18 m直径圆形石阵，内部由一些同心但不规则的圆来组合，所有石块都镶嵌在草地上，呈不规则排列状。石阵的中央是一座直径6 m、高1.2 m的雾状喷泉，喷出的水雾弥漫在石头上，喷泉会随着季节和时间而变化，尤其在冬季大雪覆盖了巨石，由集中供热系统提供蒸汽在石块上弥漫开来，隐喻着巨大的力量，表现大自然谜一般的特性。晚上，灯光从下面透射出来，给雾及空间带来神秘的光辉。唐纳喷泉充分展示了沃克对于极简主义手法运用的纯熟。沃克的景观作品除去简约甚至神秘的色彩外，大多隐喻着历史及其对于项目所处环境的理解，甚至有其创作原型。例如，巨石阵景象隐喻着英国远古巨石柱阵，而圆形的布置方式则出于对周围环境的考虑。

图 3–14　唐纳喷泉

作为现代抽象艺术的一支，极简主义艺术的纯净形式平衡内在秩序仍然是一种理想的象征；作为现代艺术构成主义的一脉，极简主义艺术的逻辑意图仍然是一种主观的认识。由于极简主义与日本禅宗庭院的设计思想有着相似之处，两者都崇尚简洁与自然，所以备受日本人的欢迎。20 世纪 90 年代后，沃克擅长运用日本园林中的主要要素，如竹字、石块、水体、沙砾等。这些特点主要表现在日本播磨科学城、索尼幕张技术中心、丰田艺术博物馆等设计作品中，体现了极简主义与日本园林传统的有机结合。彼得·沃克还出版过《极简主义庭园》和《看不见的花园》这两本专著，其中《看不见的花园》对于美国自二战后至 20 世纪 70 年代末的景观实践的演变做了全面的论述。彼得·沃克可以称为是最后一位现代主义的景观师，或是现代主义景观的终结者。由于极简主义的出现，现代主义的景观设计手法开始式微，此后的景观设计大多转入后现代时期。

彼得·拉茨是德国当代著名的景观设计师，他主张景观设计应尽可能采用一种理性的、结构清晰的设计方法，设计师首先要建立一个理性的系统，在不同的项目中，规划可以有很多变化。他在景观设计中始终贯彻技术、生态、再生的思想。拉茨锐意创新，他批评大多数的景观设计缺少理智地与现代主义的对话，大多数景观设计师在玩一些形式的游戏，或者一头钻进了历史，他们不使用体现当代文化的设计语言。拉茨感叹现代景观设计与相关学科相比发展滞后。

拉茨认为，景观设计师不应过多地干涉一块地段，而是要着重处理一些重要的地段，让其他广阔地区自由发展，采取对场地最小干预的设计方法；景观设计师处理的是景观变化和保护的问题，要尽可能地利用特定环境，从中寻求景观设计的最佳解决途径。他反对以田园牧歌式的园林形式来描绘自然的设计思想。他的设计侧重寻求适合场地条件的设计，追求的是地段的特征。拉茨推崇密斯·范德罗的“少即是多”的设计思想，在景观设计中利用最简单的结构体系，形式和格网是拉茨的景观设计中常用的手法。

查尔斯·詹克斯是后现代主义的思想家，先后出版了一系列关于后现代主义建筑的理论著作，如《后现代建筑语言》《后现代主义》《今日建筑》等。早在20世纪70年代，他最先提出和阐释了后现代建筑的概念，并且将这一理论扩展到了整个艺术界，形成了广泛而深远的影响，为后现代艺术开辟了新的空间。

许多坚持自我概念的建筑师对于历史主义的后现代思潮与20世纪初期的前卫艺术感到反感，他们利用现实环境中的“片段、表象”作为主题并反思当今建筑的窘境。解构建筑应运而生，但是解构建筑并不希望被冠上什么风格。后结构或解构的建筑师意图打破单一形象的概念，如绝对的观点或是明确的形式语言。

解构主义（或称后结构主义）是从对结构主义的批判中建立起来的，它的形式实质是对结构主义的破坏和分解。结构主义哲学认为，世界是由结构中的各种关系构成的，人的理性有一种先验的结构能力。而结构是事物系统的诸要素所固有的相对稳定的组织方式或连接方式，即结构主义强调结构具有相对稳定性、有序性和确定性，而解构主义反对结构主义的二元对立性（非黑即白的绝对对立观点）、整体统一性、中心性和系统的封闭性、确定性，突出差异性和不确定性。雅克·德里达认为，结构主义是西方形而上学的“逻各斯中心主义”的一种表现形式，结构主义的结构中心性是建立在“形而上学”基础上的。因此，他把矛头指向“逻各斯中心主义”，指向形而上学哲学传统，达到将传统文化中一切形而上学的东西推翻的目的。解构主义哲学渗透到景观设计领域，深深地影响了景观设计理论与实践。先锋派建筑师彼德·艾森曼、伯纳德·屈米等人将解构主义理论用于建筑实践并从中探索建筑的解构理论。其中，屈米设计的巴黎拉·维莱特公园成为解构主义的代表作之一（见图3-15）。1982年拉·维莱特公园获国际设计竞赛一等奖，至1998年工程完工。拉·维莱特公园是纪念法国大革命200周年而建设的九大工程之一，它位于巴黎市东北角，在原有屠宰场和肉市场的旧址上修建而成。法国政府通过竞赛的方式企图把拉·维莱特公园建成一个“属于21世纪的、充满魅力的、独特并且有深刻思想含义的公园”。它既要满足人们身体上和精神上的需要，同时又是体育运动、娱乐、自然生态、工程技术、科学文化与艺术等诸多方面相结合的开放式绿地，公园还要成为世界各地游人的交流场所。屈米采用解构主义手法，打破一切原有秩序和构图原则。他从中性的数学构成或理想的拓扑构成（网格的、线条的或同中心的系统等）着手，设计出三个自律性的抽象系统——点、线、面，即每隔120 m，建成一个科学工业城、音乐城等作为一个个“点”；轴线、漫步流线的道路系统形成“线”；点线相交构成“面”，形成公园的整体骨架。伯纳德·屈米的公园设计与传统的景观设计方法不同，体现出不完整性和不系统性，没有非黑即白的二元对立，强调多元与模糊，这是解构主义的特征。解构主义反对二元对立，强调多元，通过模糊化的方式来建构空间；同时解构主义又是反权威的，在貌似随心所欲的空间形式背后却有着内在结构的联系，在感性而多变的形式之中彰显高度的理性精神。

图 3-15 巴黎拉·维莱特公园一角

玛莎·施瓦兹由美术专业转而学习景观设计，从事公共环境艺术与景观设计。她也是先学艺术再改行景观设计，其作品具有强烈的装饰意味，表现出她对一些非主流的临时的材料以及规整的几何形式有着狂热的喜爱，同时也表现出对基址的文脉的尊重。施瓦兹是使用特别材料，以怪诞的表达方式进行设计的老手。她的设计注重在平面中几何形式的应用，在景观中使用工业化的成品，使用廉价的材料及人造植物代替天然植物，用传统园林要素的变形和再现体现基地文脉的特性。施瓦兹认为，景园是一个与其他视觉艺术相关的艺术形式，景观作为文化的人工制品，应该用现代的材料建造，而且反映现代社会的需要和价值。施瓦兹景观设计作品则否定了材料的真实性，以戏谑代替了严肃，复杂代替了简单，现代主义景观中的呆板与理性被设计者所否定。极力推崇波普艺术的施瓦兹被称作是艺术对景观的“入侵者”，是传统园林审美观的“冒犯者”，是一位在景观设计方面的“离经叛道者”。

20 世纪 80 年代以来，地景艺术以全新的面貌出现在景观设计中，与 20 世纪六七十年代的大地艺术有所不同，地景艺术不再存在于人迹罕至的沙漠与海岸，也不再是几乎没有“功能”的纯粹装饰物，各种尺度的景观环境中均可采取地景化的表现方法。新地景艺术已不再是某些空洞理论的物化，而是理性地与景观环境固有的特征紧密结合在一起，汲取极简主义、抽象主义以及后现代主义的景观形式语言，通过隐喻、象征、联想以及富有雕塑感的方式表现场地的演变过程与秩序。从这些作品中，人们隐约可见罗伯特·斯密森、彼得·拉茨、罗伯特·布勒·马尔克斯的影子。

当 20 世纪七八十年代生态化景观设计大行其道的时候，乔治·哈格里夫斯坚持认为，艺术是景观设计的根本。他的作品关注了空间和时间的双重因素，在设计之处考虑了自然的演变和再生的过程。大地艺术深深地感染着哈格里夫斯，他吸取了一些大地艺术家的创作思想，提出景观艺术可以是“康复大地的一条有效途径”，因此用自然的元素再造自然，但他设计的景观是自然的而非自然状的，是对自然的提炼和升华。同时，他在设计的景观中也注入了对自然和文化的思考，寻求着客观物质与人类精神世界之间的桥梁。他反对机械地模仿英国的自然式造园与现代主义几何化的景观设计语言，主张依据场地的特殊性，采取隐喻的方式表现场所的演化进程。彼得·沃克称赞哈格里夫斯“不仅才华横溢，而且是其同代人中难得的表现模式可能性的人，（人们）可从他身上学会如何投身于设计实践中去”。1983 年，哈格里夫斯创立了哈格里夫斯设计事务所，开始了风景园林艺术实践的新尝试，其代表作包括烛台点文化公园、广场公园、拜斯比公园、哥德鲁普河公园、辛辛那提大学总体规划、澳大利亚的悉尼奥运会公共区域景观设计等。哈格里夫斯认为，景观是一个人造或人工修饰的空间的集合，它是公共生活的基础和背景，是与生活相关的艺术品，是大自然的动力性和神秘感，基地特有的人与大地、水、风等自然要素的互动，以及历史和文化表达。后现代主义者以近乎怪诞的新颖材料和交错混杂的构成体系反映了后现代美国社会复杂和矛盾的社会现实，以多样的形象体现了社会价值的多源，表达了在这个复杂的社会中给予弱势群体言说权力的后现代主义的社会理想。哈格里夫斯创造的是一种全方位的、动态的、开放式的景观构图，表达另外一种自然美的愿望，变化、分解、崩溃和无序成为他景观表达的主要方向。

安德烈·高伊策认为，景观设计的介入总是在改变着自然，自由放任也是一种塑造自然的方式，即使采取科学的手段也是如此。自然和城市也不再独立地分开，而是彼此互相融合。自然通过技术正在变得完美，城市正在无法控制地扩展成城市森林，处理自然和环境需要理性与技术。高伊策认为自己是写实主义者、功能主义者，他的设计风格源于荷兰人与景观的典型关系。高伊策欣赏俄国的构成派艺术家的作品，喜欢简洁的风格与波普艺术、大地艺术，欣赏丹麦简约的景观设计，如索伦森和安德松等往往使用很少的元素，创造出美丽、形式简洁的作品。高伊策常运用普通的材料创造出为大众接受的作品。他将景观作为一个动态变化的系统，设计的目的在于建立一个自然的过程，而不是一成不变的如画景色。高伊策提出人类应当适应环境，而不是再创造一种新的环境来适应人类。

与早期造作的大地艺术不同，高伊策对于大环境的关注能够与环境自身的特征及其修复相结合。东斯海尔德大坝北部、岛屿和南部景观项目，面对零乱的区域，采取简便的手法利用废弃的蚌壳覆盖并解决工地的美化。乌蛤壳和蚌壳被布置成有韵律的图案，形成黑白相间的条带或棋盘方格，其中棋盘格图案出自 17 世纪荷兰画家维米尔和霍赫的绘画。长条形的图案反映了荷兰特有的围海造田而形成的线状景观。经过高伊策的设计，原来的工地遗存变成在深浅不同的贝壳以及飞翔栖居着的各种鸟类。

1996 年建成的鹿特丹剧院广场（见图 3–16）位于充满生机的港口城市鹿特丹的中心，1.5 hm^2 的广场下面是两层的车库，由于无法覆土导致广场上不能种树。高伊策的设计强调了广场中虚空的重要，通过将广场的地面抬高，保持了广场是一个平的、空旷的空间，成为一个“城市舞台”广场，没有赋予其特定的使用功能，广场可以灵活使用。每一天、每一个季节广场的景观都在变化。为了降低车库顶部荷载，高伊策使用木材、橡胶、金属和环氧基树脂等轻型饰面材料，以不同的图案分布在广场不同区域。花岗岩的铺装区域上有 120 个喷头，每当温度超过 22℃的时候就喷出不同的水柱。地下停车场的 3 个 15 m 高的通风塔伸出地面，其上各有时、分、秒的显示，构成数字时钟。广场上 4 个红色的 35 m 高的水压式灯每两小时改变一次形状，为广场上的动态雕塑。这些灯烘托着广场的海港气氛，并使广场成为鹿特丹港口的重要景观。高伊策期望广场的气氛是互动式的，伴随着温度的变化，白天和黑夜的轮回，或者夏季和冬季的交替以及通过人们的幻想，广场的景观都在改变。

图 3–16　鹿特丹剧院广场

位于荷兰蒂尔堡 Interpolis 公司总部庭院（见图 3–17），面积 2 hm^2 的内院由绿篱和栏杆围成一个封闭的空间，花园向市民和员工开放。高伊策设计的最突出的特点是其中方向不同、长度不一的水池，与不规则的草坪和铺地构成了花园不断变化的透视效果。庭院的空间摒弃了规则的单灭点的透视原则，利用水池、草地和铺地的不规则组合构成了多灭点的透视关系，在庭院中运动时空间也在不断地发生变化，感受到的是动态的而不是静态的空间，这与传统的规则式园林有着根本性的差异。庭院中采用的大部分是自然的元素，色彩协调，不同的块面之间是隐藏的动态的平衡和微妙的张力，高度有限的水池和草地基本停留在二维的空间中，在有限的空间内增加微妙的变化。庭院有乔木点缀其中，愈向外愈密，与外部形成良好的隔绝，花园接近建筑的部分铺设了大片暗红偏灰色的页岩，当台阶上的玉兰花盛开的时候，两者之间形成了强烈的对比（见图 3–18）。

图 3–17　Interpolis 公司总部庭院

图 3-18　玉兰和页岩

正如艺术史学家的分析，传统艺术结束于印象主义，现代艺术结束于极简主义，后现代艺术正方兴未艾。当代景观设计理论与实践的探索在景观发展史上是空前的，其主流是积极地推动着景观学的发展，设计思想的解放极大地丰富了景观设计的形式语言，分解重构的手法使现代景观呈现出从未有过的面貌。但不可否认，复杂的形式背后往往是令人费解的“道理”，唯理论而设计，为理论而论理。当花哨的形式被彻底打碎之后，新的迷茫又再次出现在世人面前，难道这些支离破碎的形体与设计者的梦呓就是景观设计的未来？具有试验意义的个案是否具有普遍价值？当代景观设计的宗旨何在？现代景观的实践与探索留给这个时代的不仅是五彩斑斓，同时也遗留了一系列的问号，值得当代景观师们思考。

第二节　现代景观设计发展趋势

一、分解与重构及其多维度演绎

现代景观设计在于对空间而不是平面或图案的关注，设计应该具有“三维性”。艾克博在 1937 年的《城市花园设计程序》中指出：“人是生活在空间中、体量中，而不是在平面中。”他提出 18 种城市环境中小型园林的设计方法，这些设计放弃了严格的几何形式，而以应用曲线为主。强调景观应该是运动的而不是静止的，不应该是平面的游戏而是为人们提供体验的场所。空间的概念可以说是现代景观设计的一个根本性变革，对19世纪的学院派体系产生了冲击。现代雕塑中的空间概念对景观的影响是比较直接的，但空间的革命最早是起源于绘画，塞尚的绘画和立体主义的研究为空间的解放开辟了道路，多视点的动态空间、几何的动态构成和抽象自由曲线的运用开辟了全新的空间组织方式，这些甚至直接地被反映在景观设计的手法中，如以托马斯·丘奇、艾克博等人为代表的“加州风格”以及布勒·马尔克斯的有机形式景观作品。

现代主义设计的理论和实践都受到立体派的启发，景观从两维向着多维方向转化，景观师倾向对空间做多维演绎，尤其依赖现代艺术中用简单有序的形状创造纯粹的视觉效果的构图形式。立体派所倡导的不断变换视点、多维视线并存于同一空间的艺术表现方法可以说是现代主义设计的重要手法之一。从形式到功能，现代主义设计引发了景观空间的审美革命。建成于1999年的巴塞罗那雅尔蒂植物园位于蒙特惠奇山的南坡，能够欣赏到加泰罗尼亚首府的壮丽景色。景观师贝特·费盖拉斯和建筑师卡洛斯·菲拉特尔合作设计，使用了复杂的不规则几何形式来划分空间，用裸露的混凝土和锈铁建造园中的小路和墙体。穿过了大型钢铁制成的大门，从低矮的结合地形的建筑中走出来，你就会发现前面视野开阔的景观。园里的景观呈梯田的形状，有着许多三角形的道路、锯齿状延伸的锈红色钢板和浅灰色裸露的混凝土。设计中坚持采用的带墙体的草坡，其意图在于作为面临威胁的梯田文化的抽象再现。整个地块以不同寻常的方式划分成三角形的种植区域，目的在于规划一个三角形的网络，这种形式更加适合灵活多变的地形，同时自然的片段、尖锐的钢铁护坡和不规则的混凝土混杂形成了独特的视觉外观。形式的解放极大丰富了景观设计的语言，分解重构的手法使现代景观呈现出从未有过的面貌，但是当形式被彻底打碎之后，新的迷茫又开始出现在面前，这些支离破碎的形体难道就是构筑我们未来世界的所有手段？回答应该是否定的。但作为当今景观设计中新的表现形式，它值得我们去认真研究其存在的客观价值。

彼得·艾森曼设计的意大利维罗纳“逝去的脚步”庭院位于一个14世纪的古堡中，在1958—1964年由卡洛·斯卡帕改建成为博物馆。艾森曼的设计从建筑出发，在建筑外部布置了与室内同样大的五个空间，由倾斜的石板构成，与转换了角度的网格系统相重叠，穿插在三维形态的草体中。艾森曼考虑如何把原有的小尺度与大尺度结合在一起，如何在古堡、斯卡帕改造的部分以及自己的设计之间建立关系。在这里他采用了一贯的设计手法，红色钢管、地形的处理、倾斜的石板、起伏而不规则形态的草地成为较大空间中主要的三维物体，化解了水平空间的真实尺度，也构成了明显的带有立体主义色彩的视觉特征。

二、从景观规划到城市设计

现代景观从其发端便紧紧围绕着城市问题展开讨论，景观界的先哲们扩大了研究的视野，业界的研究问题从单一的生活环境美化上升到城市层面。在发表于20世纪50年代的几篇文章中，佐佐木描述了从环境规划到城市设计的景观建筑学领域的研究范围。“我们需要对各种影响所规划地区的自然界力量进行生态学的观测”，他在1953年写道：“这种观测可以决定何种文化形式最适合这些自然条件，使各种正在运作的生态张力，能从这种研究中得到激发，从而创造出一个比如今我们所见到得更为合适的设计形式。”这种理念不仅反映在其景观设计创作中，也在其城市设计创作中打下了深深的烙印。注重生态环境与城市的和谐共生，体现在佐佐木事务所的多项城市设计之中。20世纪50年代，当佐佐木和他的事务所从事波士顿、费城和芝加哥的项目时，对城市的一些潜在问题进行了思考。1955年他在文章中写道：“作为功能与文化表达载体的城市正处于危险之中。”而在1956年，他特别提到城市设计的新领域，他认为景观建筑师可以利用专业知识，为城市设计领域做出巨大的贡献。他们还能和规划师一起决定土地利用的有关问题，甚至决定整个项目的设计构架和形式。这些言论，反映了佐佐木对于景观建筑学和城市设计的互动关系以及城市发展的一些根本问题，已经有了严肃而深入的思考，他的城市设计思想正在逐渐走向成熟。虽然佐佐木进行了许多景观设计的实践，但他的同事评论道：“他从来没有认为自己是个景观设计师。”“我们进行规划和设计的土地不是作为商品，而是作为自然资源、人类活动的场所以及人类的财富和文明记忆。”这就是佐佐木对自己的职业和公司的根本观点。

三、行为科学与人性化景观环境

古典主义的景观设计是以人的意志为中心的，东西方景园设计均有鲜明的人本意识，现代景观设计强调：“创造使人和景观环境相结合的场所，并使二者相得益彰。”在此前提下，研究人的行为与心理，从而使景观设计更好地实现以人为本。人是环境的主宰，人同样离不开环境的支撑。《马丘比丘宣言》中有这样一段话：“我们深信人的相互作用和交往是城市存在的根本依据。”景观环境的创造不同于物质生产，而是将环境作为人类活动的背景，为人类提供了游憩空间。《华沙宣言》指出：“人类聚居地，必须提供一定的生活环境，维护个人、家庭和社会的一致，采取充分手段保障私密性，并且提供面对面的相互交往的可能。”拉特利奇的《大众行为与公园设计》、扬·盖尔的《交往与空间》、爱德华·霍尔的《隐匿的尺度》、高桥鹰志的《环境行为与空间设计》等专著针对环境中人的行为展开系统的调查研究，进一步揭示人在环境中的行为与心理。现代景观设计融功能、空间组织及形式创新为一体。良好的服务或使用功能是景观设计的基础，如为人们漫步、休憩、晒太阳、遮阴、聊天、观望等户外活动提供适宜的场所，在处理好流线与交通的关系的基础上，考虑到人们交往与使用中的心理与行为的需求。

约翰·O·西蒙兹在《景观设计学——场地规划与设计手册》中指出：“景观，并非仅仅意味着一种可见的美观，它更是包含了从人及人所依赖生存的社会及自然那里获得多种特点的空间；同时，应能够提高环境品质并成为未来发展所需要的生态资源。”设计师应该坚持“以人为本”作为“人性化”设计的基本立足点，在景观环境设计中强调全面满足人的不同需求。人性化景观环境设计建设有赖于使用者的积极参与，不论是建设前期还是建成以后，积极倡导使用者参与空间环境设计具有十分重要的意义。使用者将需求反映给设计者，尽可能弥补设计者主观臆测的一面，这将有助于景观师更有效地工作，并加强使用者对景观环境的归属感和认同感。调研、决策、使用后评价几个过程是可以发挥使用者潜力的环节，应积极地发挥景观设计中的“互动”与“交互”关系。人性化景观环境设计主要由三个方面构成：人体的尺寸、人在外部空间中的行为特点以及人在使用空间时的心理需求。

四、生态学观念与方法的运用

20世纪二三十年代，由英国学者赫特金斯和法格提出景观是由许多复杂要素相联系而构成的系统。如果对系统的构成要素加以变动，将不可避免地影响系统中的其他组成部分。诸环境要素之间存在着内在的关联，而对于环境的研究也总是从单一的因素入手，如土壤、植被、坡度、小气候、动物等，如何将诸要素完整地整合到同一场地之中，从而完整、全面地认知场地，1943年埃斯克里特的专著《区域规划》一书对于如何使用叠图法分析景观环境有了详尽的论述，这是一个简单易学、易用并且行之有效的技术措施，对于推广科学化的景观规划具有重要的现实意义。1969年，麦克哈格在其经典名著《设计结合自然》中，就提出了综合性的生态规划思想。

对于景观环境中的一些环境敏感设施的选址、选线向来是中外景观设计中备受争议的话题，为此Design Workshop INC专门研发了一套视觉模拟系统以辅助设计，取得可喜的成果。今天广泛使用的GIS系统也可以有效地解决长期以来关于上述问题的困扰。Design Workshop INC 改造设计的美国亚利桑那州凤凰城西部能源协会经营与维修中心的景观环境，以对环境非常敏感的沙漠景观代替了原先的绿洲景观以保护水与能源。

生态学观念影响着景观设计理念，生态化景观环境设计突出在改造客观世界的同时，不断减少负面效应，进而改善和优化人与自然的关系，生成生态运行机制良好的景观环境。生态观念强调环境科学不断更新的相关知识信息的相互渗透，以及多学科的合作与协调。城市景观建设须以生态环境为基础，在生态学基本观念的前提下重新建构城市景观环境设计的理论与方法。城市景观环境是一个综合的整体，景观生态设计是对人类生态系统整体进行全面设计，而不是孤立地对某一景观元素进行设计，是一种多目标设计，为人类和动植物需要、为审美需要，设计的最终目标是整体优化。生态学方法可以贯穿到景观环境设计的全过程，如从用地的选择、用地的评价、工程做法、植物的选择与配置、景观构成等方面进行考量，目的在于完善环境的机能，促成建筑与环境的有机化，从而达到建筑环境的动态平衡。

生态型景观是指既有助于人类的健康发展又能够与周围自然景观相协调的景观。生态景观的建设不会破坏其他生态系统或耗竭资源。生态景观应能够与场地的结构和功能相依存，有价值的资源如水、营养物、土壤以及能量等将得以保存，物种的多样性将得以保护和发展。生态型城市景观环境规划设计须遵循景观生态学的原理，建立多层次、多结构、多功能的植物群落，建立人类、动物、植物相关联、相共生、相和谐的新秩序，使其在对环境的破坏影响最小的前提下，达到生态美、艺术美、文化美和科学美的统一，为人类创造清洁、优美、文明的景观环境。现代景观设计在生态学观念引导下，业已形成一系列的生态化工程技术措施，如为保护表土层、保护湿地与水系、模拟地带性群落，采用地带性树种、地表水滞蓄、自然化驳岸、中水利用、透水铺装等。

五、地域特征与文化表达

赖特精通于在沙漠里种花和带刺的沙漠植物以及在西南地区贫瘠的干旱土地上种花。营造属于沙漠的建筑与景观，赖特的有机建筑思想具有鲜明的地域性，赖特和欧姆斯特德、凯文·林奇和劳伦斯·哈普林等有着相似的自然哲学观。如此强调景观的地域性深深地影响了现代景观设计。贝尔特·柯林斯集团设计的肯尼亚内罗毕狩猎宾馆（见图 3-19）方案，整个环境犹如布置在非洲土著的地毯之上，浓烈的色彩洋溢着浓郁的非洲文化氛围。

图 3-19　肯尼亚狩猎宾馆

詹尼斯·霍尔的作品“记忆之河”是一处位于美国马萨诸塞州东南部的私人宅院（见图 3-20）。霍尔将景观环境中的乡土植物、微地形、光影、风与水、真实的空间与虚幻的景象有机地融于广袤的自然背景中，起伏的地形、干枯的河床俨然是远处海湾与山林的一部分。随着日出日落，起伏的地形呈现出无尽的变化。霍尔将大地与土壤的物质性加以抽象，使泥土的本质更加鲜明。场所中恒定不变的地形在光与空气的作用下，变化多端，从而使大地的永恒与时间的转瞬形成鲜明的对照，达到虽由人作、宛自天开的境界。

图 3-20　“记忆之河”公寓

地域是一个宽泛的概念，景观中的地域包含地理及人文双重含义。大至面积广袤的区域，小至特定的庭院环境，由于自然及人为的原因，任何一处场所历史地形成了自身的印迹，自然环境与文化积淀具有多样性与特殊性，不同的场所之间的差异是生成景观多样性的内在因素。景观设计从既有环境中寻找设计的灵感与线索，从中抽象出景观空间构成与形式特征，从而对于特定的时间、空间、人群和文化加以表现，通过场所记忆中的片段的整合与重组，成为新景观空间的内核，以唤起人们对于场所记忆的理解，形成特定的印象。墨西哥景观师马里奥·谢赫南的作品泰佐佐莫克公园和成熟期的霍尔米尔科生态公园体现了当地的生态与环境特征，它是全世界的，同时也是本土的。

通过景观设计保留场所历史的印迹，并作为城市的记忆，唤起造访者的共鸣，同时又能具有新时代的功能和审美价值，关键在于掌握改造和利用的强度和方式。从这个意义上讲，设计包括对原有形式的保留、修饰和创造新的形式。这种景观改造设计所要体现的是场所的记忆和文化的体验。尊重场地原有的历史文化和自然的过程和格局，并以此为本底和背景，与新的景观环境功能和结构相结合，通过拆解、重组并融入新的景观空间中，从而延续场所的文化特征。

二战后的日本景观发展迅速，并不断寻求现代景观与传统园林的结合方式，日本的景观师铃木昌道、枡野俊明、佐佐木叶二、长谷川浩己和户田芳树都是现代景观的杰出代表，为日本的现代景观争得了一定的国际地位。“凤”环境咨询设计研究所设计的东京都千代田区众议院议员议长官邸庭园，占地面积 19062 m^2。模仿传统禅宗庭院意向，树木、岩石、天空、土地等常常是寥寥数笔就蕴含着极深寓意，在修行者眼里它们就是海洋、山脉、岛屿、瀑布，一沙一世界，这样的园林无异于“精神园林”。这种园林发展臻于极致——乔灌木、小桥、岛屿甚至园林不可缺少的水体等造园惯用要素均被一一剔除，仅留下岩石、耙制的沙砾和自发生长于荫蔽处的一块块苔地，这便是典型的、流行至今的日本枯山水庭园的主要构成要素。结合日本传统和式园林与现代景观于一体的景园风格，象征“新和风”的“条石透廊”，横穿和式和洋式两个庭园，消失在水池中。走在条石走廊上，右边是青青的草坪，左边是白河石的“大海”。在和式园中运用了白河石、白沙、枯草以及鸡爪槭，在现代园部分则运用了大草坪。彼得·沃克称赞佐佐木叶二“运用最简单的几何学形态，着眼于有生命的素材自身的丰富性和它们映现出来的光与影，扩展设计的领域”。设计师用一种智慧的手法诠释日本景观的民族风格。

六、个性化与独创性的追求

景观是空间的艺术，其形式不仅是表现的对象，也是形而上设计思想的物质载体，设计者千变万化的构思与意图无不是通过“形式”加以表现。景观师又以独特的设计风格为追求。与传统景观追求和谐美不同，凸显景观设计个性化是当代景观设计的趋势之一。如同生物学中基因变异能够产生新的基因和物种一样，部分先锋景观师为了追求奇异或表达特殊的设计理念，通过景观的构成要素、构成形式及其与环境之间的冲突，产生一种充斥着矛盾的景观形式，形成新的景观体验。现代景观设计的独创性体现为敢于提出与前人、众人不同的见解，敢于打破一般思维的常规惯例，寻找更合理的新原理、新机构、新功能、新材料，独创性能使设计方案标新立异，不断创新。

从一定意义上说，现代景观艺术的变化折射出时代观念的变革，现代绘画与雕塑从描绘神话故事、宣扬宗教教义的重负中摆脱出来，开始寻求自身独立的价值。立体主义表达形式，野兽派表达色彩，表现主义表达精神，未来主义赞扬运动和速度，达达主义宣扬破坏，超现实主义则试图揭示人内心深处的真实。20世纪60年代，艺术中出现了从精英向大众化转变的呼声，世俗化和地方化的因素重新开始被关注，20世纪70年代之后，观念和哲学的成分在艺术中逐渐加重，概念艺术的盛行甚至表明艺术家可以不用创作了，艺术家几乎成了哲学家，而这种观念直接导致了大地艺术、极简主义、行为艺术和装置艺术等不同的流派的诞生。虽然我们可以质疑其中个别荒诞的现象，但这些思想的确丰富了艺术的发展，与此同时，景观设计也开始积极寻求自身新的意义。大地艺术可以说是和景观设计拥有完全相同的构成要素，却沿着不同的方向发展，其中的不同就是大地艺术更加关注功能和形式之外的意义，它试图寻求弥合人类和环境之间沟壑的方式，探讨自然可能产生的新的含义，证明人和自然并不是不可调和的对立体。景观在满足了功能，或者功能意义可以淡化的时候，神秘性、隐喻性和观念性的融入能够促进我们的思考，使人们的情感得以寄托，甚至重新回归与绘画、诗歌同等的艺术地位。

当代景观建筑师们从现代派艺术和后现代设计思维方式中汲取创作的灵感，融汇雕塑方法去构思三维的景观空间。现代景园不再沿袭传统的单轴设计方法，立体派艺术家多轴、对角线、不对称的空间理念已被景观建筑师们加以运用。抽象派艺术同样影响着当代景观设计，曲线和生物形态主义的形式在景园设计中得以运用。采用适宜的表现方法，利用场地固有的特征营造、突显环境个性成为当代景观设计的一大特点。

七、场所再生与废弃地景观化改造

任何人工营建的设施均有设计及使用寿命，如我国民用建筑设计使用寿命为50 ~ 100年，而正常使用周期内也会因为种种原因需要转变使用要求，由此大量设施当超越设计使用周期后或项目本身转变使用功能后，往往均存在如何处置或二次设计的问题。

致力于废弃工业地景观化再生的领军人物是理查德·哈格和罗伯特·史密森、彼得·拉兹等人，代表性的作品有美国西雅图煤气厂公园、德国北杜伊斯堡景观公园、德国萨尔布吕肯市港口岛公园、鲁尔区的格尔森基尔辛北星公园，纽约斯坦顿岛垃圾场、内华达达斯维加斯湾、伦敦湿地中心和荷兰阿姆斯特丹的公园。理查德·哈格于1972年主持设计的美国西雅图煤气厂公园（见图3-21），首先应用了“保留、再生、利用”的设计手法。面对原煤气厂杂乱无章的各种废弃设备，哈格因地制宜，充分地尊重历史和基地原有特征，把原来的煤气裂化塔、压缩塔和蒸汽机组保留下来，表明了工厂的历史。并把压缩塔和蒸汽机组涂成红、黄、蓝、紫等不同颜色，用来供人们攀爬玩耍，实现了原有元素的再利用。继西雅图煤气厂公园改造成功后，德国景观设计师彼得·拉茨设计的北杜伊斯堡景观公园（见图3-22），就充分利用了原有工厂设施，在生态恢复后，生锈的灶台、斑驳的断墙，在“绿色”的包围中讲述着一个辉煌工厂帝国的过去。

图3-21　西雅图煤气公园

图3-22　北杜伊斯堡景观公园

各国的实践不仅变革了传统的景观设计观念，也丰富了景观类型与表现手法。但其中也存在诸多的问题，如尺度迷失。众所周知，产业类建筑由于其功能特殊性往往尺度巨大，设计中往往缺乏对人的尺度和建筑尺度之间的比较分析，造成了方案建筑与人的尺度感相差较大，同时由于其结构的僵硬和冷峻，更加拉大了与人之间的距离，强调了对于工业遗产的多样化改造模式，却缺乏对尺度消解和产业建筑氛围塑造等方面的研究，这是工业遗存景观化改造中的通病。改造建筑物大多作为地标，符号性远大于其实用性功能，部分工业建筑物内部的使用方式也受到了既有结构、层高、设备、通风乃至保温节能等因素的限制，改造与使用的成本居高不下，往往是叫好不叫座。

八、节约型景观与可持续发展观

“节约”并不单纯意味着一次性工程造价的少投入，而是在充分调研与分析的基础上，通过集约化设计，以适宜性为基础比较、优化设计方案，合理布局各类景观用地，利用天然的河流、湖泊水系，尽量减少对洁净水源的依赖，最大限度地重复利用既有的环境资源。通过采取节能、节水、推广地带性植被、使用耐旱植物等技术措施，减少管护，减少人、财、物的投入，从而实现节约的目的，科学化的规划设计是实现景观环境可持续发展的基础。

景观环境中的建筑及工程设施，尽可能采用节能技术，充分考虑到太阳能的利用、自然通风、采光、降温、低能耗围护结构、地热循环、中水利用、绿色建材、有机垃圾的再生利用、立体绿化、节水节能设备等建造技术。景观环境亮化节能，延长灯具使用寿命。利用自然光以及自动控制技术实现节电，利用软开关技术可延长灯具寿命等。

合理选择植物种类，优化植物配置。植物是景观环境的主要组成部分，合理的植物种类选择和配置方式，对发展节约型景观环境有重要意义，通过采用地带性植物种子，推广使用耐旱植物，模拟地带性植物群落，增强植物的适应性、抗逆性和耐旱能力，减少养管等方式实现节约。一片耐旱的景观用地，一般可节水30% ~ 80%，还可相应地减少化肥和农药的用量，既减少了对水资源的消耗又降低了对于环境的负面影响。

雨水利用是充分利用有限水资源的重要途径。德国柏林波茨坦广场（见图3-23）通过相应集水技术和措施，不仅可以利用雨水资源和节约用水，还能够减缓建成环境排涝并补充地下水位，改善城市生态环境。此外，采取节水型灌溉方式，可以减少景观环境对水资源的消耗。传统的浇灌会浪费大量的水，而喷灌是根据植物品种和土壤、气候状况，适时适量地进行喷洒，不易产生地表径流和深层渗漏。喷灌比地面灌溉可省水 30% ~ 50%，因此必须大力推广节水型灌溉方式。

图 3-23　德国柏林波茨坦广场

“3R”，即减少资源消耗（Reduce）、增加资源的重复使用（Reuse）、资源的循环再生（Recycle）是进行景观设计的三个重要的方法。“3R”中包含着后现代思想，在建成环境的更新过程中，废弃的工业用地可以通过生态恢复后转变成为游憩地，这样不仅可以节约资源与能源，还可以恢复历史片段，延续场所文脉。可持续景观规划设计是指在生态系统承载力范围内运用生态学原理和系统化景观设计方法，改变景观环境中生境条件、优化景观结构，充分利用环境资源潜力，实现景观环境保护、自然与人文生态和谐与持续发展。

第四章 景观设计方法

随着景观生态学原理、生态美学以及可持续发展的观念引入景观规划设计中，景观设计不再是单纯地营造满足人的活动、建构赏心悦目的户外空间，而是在于协调人与环境的持续和谐相处。因此，景观规划设计的核心在于对土地和景观空间生态系统的干预与调整，借此实现人与环境的和谐。自然生态规律是现代景观设计的基本依据之一。从更深层的意义上说，现代景观设计是人类生态系统的设计，是一种基于自然生态系统自我更新能力的“再生设计”，是一种最大限度地借助于自然再生能力的“最少设计”，同时也是对于景观环境的“最优化设计”。可持续景观规划设计的重点在于对既有资源的永续化利用。可持续景观规划设计并不是意味着投入最小，而是要求追求合理的投入以及产出效应的最大化，真正实现景观环境从“量”的积累转化为“质”的提升。

集约化的设计理念意在最大限度地发挥生态效益与环境效益，满足人们合理的物质与精神需求，最大限度地节约自然资源与各种能源，提高资源与能源利用率，以最合理的投入获得最适宜的综合效益。通过集约化设计理念，引导景观规划设计走向科学，避免过度设计。景观环境中的各种生境要素、可再生材料是可持续景观设计的物质载体，景观工程措施是实现景观环境可持续发展的重要技术保障。

第一节 可持续性景观设计

一、可持续性景观设计策略

景观环境中依据设计对象的不同可以分为风景环境与建成环境两大类。前者在保护生物多样性的基础上有选择地利用自然资源，后者致力于建成环境内景观资源的整合利用与景观格局结构的优化。

风景环境由于人为扰动较少，其过程大多为纯粹的自然进程，风景环境保护区等大量原生态区域均属此类，对于此类景观环境应尽可能减少人为干预，减少人工设施，保持自然过程，不破坏自然系统的自我再生能力，无为而治更合乎可持续精神。另外，风景环境中还存在着一些人为干扰过的环境。由于使用目的的不同，此类环境均不同程度地改变了原有的自然存在状态。对于这一类风景环境，应区分对象所处区位、使用要求的不同而分别采取相应的措施，或以修复生境，恢复其原生状态为目标；或辅以人工改造，优化景观格局，使人为过程有机融入风景环境中。

在建成环境中，人为因素占据主导地位，湖泊、河流、山体等自然环境更多地以片段的形式存在于“人工设施”之中，生态廊道被城市道路、建筑物等“切断”，从而形成一个个颇为独立的景观斑块，各个片段彼此较为孤立，缺少联系和沟通。因此，在城市环境建设中应当充分利用自然条件，强调构筑自然斑块之间的联系。同时，对景观环境不理想的区段加以梳理和优化，以满足人们物质和精神生活的需求。

长期以来，景观环境的营造意味着以人为过程的主导，以服务于人为主要目标，往往是在所谓的“尊重自然、利用自然”的前提下造成了环境的恶化，诸如水土流失、土壤理化、水体富营养化、地带性植被消失、物种单一等生态隐患。景观环境的营造并未能真正从生态过程角度实现资源环境的可持续利用。因此，可持续景观设计不应仅关注景观表象，关注外在形式，更应研究风景环境与建成环境内在的机制与过程。针对不同场地生态条件的特性展开研究，分析环境本身的优劣势，充分利用有利条件，弥补现实不足，使环境整体朝着优化的方向发展。

（一）风景环境规划设计

1.风景环境的保护

生态环境的保护和生态基础设施的维护是风景环境规划建设的初始和前提。可持续景观环境规划设计的目的是维护自然风景环境生态系统的平衡，保护物种的多样性，保证资源的永续利用。景观环境规划设计应该遵循生态优先原则，以生态保护作为风景环境规划设计的第一要务。风景环境为人类提供了生态系统的天然“本底”。有效的风景环境保护可以保存完整的生态系统和丰富的生物物种及其赖以生存的环境条件，同时还有助于保护和改善生态环境，维护地区生态平衡。

根据对象的不同，风景环境的保护可以分为两种类型：第一类是保护相对稳定的生态群落和空间形态；第二类是针对演替类型，尊重和维护自然的演替进程。

（1）保护相对稳定的生态群落和空间形态。生态群落是不同物种共存的联合体。生态群落的稳定性，可分为群落的局部稳定性、全局稳定性、相对稳定性和结构稳定性四种类型。稳定的生态群落，对外界环境条件的改变有一定的抵御能力和调节能力。生态群落的结构复杂性决定了物种多样性的复杂性，也由此构成了相应的空间形态。风景环境保护区保护了生物群落的完整，维护了生物群落结构和功能的稳定，同时还能够有效地对特定的风景环境空间形态加以保护。

要切实保护生态群落及其空间形态需要做到以下两点。

一方面，要警惕生态环境的破碎化。尊重场地原有生态格局和功能，保持周围生态系统的多样性和稳定性。对区域的生态因子和物种生态关系进行科学的研究分析，通过合理的景观规划设计，严格限制建设活动，最大限度地减少对原有自然环境的破坏，保护基地内的自然生态环境及其内部的生境结构组成，协调基地生态系统以保护良好的生态群落，使其更加健康地发展。

另一方面，要防止生物入侵对生态群落的危害。生物入侵是指某种生物从原来的分布地区扩散到一个新的地区，在新的区域内，其后代可以繁殖、维持并扩散下去。生物入侵会造成当地地带性物种灭绝，使生物多样性丧失，从而导致原有空间形态遭到破坏。在自然界，生物入侵概率极小；绝大多数生物入侵是由于人类活动直接影响或间接影响造成的。

（2）尊重和维护自然的演替进程。群落演替是指当群落由量变的积累到产生质变，即产生一个新的群落类型。群落的演替总是由先锋群落向顶极群落转化。沿着顺序阶段向顶极群落的演替为顺向演替。在顺向演替过程中，群落结构逐渐变得复杂。反之，由顶极群落向先锋群落的退化演变成为逆向演替。逆向演替的结果是生态系统的退化，群落结构趋于简单。

保护自然的进程，是指在风景环境中对于那些特殊的、有特色的演替类型加以维护的措施。这类演替形式往往具有一定的研究和观赏价值。尊重自然群落的演替规律，减少人为影响，不应过度改变自然恢复的演替序列，保持自然特性。

景观环境中大量的人工林场，在减少或排除人为干预后，同样具备了自然的属性，亚热带、暖温带大量的人工纯林逐渐演替成地带性的针阔混交林是最具说服力的案例。以南京的紫金山为例，在经历太平天国、抗日战争等战火后，山体植被毁损大半。于是，人们开始有选择地恢复人工纯林，以马尾松等强阳性树种为主作为先锋树种。随后近百年的时间里，自然演替的力量与过程逐渐加速，继之是大面积地恢复壳斗科的阔叶树，尤以落叶树为主。近 30 年来，紫楠等常绿阔叶树随着生境条件的变化，在适宜的温度、湿度、光照的条件下迅速恢复。南京北极阁的次生植被在建设过程中遭到破坏，但随着自然演替的进行，次生群落得以慢慢恢复。由此可见，人与自然的关系往往呈现出一种“此消彼长”的二元对立局面。

作为一种生态退化类型，采石宕口是一类特殊而且极端的生境。宕口坡面高而陡峭，植物生长环境极度恶劣。由于缺乏对采石宕口生态系统的了解，目前一些宕口复绿工程往往带有一定的盲目性和随意性，一味地人为修复急于求成，未必合适。在采石宕口的修复设计中，应该充分了解这类严重受损生态系统自然演替早期阶段的土壤环境、水环境和植被特征，尊重自然演替过程，以自然恢复为主、人为过程为辅。

（3）科学划分保护等级。

① 保护等级划分。保护原生植物和动物，应该先确定那些重点保护的栖息地斑块以及有利于物种迁移和基因交换的栖息地廊道。通过对动物栖息地斑块和廊道的研究与设置，尽可能将人类活动对动植物的影响降到最低点，以保护原有的动植物资源。

② 风景区生境网络与廊道建设。景观破碎度是衡量景观环境破碎化的指标，亦是风景环境规划设计先期分析与后期设计的重要因子。在景观规划设计中应注重景观破碎度的把握，建立一个大保护区比建立有相同总面积的几个小保护区具有更高的生态效益。不同景观破碎度的生境条件会带来差异化的景观特质。

2. 风景环境的规划设计策略

（1）融入风景环境。在风景环境中，自然因素占据主导作用，自然界在其漫长的演化过程中，已形成一套自我调节系统以维持生态平衡。其中土壤、水环境、植被、小气候等在这个系统中起着决定性作用。风景环境规划设计通过与自然的对话，在满足其内部生物及环境需求的基础上，融入人为过程，以满足人们的需求，使整个生态系统良性循环。自然生态形式有其自身的合理性，是适应自然发生发展规律的结果。

一切景观建设活动都应该从建立正确的人与自然的关系出发，尊重自然，保护生态环境，尽可能减少对环境产生负面影响。人为因素应该秉承最小干预原则，通过最少的外界干预手段达到最佳的环境营造效果，将人为过程转变成自然可以接纳的一部分，以求得与自然环境有机融合。实现可持续景观环境规划的关键之一，就是将人类对这一生态平衡系统的负面影响控制在最小限度，将人为因子视为生态系统中的一个生物因素，从而将人的建设活动纳入生态系统中加以考察。生态观念与中国传统文化有类似之处。生态学在思想上表现为尊重自然，在方法上表现为整体性和关联性的特点。中国传统文化中的“天、地、人”三才合一的观念，便是人从环境的整体观念中去研究和解决问题。

设计作为一种人为过程，不可避免地会对风景环境产生不同程度的干扰。可持续景观设计就是努力通过恰当的设计手段促进自然系统的物质利用和能量循环，维护和优化场地的自然过程与原有生态格局，增加生物多样性。实现以生态为目标的景观开发活动不应该与风景环境特质展开竞争或超越其特色，也不应干预自然进程，如野生动物的季节性迁移。确保人为干扰在自然系统可承受的范围内，不致使生态系统自我演替、自我修复功能的退化。因此，人为设施的建设与营运是否合理是风景环境可持续的重要决定因素，从项目类型、能源利用，乃至后期管理都是景观设计师需要认真思考的内容。

① 生态区内建设项目规划。自然过程的保护和人为的开发从某种角度来讲是对立的，人为因素越多干预到自然中，对于原有的自然平衡破坏可能就越大。对于自然保护要求较高的地区，应该尽可能选择对场地及周围环境破坏小、没有设施扩张要求而且交通流量小的活动项目。场地设计应该使场地所受到的破坏程度最小，并充分保护原有的自然排水通道和其他重要的自然资源以及对气候条件做出反应。同时，应使景观材料中所蕴含能量最小化，即尽可能使用当地原产、天然的材料。种植设计对策应该使植物对水、肥料和维护需求最小化，并适度增加景观中的生物量。

风景环境中的建设项目要考虑到该项目的循环周期成本，即一个系统、设施或其他产品的总体成本要在其规划、设计和建设时就予以考虑。在一个项目的整个可用寿命或其他特定时间段内，要使用经济分析法计算总体成本，应该尽可能在循环周期成本中考虑材料、设施的废物因素，避免项目建设的“循环周期”污染。

② 生态区内的能源。可持续景观采用的主要能源为可再生的能源，以不造成生态破坏的速度进行再生。任何开发项目，无论是新建筑，还是现有设施的修缮或适应性的重新使用，都应该包括改善能源效益和减少建筑物范围内以及支撑该设施的机械系统所排放的“温室气体”。

为了减少架设电路系统时对环境造成的破坏，生态区内尽可能多地采用太阳能、风能等清洁能源。这样可以减少运营的后期开销，同时也可以减轻对城市能源供应的压力。以沼气为例，沼气作为一种高效的洁净能源已经在很多地区广泛使用，在生态区内利用沼气作为能源既可以减少污染，也能使大量有机垃圾得到再次利用。

③ 废弃物的处理和再利用。在自然系统中，物质和能量流动是一个由“源—消费中心—汇”构成的、头尾相接的闭合循环流，因此大自然没有废物。但在建成环境中，这一流动是单向不闭合的。在人们消费和生产的同时，产生了大量的废弃物，造成对水、大气和土壤的污染。可持续的景观可以定义为具有再生能力的景观，作为一个生态系统应该是持续进化的，并能为人类提供持续的生态服务。

风景环境建设中，应该最大限度实现资源、养分和副产品的回收，控制废弃物的排放。当人为活动存在时，废弃物的产生也无法避免。对于可回收或再次利用的废弃物，我们应尽最大可能使能源、营养物质和水在景观环境中再生得到多次利用，使其功效最大化，同时也使资源的浪费最小化。通过开发安全的全新腐殖化堆肥和污水处理技术，从而努力利用景观中的绿色垃圾和生活污水资源。对于不可回收的一次性垃圾，一方面加强集中处理，防止对自然过程的破坏；另一方面，通过限制游客的数量，减少对生态环境的压力。

（2）优化景观格局。风景环境的景观格局是景观异质性在空间上的综合表现，是自然过程、人类活动干扰促动下的结果。同时，景观格局反映了一定社会形态下的人类活动和经济发展的状况。为了有效维持可持续的风景环境资源和区域生态安全，需要对场地进行土地利用方式调整和景观格局的优化。

优化景观格局的目的是对生态格局中不理想的地段和区域进行秩序重组，如林相调整改造等，使其结构趋于完善。风景环境的景观格局优化是在对自然景观结构、功能和过程综合理解的基础上，通过建立优化目标和标准，对各种景观类型在空间和数量上进行优化设计，使其产生最大景观生态效益和实现生态安全。

风景环境的景观格局具有其自身的特点，因此对其进行优化时需要掌握风景环境的生态特质和自然过程，把自然环境的生态安全格局保护、建设作为景观结构优化的重要过程。自然环境与人工环境均经历了长期的演变，是诸多环境要素综合作用的结果。环境要素之间往往相互影响、相互制约。景观规划设计应以统筹与系统化的方式处理、重组环境因子，促使其整体优化，突出环境因子间及其与不同环境间的自然过程为主导，减少对人为过程的依赖。

① 基于景观异质性的风景环境格局优化。景观格局优化过程中，人为过程不能破坏自然生态系统的再生能力；通过人为干扰，促进被破坏的自然系统的再生能力得以恢复。景观异质性有利于风景环境中物种的生存、演替以及整体生态系统的稳定。景观异质性导致景观复杂性与多样性，从而使景观环境生机勃勃，充满活力，趋于稳定。因此，保护和有意识地增加景观的异质性有时是必要的。干扰是增加景观异质性的有效途径，它对于生态群落的形成和动态发展具有意义。在风景环境中，各种干扰会产生林隙，林隙形成的频率、面积和强度影响物种多样性。当干扰之间的间隔增加时，由于有更多的时间让物种迁入，生物多样性会增加；当干扰的频率降低时，多样性则会降低。生物多样性在干扰面积大小和强度为中等时最高，而当干扰处于两者的极端状态时则多样性较低。在风景环境的景观格局优化过程中，最高的多样性只有在中度干扰时才能保持。生态群落的林隙、新的演替、斑块的镶嵌是维持和促进生物多样性的必要手段。

增加异质性的人为措施包括控制性的火烧或水淹、采伐等。控制性的火烧是一种森林、农业和草原恢复的传统技术，这种方式可以改善野生动物栖息地、控制植被竞争等。

② 基于边缘效应和生物多样性的风景环境格局优化。边缘效应是指在两个或两个以上不同性质的生态系统交互作用处，由于某些生态因子或系统属性的差异或协和作用而引起系统某些组成部分及行为的较大变化。

因具有较高生态价值或因特殊的地貌、地质属性而不适于建设用途的非建设用地，它们在客观上构成了界定建设用地单元的边缘环境区，与建设单元之间蕴藏源于生态关联的“边缘效应”。在风景环境格局优化中，重组和优化边缘景观格局对于维护生境条件、提高生物多样性具有重要意义。边界形式的复杂程度直接影响边缘效应。因此，可通过增加边缘长度、宽度和复杂度来提高丰富度。

（3）修复生境系统。生境破碎是指由于某种原因而使一块大的、连续的生境不但面积减少，最终被分割成两个或者更多片段的过程。当生境被破坏后，留下了若干大小不等的片段，这些片段彼此被隔离。生境的片段化往往会限制物种的扩散。一般来说，生态系统具有很强的自我恢复能力和逆向演替机制，但是，今天的风景环境除了受到自然因素的影响之外，还受到剧烈的人为因素的干扰。人类的建设行为改变了自然景观格局，引起栖息地片段化和生境的严重破坏。栖息地的消失和破碎是生物多样性消失的最主要原因之一。栖息地的消失直接导致物种的迅速消亡，而栖息地的破碎化则导致柄息地内部环境条件的改变，使物种缺乏足够大的栖息和运动空间，并导致外来物种的侵入。适应在大的整体景观中生存的物种一般扩散能力都很弱，所以最易受到破碎化的影响。风景环境中的某些区域由于受到人为的扰动和破坏而导致其生境质量下降，从而使生物多样性降低。

生境系统修复的目的是尽可能多地使被破坏的景观环境恢复其自然的再生能力。关于生境修复，日本的山寺喜成等认为应当通过人工辅助的方法，使自然本身具有的恢复力得到充分发挥，必须从“尊重自然、保护自然、恢复自然”的角度来进行生境恢复设计。

因此，生态恢复过程最重要的理念是通过人工调控，促使退化的生态系统进入自然的演替过程。自然生境的丧失，会引起生物群落结构功能的变化。人工种植生境的群落结构与自然恢复生境的群落结构相比具有较大的差异性。因此，应以自然修复为主、人工恢复为辅。自然生长可有效恢复生境，但是需要较长的时间。在自然生境演替的不同阶段适当引入适宜性树种，可以加快生境的恢复过程。

（二）建成环境景观设计

1996 年 6 月的土耳其联合国人居环境大会专门制定了人居环境议程，提出城市可持续发展的目标为：“将社会经济发展和环境保护相融合，从生态系统承载能力出发改变生产和消费方式、发展政策和生态格局，减轻环境压力，促进有效的和持续的自然资源利用。为所有居民，特别是贫困和弱小群组提供健康、安全、殷实的生活环境，减少人居环境的生态痕迹，使其与自然和文化遗产相和谐，同时对国家的可持续发展目标做出贡献。”

建成环境有别于风景环境，在这里人为因素为主导，自然要素往往屈居次席。随着经济社会的不断发展，有限的土地须承受城市迅速扩张的影响，土地承载量超负荷，工程建设造成环境污染导致城市河流、绿带等自然流通网络受阻，迫使城市中的自然状态的土地必须改变形态。同时，大面积的自然山体、河流开发促使自然绿地消失以及人工设施的无限扩展，即便是增加人工绿地也无法弥补自然绿地的消减损失。自然因子以斑块的形式散落在城市之中，形成孤立的生境岛，缺乏联系，物质流、能量流无法在斑块之间流动和交换，导致斑块的生境结构单一，生态系统颇为脆弱。

可持续景观设计理念要求景观设计师对环境资源理性分析和运用，营造出符合长远效益的景观环境。针对建成环境的生态特征，可以通过三种方法来应对。

1.整合化的设计

景观环境作为一个特定的景观生态系统，包含多种单一生态系统与各种景观要素。为此，应对其进行优化。首先，加强绿色基质，形成具有较高密度的绿色廊道网络体系；其次，强调景观的自然过程与特征，设计将景观环境融入整个城市生态系统，强调绿地景观的自然特性，控制人工建设对绿色斑块的破坏，力求达到自然与城市人文的平衡。

整合化的景观规划设计强调维持与恢复景观生态过程与格局的连续性和完整性，即维护、建立城市中残存的自然斑块之间的空间联系。通过人工廊道的建立在各个孤立斑块之间建立起沟通纽带，从而形成较为完善的城市生态结构。建立景观廊道线状联系，可以将孤立的生境斑块连接起来，提供物种、群落和生态过程的连续性。建立由郊区深入市中心的楔形绿色廊道，把分散的绿色斑块连接起来。连接度越大，生态系统越平衡。生态廊道的建立还起到了通风引道的作用，将城郊绿地系统形成的新鲜空气输入城市，改善市区环境质量，特别是与盛行风向平行的廊道，其作用更加突出。以水系廊道为例，水环境除了作为文化与休闲娱乐载体外，更重要的是它作为景观生态廊道，将环境中的各个绿色斑块联系起来。滨水地带是物种较为丰富的地带，也是多种动物的迁移通道。水系廊道的规划设计首先应设立一定的保护范围来连接水际生态；其次，贯通各支水系，使以水流为主体的自然能量流、生态流能够畅通连续，从而在景观结构上形成以水系为主体骨架的绿色廊道网络。

作为整合化的设计策略，从更高层面上来讲，是对城市资源环境的统筹协调，它涵盖了构筑物、园林等为主的人工景观和各类自然生态景观构成的城市自然生态系统。设计的重点在于处理城市公园、城市广场的景观设计以及其他类型绿地设计，融生态环境、城市文化、历史传统与现代理念及现代生活要求于一体，能够提高生态效益、景观效应和共享性。而各类自然生态景观的设计重点在于完善生态基础设施，提高生态效能，构筑安全的生态格局。

在进行城市景观规划的过程中，我们不能就城市论城市，应避免不当的土地使用，有规律地保护自然生态系统，尽量避免产生冲击。我们应当在区域范围内进行景观规划，把城市融入更大面积的郊野基质中，使城市景观规划具有更好的连续性和整体性。同时，充分结合边缘区的自然景观特色，营造具有地方特色的城市景观，建立系统的城市景观体系。

建成环境的整合化设计策略须做到以下两点：一方面，维护城市中的自然生境、绿色斑块，使之成为自然水生、湿生以及旱生生物的栖息地，使垂直的和水平的生态过程得以延续；另一方面，敞开空间环境，使人们充分体验自然过程。因此，在对以人工生态主体的景观斑块单元性质的城市公园设计过程中，应多元化、多样性，追求景观环境的整体效应，追求植物物种多样性，并根据环境条件的不同处理为廊道或斑块，与周围绿地有机融合。

建成环境的整合化生态规划设计反映了人类一个新的梦想，它伴随着工业化的进程和后工业时代的到来而日益清晰，从社会主义运动先驱欧文的新和谐工业村，到霍华德的田园城市，再到 20 世纪七八十年代兴起的生态城市以及可持续城市。这个梦想就是自然与人工、美的形式与生态功能真正全面地融合，它要让景观环境不再是孤立的城市中的特定用地，而是让其消融，进入千家万户；它要让自然参与设计，让自然过程进入每一个人的日常生活；让人们重新感知、体验和关怀自然过程和自然的设计。应注重城市绿地系统化、整体化，绿地的布局、规模应重视对城市景观结构脆弱和薄弱环节的弥补，考虑功能区、人口密度、绿地服务半径、生态环境状况和防灾等需求进行布局，按需建绿，将人工要素和自然要素有机编织成绿色生态网络。

走向可持续城市景观，须建立全局意识。面对当前严峻的生态环境状况以及景观规划设计中普遍存在的局部化、片面化倾向，走向可持续景观已经成为人类改善自身生存环境的必然选择。在设计取向上，不再把可持续景观设计仅视为可供选择的设计方式之一，而应使整合化设计成为统领全局的主导理念，作为设计必须遵循的根本原则；在评价取向上，应转变单纯以美学原则作为景观设计的评判标准，使可持续景观价值观成为最基本的评价准则。同时，可持续景观须尊重周围生态环境，它所展现的最质朴、原生态的独特形态与人们固有的审美价值在本质上是一致的。

在可持续发展思潮的推动下，美国城市生态学者认识到城市发展必须注重城市生态的变化，城市发展应该成为一种与“人”共生的自然体系。城市发展必须回归到特定的生态环境结构之上，并逐步发展成为一种与自然有机融合的城市空间结构。城市发展以景观生态学与城市生态学为理论基础，从而质变成更为具体、更具空间组织的生态城市。生态城市结构能够有效弥补城市规划在空间与自然生态系统之间的隔阂。将生态城市理念融入城市发展计划中，强化城市生态与城市绿地系统共生共营的规划理念。

生态城市建设是基于可持续景观生态规划设计的建设模式。“生态城市”作为对传统的以工业文明为核心的城市化运动的反思、扬弃，体现了工业化、城市化与现代文明的交融与协调，是人类自觉克服“城市病”、从灰色文明走向绿色文明的伟大创新。生态城市建设是一种渐进、有序的系统发育和功能完善过程。促进城乡及区域生态环境向绿化、净化、美化、活化的可持续的生态系统演变，为社会经济发展建造良好的生态基础。

2.典型生境恢复

所谓物种的生境，是指生物的个体、种群或群落生活地域的环境，包括必需的生存条件和其他对生物起作用的生态因素，即指生物存在的变化系列与变化方式。生境代表着物种的分布区，如地理的分布区、高度、深度等。不同的生境意味着生物栖息场所的自然空间的质的区别。生境是具有相同的地形或地理区位的单位空间。

现代城市是脆弱的人工生态系统，它在生态过程上是耗竭性的；城市生态系统是不完全的和开放式的，它需要其他生态系统的支持。随着人工设施不断增加，环境恶化，不可再生资源的迅猛减少，加剧了人与自然关系的对立，景观设计作为缓解环境压力的有效途径，注重对生态目标的追求，合理的城市景观环境规划设计应与可持续理念相辅相成。

典型生境的恢复是针对建成环境中的地带性生境破损而进行修复的过程。生境的恢复包括土壤环境、水环境等基础因子的恢复以及由此带来地域性植被、动物等生物的恢复。景观环境的规划设计应当充分了解基地环境，典型生境的恢复应从场地所处的气候带特征入手。一个适合场地的景观环境规划设计，必须先考虑当地整体环境所给予的启示，因地制宜地结合当地生物气候、地形地貌等条件进行规划设计，充分使用地方材料和植物材料，尽可能保护和利用地方性物种，保证场地和谐的环境特征与生物多样性。

美国 Field Operations 景观事务所设计的弗莱士河公园（见图 4-1），设计师在

900 hm^2的区域内，恢复了当地典型生境，保护生物多样性，创造出富有生命力的人文景观，从而赋予未来使用者热情和想象力。

图 4-1 弗莱士河公园

3. 景观设计的生态化途径

工业化的后果往往是城市人口的剧增和污染的加剧，所带来的后果正冲击着中国城市的生态环境，生态与发展是相互制约的矛盾体。能否吸收西方工业化发展的经验，在发展与生态间找到某种平衡，已成为中国目前和未来面临的重大课题。联合国发展署第一执行主任、里约热内卢全球“环发会议”组织者斯琼提出了“生态发展”的观念，对正统的发展力量和实践提出挑战。此观点对解决我们所面临的问题具有一定的现实意义，值得深思。

建成环境景观设计强调人与自然界相互关联、相互作用，保护和维护人类与自然界之间的和谐关系。生态化设计主要目的在于利用自然生态过程与循环再生规律，达到人与自然和谐共处，最终实现经济社会的可持续发展。

景观环境的生态化途径从利用、营造、优化三个层面出发，针对设计对象中现有环境要素的不同形成差异化的设计方法。景观设计的生态化途径是通过把握和运用以往城市设计所忽视的自然生态的特点和规律，贯彻整体优先和生态优先原则，力图创造一个人工环境与自然环境和谐共存的、面向可持续发展的理想城镇景观环境。景观生态设计首先应有强烈的生态保护意识。在城市发展过程中，不可能保护所有的自然生态系统，但是在其演进更新的同时，根据城市生态法则，保护好一批典型而有特色的自然生态系统，对保护城市生物多样性和生态多样性以及调节城市生态环境具有重要的意义。

4. 利用、发掘自然的潜力

可持续景观建设必须充分利用自然生态基础。所谓充分利用，一是保护，二是提升。充分利用的基础首先在于保护。原生态的环境是任何人工生态不可比拟的，必须采取有效措施，最大限度地保护自然生态环境。其次是提升。提升是在保护基础上的提高和完善，通过工程技术措施维持和提高其生态效益以及共享性。充分利用自然生态基础建设生态城市，是生态学原理在城市建设中的具体实践。从实践经验看，只有充分利用自然生态基础，才能建成真正意义上的生态城市。

不论是建设新城还是旧城改造，城市环境中的自然因素是最具地方性的，也是城市特色所在。全球文化趋同与地域性特征的缺失，使“千园一面”的现象较为突出。如何发掘地域特色、解读地景、有效利用场地特质，成为城市景观环境建设的关键点。

可持续城市景观环境设计首先应做好自然的文章，发掘资源的潜力。自然生境是城市中的镶嵌斑块，是城市绿地系统的重要组成部分。但是由于人工设施的建设造成斑块之间联系甚少，自然斑块的“集聚效应”未能发挥应有的作用。能否有效权衡生态与城市发展的关系是可持续城市景观环境建设的关键所在。

生态观念强调利用环境绝不是单纯地保护，如同对待文物一般，而是要积极地、妥当地开发并加以利用。从宏观层面来讲，沟通各个散落在城市中和城市边缘的自然斑块，通过绿廊规划以线串面，使城市处于绿色“基质”之上；从微观层面来讲，保持自然环境原有的多样性，包括地形、地貌、动植物资源，使之向有助于健全城市生态环境系统的方向发展。

南京帝豪花园紧邻钟山风景区，古树婆娑、碧水荡漾，原有景观环境很好，建筑充分理解自然条件，与环境有机融合。国外许多城市在建设过程中，都注重利用、发掘自然环境。法国塞纳滨河景观带在很多地段均采用自然式驳岸、缓坡草坪，凸显怡人风景，将自然通过河道绿化渗透到城市中，构成“城市绿模”。维也纳、卢森堡等更是注重保护城市中的自然绿地，形成“城市绿肺”“城市绿环”，绿化覆盖率都很高。

（1）模拟自然生境。在经济社会快速发展的今天，城市的扩张对自然环境造成了一定的破坏，景观设计的目的在于弥补这一现实缺憾，提升城市环境品质。“师法自然”是传统造园文化的精髓。自然生境能够较好地为植物材料提供立地条件和生长环境，模拟自然生境是将自然环境中的生境特征引入城市景观环境建设中，通过人为的配置，营造土壤环境、水环境等适合植物生长的生境条件。

生态学带来了人们对于景观审美态度的转变，20世纪60年代到70年代，英国兴起了环境运动，在城市环境设计中主张以纯生态的观点加以实施，英国在新城市和居住区景观建设中，提出“生活要接近自然环境”，但最终以失败告终。这种现象迫使设计者重新审视自己的举措，其结果是重新恢复到传统的住区景象，所谓纯生态方法的环境设计不过是昙花一现。生态学的发展并非要求我们在自然面前裹足不前、无所适从，而是要求在建设过程中找到某种平衡，纯粹自然在城市环境建设中是行不通的，生态问题也不仅是要多种树。人们在实践中不断修正思路，景观师更多地在探索“生态化”与传统审美认知之间的结合点与平衡点。

（2）生境的重组与优化。针对建成环境中某些不具备完整性、系统性的生境进行结构优化、提升生境品质。生境的重组与优化目的明确，即为解决生境因子中的某些特定问题而采取的措施。

① 土壤环境。土壤环境是生境的基础，是生物多样性的“工厂”，是动植物生存的载体。微生物在土壤环境中觅食、挖掘、透气、蜕变，它们制造腐殖土。在这个肥沃的土层上所有生命相互紧扣。但在城市环境中，土壤环境往往由于污染而变得贫瘠，不利于植物生长。

a. 土壤改良。土壤改良技术主要包括土壤结构改良、盐碱地改良、酸化土壤改良、土壤科学耕作和治理土壤污染。土壤结构改良是通过施用天然土壤改良剂和人工土壤改良剂来促进土壤团粒的形成，改良土壤结构，提高肥力和固定表土，保护土壤耕层，防止水土流失。盐碱地改良主要是通过脱盐剂技术、盐碱土区旱田的井灌技术、生物改良技术进行土壤改良。酸化土壤改良是控制废气二氧化碳的排放，制止酸雨发展或对已经酸化的土壤添加碳酸钠、硝石灰等土壤改良剂来改善土壤肥力，增强土壤的透水性和透气性。采用免耕技术、深松技术来解决由于耕作方法不当造成的土壤板结和退化问题。土壤重金属污染主要是采取生物措施和改良措施将土壤中的重金属萃取出来，富集并搬运到植物的可收割部分或向受污染的土壤投放改良剂，使重金属发生氧化、还原、沉淀、吸附、抑制和拮抗作用。

b. 表土的利用。表土层泛指所有土壤剖面的上层。其生物积累作用一般较强，含有较多的腐殖质，肥力较高。在实际建设过程中，人们往往忽视表土的重要性。在挖填土方时，将之遗弃。典型生境的恢复需要良好的土壤环境，表土的利用是恢复和增加土壤肥力的重要环节，生境恢复尽量避免客土。

② 水环境恢复。水是生命之源，是各种生物赖以生存的物质载体。水环境的恢复意在针对某些存在水污染或其他不适生长因子的地段加以修复、改良。因此，适宜的水环境营造对于典型生境的建构显得尤为重要。应根据建成环境中各类不同典型生境的要求，有针对性地构筑水环境。

鲁尔（Ruhr）是德国的工业重镇，20 世纪 80 年代后，鲁尔区工业衰退，留下的是大面积被工业设施污染的环境，生态条件很差。设计师把一些主要河流进行优化，恢复地带性生境，景观环境逐步改善。现在，鲁尔区工业遗存景观与自然景观和谐并存，成为莱茵河畔特殊的风景。公园景观实现了过去与现在、精细与粗糙、人工与自然和谐交融，充分体现了可再生景观理念。

（三）集约化景观设计方法

1. 集约化景观设计

景观环境规划设计要遵循资源节约型、环境友好型的发展道路，就必须以最少的用地、最少的用水、适当的资金投入、选择对生态环境最少干扰的景观设计营建模式，以因地制宜为基本准则，使园林绿化与周围的建成环境相得益彰，为城市居民提供最高效的生态保障系统。建设节约型景观环境是落实科学发展观的必然要求，是构建资源节约型、环境友好型社会的重要载体，是城市可持续发展的生态基础。集约型景观不是建设简陋型、粗糙型城市环境，而是控制投入与产出比，通过因地制宜、物尽其用，营建彰显个性、特色鲜明的景观环境，引导城市景观环境发展模式的转变，实现城市景观生态基础设施量增长方式的可持续发展。建设集约化景观，就是在景观规划设计中充分落实和体现“3R”原则，即对资源的减量利用、再利用和循环利用，这也是走向绿色城市景观的必由之路。

2. 集约化景观设计体系

推动集约化景观规划设计理论与方法的创新，关键要针对长久以来研究过程中普遍存在的主观性、模糊性、随机性的缺陷以及随之产生的工程造价和养管费用居高不下、环境效应不高等问题。集约化景观设计体系以当代先进的量化技术为平台，依托数字化叠图技术、GIS 技术等数字化设计辅助手段，由环境分析、设计、营造到维护、养管，建立全程可控、交互反馈的集约化景观规划设计方法体系，以准确、严谨的指数分析，评测、监控景观规划设计的全程，科学、严肃地界定集约化景观的基本范畴，集约化景观规划设计如何操作，进行集约化景观规划设计要依据怎样的量化技术平台是集约化设计的核心问题，进而为集约化景观规划设计提供明确、翔实的科学依据，推动其实现思想观念、关键技术、设计方法的整合创新，向“数字化”的景观规划设计体系迈出重要的一步。

集约化景观环境设计方法研究以创建集约、环保、科学的景观规划设计方法为目标，以具有中国特色的集约理念所引发的景观环境设计观念重构为契机，探讨集约化景观规划设计的实施路径、适宜策略及其技术手段，以实现当代景观规划设计的观念创新、机制创新、技术创新，进而开创可量化、可比较、可操作的集约化景观数字化设计途径为目的。

3. 绿色建筑评估体系

自20世纪70年代的能源危机以来，以节约能源与资源、减少污染为核心内容的可持续发展的设计理念逐渐成为景观建筑师们努力的方向。在生态科学与技术的支撑下，重新审视景观设计，突破传统的唯美意识的局限。绿色建筑评估体系（LEED）认证作为美国民间的一个绿色建筑认证奖项，由于其成功的商业运作和市场定位，得到了世界范围内的认可和追随，虽然其中不乏质疑者缕缕不绝的批判声音，如美国价值观的全球化对地方主义的影响，美国标准本身的粗放和不严谨等，但这些并没有阻碍LEED作为主流的绿色建筑评级体系得到世界上不同气候带的很多国家的认可，这些国家主要集中在北美和亚洲，其中也包含中国。LEED侧重于在设计中有效地减少环境和住户的负面影响，内容涉及五个方面：可持续的场地规划；保护和节约水资源；高效的能源利用和可更新能源的利用；材料和资源问题；室内环境质量。

LEED体系使过程和最终目的能够更好地结合，正是LEED认证体系的这种量化过程，使建筑的设计和建造过程更趋于可控化、可实践性。在旧城的更新改造和再生中，“转变”“再生”“插入”“适应性再利用”成为近几十年欧美等发达国家城市建设的主体，正如旧有城市产业用地、废弃用地、旧城历史特色街区的更新与改造，城市改造进入一个功能提升和环境内涵品质全面完善的历史新阶段。其中对城市旧有功能与城市新的发展目标和环境现实的适应性再利用，特别是将一些未充分利用和已废弃的城市土地改造为各类景观用地，则是城市发展阶段面临的一个全新要求。通过对城市中这些有缺陷空间的积极改造，赋予其新的生机和活力，促进该地区的整体协调发展。

将LEED应用于景观环境建设中，不仅能够对景观进行合理评判，同时对于服务研究规划以及指导构建能耗最少、环境负荷最小、资源利用最佳、环境效能最大的城市景观设计有显著指导意义。

二、可持续景观设计技术

实现生态可持续景观是景观设计的基本目标之一。可持续的生态系统要求人类的活动合乎自然环境规律，即对自然环境产生的负面影响最小，同时具有能源和成本高效利用的特点。生态的理性规划方法这种基于生态法则和自然过程的理性方法揭示了针对不同的用地情况和人类活动，需要营造出最佳化或最协调的环境，同时还要维持固有生态系统的运行。随着生态学等自然学科的发展，越来越强调景观环境设计系统整合与可持续性，其核心在于全面协调景观环境中各项生境要素，如小气候、日照、土壤、雨水、植被等自然因素，当然也包括人工的建筑、铺装等硬质景观等。应统筹研究景观环境中的诸要素，进一步实现景观资源的综合效益的最大化以及可持续化。

（一）可持续景观生境设计

1. 土壤环境的优化

（1）原有地形的利用。景观环境规划设计应该充分利用原有的自然山形地貌与水体资源，尽可能减少对生态环境的扰动，尽量做到土方就地平衡，节约建设投入。尊重现场地形条件，顺应地势组织环境景观，将人工的营造与既有的环境条件有机融合是可持续景观设计的重要原则。首先，充分利用原有地形地貌体现和贯彻生态优先的理念。应注重建设环境的原有生态修复和优化，尽可能地发挥原有生境的作用，切实维护生态平衡。其次，场地现有的地形地貌是自然力或人类长期作用的结果，是自然和历史的延续与写照。其空间存在具有一定的合理性及较高的自然景观和历史文化价值，表现出很强的地方性特征和功能性的作用。最后，充分利用原有地形地貌有利于节约工程建设投资，具有很好的经济性。原有地形形态利用包括地形等高线、坡度、走向的利用，地形现状水体借景和利用以及现状植被的综合利用等。

青枫公园（见图 4–2）位于常州城西新兴发展板块中，总面积约 45 hm^2。设计师采用“森林涵养水，水成就森林”的森林生态能量交换与循环运动的思想，以“生态、科普、活力”为目标，充分利用场地内原有地形和植被条件，通过园林化改造，将青枫公园营造成一个真正有生命意义的场地，实现可持续发展的城市森林生态公园。在公园建设过程中，尽量保留了场地中的原有地形，依山就势，自然与城市和谐对话，既达到了围合空间的目的，又减少了土方挖填量，有效节约了建设投入。

图 4–2 青枫公园

（2）基地表土的保存与恢复。通常建设施工首先是清理场地，“三通一平”，接着便是开挖基槽，由此而产生大量的土方，一般说来，这些表土被运出基地，倒往它处。这种做法首先改变了土壤固有的结构，其次是将富含腐殖质的表土去除，而下层土壤并不适宜栽植。科学的做法应该是将所开挖的表土保留起来，待工程竣工后，将表土回填至栽植区域，这样有助于迅速恢复植被，提高植栽的成活率，起到事半功倍的效果。

在进行景观环境的基地处理时，注意要发挥表层土壤资源的作用。表土是经过漫长的地球生物化学过程形成的适于生命生存的表层土，它对于保护并维持生态环境扮演了一个相当重要的角色。表土中有机质和养分含量最为丰富，通气性、渗水性好，不仅为植物生长提供所需养分和微生物的生存环境，而且对于水分的涵养、污染的减轻、微气候的缓和都有相当大的贡献。在自然状态下，经历 100 ~ 400 年的植被覆盖才得到 1 cm 厚的表土层，可见其难得与重要性。千万年形成的肥沃的表土是不可再生的资源，一旦破坏，是无法弥补的损失，因此基地表土的保护和再利用非常重要。另外，一定地段的表土与下面的心土保持着稳定的自然发生层序列，建设中保证表土的回填将有助于保持植被稳定的地下营养空间，有利于植物的生长。

在城市景观环境设计中，应尽量减少土壤的平整工作量，在不能避免平整土地的地方应将填挖区和建筑铺装的表土剥离、储存，用于需要改换土质或塑造地形的绿地中。在景观环境建成后，应清除建筑垃圾，回填同地段优质表土，以利于地段绿化。

（3）人工优化土壤环境。为了满足景观环境的生境营造，体现多样化的空间体验，需要人为添加种植介质，这就是所谓的人工土壤环境。这种人工土壤环境的营造并不是单一的“土壤”本身，为了形成不同的生境条件，通常需要多种材料的共同构筑。

作为旧金山首个可持续性建筑项目之一，新的加州科学馆拥有 10 117 m² 的绿色屋顶，它强调了生境的品质和连贯性。伦佐·皮亚诺建筑工作室邀请了 SWA 和园艺顾问鲍尔·凯法特共同设计“绿色屋顶”。该项目的设计将周边的自然景观分三层设置，使之错落有致，跃然建筑屋顶之上，充满生机与活力。覆盖植被的屋顶轮廓与下面的设施、办公室和展厅相得益彰。由于部分山体坡度达 60°，不利于植被种植，所以设计师在种植屋顶植被前进行了大量的测试，设计了等比模型，利用这些模型来测试锚固系统和构建植被生长基础的多层土壤排水系统。底部纵横交错的石笼网不仅可以充当屋顶的排水渠道，同时又支撑由压缩椰壳做成的种植槽。植被首先在场地外被植入种植槽内，成活之后再运往现场，然后人工放置在石笼网内的防水绝缘材料上。这些种植槽作为支撑结构，随着植物的生长最终降解融于土壤之中。屋顶灌溉主要依靠自然灌溉，而非机械灌溉，除了采用节水的种植方式外，从屋顶收集的以及流失的雨水都被回收到地下水中（见图 4–3）。

图 4–3　加州科学馆的屋顶

2. 水环境的优化

景观环境中大量使用硬质不透水材料作为铺装面，如传统沥青混凝土、水泥混凝土、湿贴石材等块状铺装材料等，这些铺装均会造成地表水流失。沟渠化的河流完全丧失滨河绿带的生态功能。一方面，加剧了人工景观环境中水的缺失，导致土壤环境的恶化；另一方面，则需要大量的人工灌溉来弥补景观环境中水的不足，从而造成不必要的浪费。

改善水环境，首先是利用地表水、雨水、地下水，这是一种低成本的方式；其次是对中水的利用，然而中水利用成本较高，且存在着二次污染的隐患，生活污水中有害物质均对环境有害，而除去这些有害成分的成本高昂。根据研究，总面积在 5×10^4 m² 以上的居住区，应用中水技术具有经济上的可行性。例如，在南京某住区设计之初，期望将中水回用作为景观环境用水，结果由于中水回用设备运营费用过高，被迫停用。因此，在相关技术未有大幅改进的前提下宜慎用中水。

（1）地表水、雨水的收集（雨水平衡系统）。在所有关于物质和能量的可持续利用中，水资源的节约是景观设计当前所必须关注的关键问题之一，也是景观设计师需着力解决的方面。城市区域的雨水通常会为河流与径流带来负面的影响。受到污染的雨水落在诸如屋顶、街道、停车场、人行道的城市硬质铺装上，每一次降水都会将污染物冲刷到附近的水道中；而且硬质铺装的表面使得雨水流动更快，量也更大，原本这些雨水都应该渗透到自然景观区域的土壤当中。城市中无处不在的硬质铺装地面加速雨水流入河流，因此洪水泛滥的可能性也更大。

因为缺少相应的管理，城市发展的污染依然非常严重，世界上许多城市都面临着这个问题。美国环境保护局已经开始关注城市雨水成为水体污染的重要来源这个问题。面对中国城市普遍存在水资源短缺、洪涝灾害频繁、水污染严重、水生栖息地遭到严重破坏的现实，景观设计师可以通过对景观的设计，从减量、再用和再生三方面来缓解中国的水危机。具体内容包括通过大量使用乡土和耐旱植被，减少灌溉用水；通过将景观设计与雨洪管理相结合，来实现雨水的收集和再用，减少旱涝灾害；通过利用生物和土壤的自净能力，减轻水体污染，恢复水生栖息地，恢复水系统的再生能力等。可持续的景观环境应该努力寻求雨水平衡的方式，雨水平衡也应该成为所有可持续景观环境设计的目标。地表水、雨水的处理方法突出将“排放”转为“滞留”，使其能够在自然景观中“生态循环”和“再利用”，雨水落在基地上，经过一段时间与土地自身形成平衡。雨水只有渗入地下，并使土壤中的水分饱和后才能成为雨水径流。一块基地的表面材料决定了成为径流的雨水量。开发建设会造成可渗水表面减少，使雨水径流量增加。不透水材料建造的停车场阻碍了雨水渗透，从而打破了基地雨水平衡。不谨慎的建设行为会使场地的雨水偏离平衡。不透水的表面会使雨水无法渗透到土壤中，进而影响蓄水层和与之相连的河流，从而产生污染。综合的可持续性场地设计技术能够帮助实现和恢复项目的雨水平衡，它强调雨水收集、储存、使用的无动力性。最具有代表性的是荷兰政府1997年强调实施可持续的水管理策略，其重要内容是“还河流以空间”。以默兹河为例，具体包括疏浚河道、挖低与扩大漫滩、退堤以及拆除现有挡水堰等，其实质是一个大型的自然恢复工程。

改善基底，提高渗透性主要指通过建设绿地、透水性铺地、渗透管、渗透井、渗透侧沟等，令地面雨水直接渗入地下，涵养地下水源，同时也可缓解住区土壤的板结、密实，有利于植物的生长。日本早在20世纪80年代初就开始推广雨水渗透计划。有资料表明，利用渗透设施对涵养地下水、抑制暴雨径流十分明显。东京附近面积达22×10^4 m²、平均日降雨量69.5 mm的降雨区，由于实施雨水渗透技术，平均流出量由原来的37.59 mm降到5.48 mm，储水效率大为改观，也未发现对地下水造成污染。

无论是单体建筑还是大型城市，应该严格实行雨洪分流制，针对不同地域的降水量、土壤渗透性及保水能力分别对待。首先，尽可能截留雨水、就地下渗；其次，通过管、沟将多余的水资源集中储存，缓释到土壤中；再次，在暴雨期超过土壤吸纳能力的雨水可以排到建成区域外。

雨水收集面主要包括屋面、硬质铺装面、绿地三个方面。

① 屋面雨水收集系统类型与方式。

a. 外收集系统：檐沟、雨水管。

b. 内收集系统：由屋面雨水斗和建筑内部的连接管、悬吊管、立管、横管等雨水管道组成。屋面雨水收集过程中，可以采用截污滤网、初期雨水弃流装置等控制水质，去除颗粒物、污染物。

② 硬质铺装面（道路、广场、停车场）雨水收集系统类型与方式。

a. 雨水管、暗渠蓄水：采用重力流的方式收集雨水。

b. 明沟截流蓄水：采用明沟砂石截流和周边植被带种植，不仅可以起到减缓雨水流速、承接雨水流量的作用，同时，借助生物滞留技术和过滤设施，还能够有效防止受污染的径流和下水道溢出的污染物流入附近的河流。在这些景观区通过竖向设计调整高程，以便收集雨水，并使雨水经过滤后渗入地下。明沟截流可以降低流速，增加汇集时间，改善透水性并有助于地下水回灌。同时，这些明沟可以增加动物栖息地，提高生物多样性。

劳瑞·欧林景观事务所与尼区工程公司合作在麻省理工学院斯塔塔中心的基地中设计了一个创新型雨水处理系统（见图 4-4），可以保持场地内 100% 的降水量。雨水处理系统场地下是斜坡式的蓄水池。这个蓄水池就是中心的花园，上面种植本土湿地物种，大约可以保持 1.82 m 深的水量。通过植物、沙砾和土壤渗透的雨水都被储存到了地下的蓄水池中，每天使用太阳能水泵循环两次。循环雨水可以作为灌溉和中心盥洗室使用。设计利用 91 m 长的本土石头、沙砾、大石头组成的区域分别将这个水池放置在湿地植物与干地植物之下。降雨时期的排水口则是一个金属石笼。这个措施不仅减少了 90% 的地表径流，而且每年可节约大量的水。

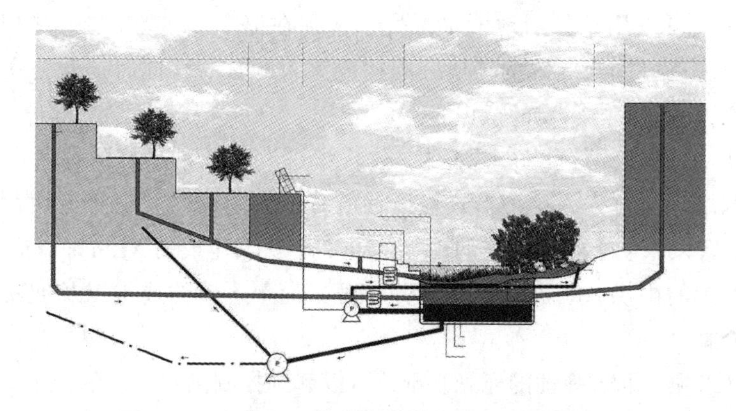

图 4-4　麻省理工学院斯塔塔中心雨水处理系统

2.25 hm^2 的水之园是美国俄勒冈公园内一块成熟的湿地和水生植物展示园区，也是湿地处理和城市废水再利用的典范。同时，水之园也进一步向人们展示了野生动植物栖息地和水的再利用处理场地也可以是如此美丽的一个植物园。对于游客的教育意义在于它传达的可持续环境的含义。水之园的设计有机地将公园的科普、示范、生境及湿地水景营造结合起来。整个地势从高到低，水之园被规划成了三个区域，土方基本实现挖填平衡。最高区域平台的水池拥有很多原生植物，园内原有的石头和干木为野生动植物构架栖息地。这里只有一部分对游客开放。污水从高一层的水池流入一个 0.45 m 深的黏土池，即污水处理池。中间地带有多个水池，还有一个观景台和游步道。这片区域可以提供有关湿地和野生动物方面教育与研究的信息及机会。最低的区域包括供参观的水生植物展示池，位于入口一级园路旁。

c. 街道雨洪设施：绿色基础设施是场地雨水管理和治理的一种新方法。在雨水管理和提升水质方面比传统管道排放的方式有效。建设的一些生态洼地和池塘都是典型的绿色基础设施，可以为城市带来多方面的好处。通过道路路牙形成企口收集、过滤雨水，将大量雨水流限制在种植池中，通过雨水分流策略，减轻下水道荷载压力，避免将雨水径流集中在几个“点”，而是将雨水分布到基地各处的场地中。同时，考虑到人们集中活动和车辆的油泄漏等污染问题，应避免建筑物、构筑物、停车场上的雨水直接进入管道，而是要让雨水在地面上先流过较浅的通道，通过截污措施后进入雨水井。这样沿路的植被可以过滤掉水中的污染物，也可以增加地表渗透量。线性的生态洼地是由一系列种有耐水植物的沟渠组成的，通常出现在停车场或是道路沿线。还有一些通过植物和土壤中的天然细菌吸收污染物来提升水质的系统。洼地和池塘都可以在解除洪水威胁之前储存雨水。这些系统当中一些可以用于补给地下水，另一些则在停车场上方，要保持不能渗透。绿色基础设施也可以与周围的环境一起构成宜人的景观，同时提升公众对于雨水管理系统的认识和增强水质的意识。

NESiskiyou 绿色街道（见图 4-5）被认为是波特兰市最好的绿色街道雨洪改造工程实例之一。首先，这种形式可以在所有地方用雨洪收集管道代替典型的住宅街道停车区，以便于收集流失的雨水。2003 年秋天建成的 NESiskiyou 绿色街道，例证了可持续的雨洪管理原理，并充分体现了简单、节约成本以及创新的设计解决方案的价值。

d. 充气水坝：通过弹性的充气基础，可以起到控制洪水分流的作用，迅速将巨大水流调节变小，化整为零（见图 4-6）。

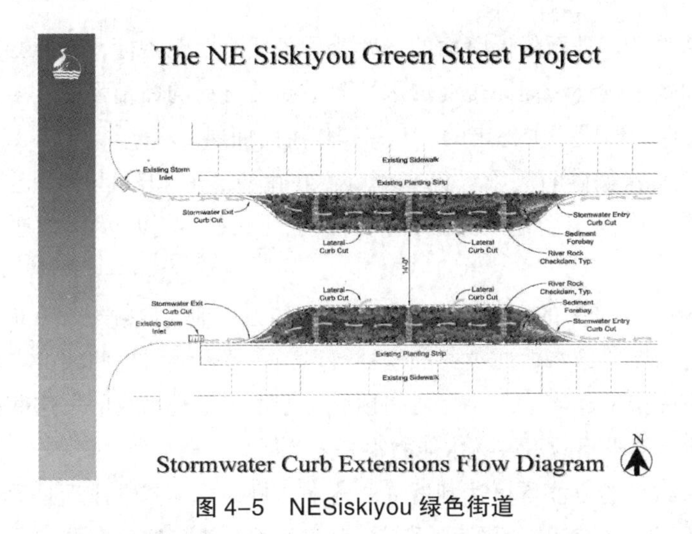

图 4-5　NESiskiyou 绿色街道

图 4-6　充气水坝

e. 透水铺装：改善景观环境中铺装的透气性、透水性，通过透水材料的运用，迅速分解地表径流，渗入土壤，汇入集水设施。

多孔的铺装面：现浇的透水性铺装面层使用多孔透水性沥青混凝土、多孔性柏油等材料。多孔性铺装的目的是从生态学角度处理车辆的汽油，从排水中除去污染物质，把雨水循环成地下水，分散太阳的热能，让树根呼吸，也是在恢复城市自然环境的循环机能基础上确立的。但是多孔性柏油的半液体黏合剂堵塞透气孔，会使植物根系呼吸不良，影响植物的生长。而多孔性混凝土因为具有多孔结构会降低骨料之间的黏结强度，进而降低路面的强度及耐久性等性能指标，因此必须注意通过添加特殊添加剂来改善和提高现浇透水性面层黏结材料的黏结强度。多孔的铺装面能够增强渗透性，形成一个稳定的、有保护作用的面层。

散装的骨料：如碎石路面、停车场等。在南京大石湖景区中，运用碎石作为路面铺装，有效提高了场地的透水性，减少了硬质材料对自然环境地表水流动的阻隔。

块状材料："干铺"的方式使用块状材料，如道板细石混凝土、石板等整体性块状材料。块材面层的透水性通过两种途径实现，一种是透水性的块材本身就有透水性，另一种是完全依靠接缝或块材之间预留孔隙来实现透水目的。这两种方式中所使用的面层块材本身不透水或透水能力很有限，如草坪格、草坪砖等。

上述三种常用的方法均可达到透气、透水的目的，其基本原理是通过面层、垫层、基层的孔洞、空隙实现水的渗透，从而达到透水的目的。在技术层面上应该注意区别道路铺装面的荷载状况而分别采用不同的垫层及基层措施。上述三种方法各有利弊，如透水混凝土整体性最强，其表面色彩、质地变化多，但随着时间的推移，由于灰尘等细小颗粒的填充，透水混凝土的透水率会逐渐降低，最终失去透水的能力。比较而言，散状骨料的适应面最宽，只要妥善处理面层、垫层及基层级配，这种铺装面几乎可以适用于任何一种景观环境，具有造价低、构造简单、施工便捷、易维护等多种优点。块状材料透水铺装面主要用于步行场合，不适宜重荷载碾轧，否则会由于压力不均而致路面塌陷变形。

（2）中水处理。中水回用景观设计是当今城市住区环境规划中体现生态与景观相结合的一项有多重意义的课题，对于应对全球性水资源危机、改善城市环境有着非常重要的价值。将生活污水作为水源，经过适当处理后做杂用水，其水质指标介于上水和下水之间，称为中水，相应的技术称为中水处理技术。经处理后的中水可用于厕所冲洗、园林灌溉、道路保洁、城市喷泉等。对于淡水资源缺乏、城市供水严重不足的缺水地区，采用中水技术既能节约水源，又能使污水无害化，是防治水污染的重要途径，也是我国目前及将来长时间内重点推广的新技术、新工艺。

中水处理技术类型有如下几种。

① 物理技术：包括沉淀法、过滤法、气浮法等技术措施。沉淀法是利用重力作用使污染水中重于水的固定物质沉淀；过滤法是将水通过滤料或多孔介质，通过吸附作用和物理筛滤截流水中悬浮物；气浮法是利用细小气泡和细微颗粒之间的吸附作用使污染物形成实际密度小于水的漂浮物，从而起到与污水隔离的作用。

② 生物处理技术：包括好氧生物处理法和厌氧生物处理法。根据微生物的呼吸

特性，采用一定的人工措施营造有利于微生物生长繁殖的环境，使微生物大量繁殖，以提高微生物氧化分解有机物的能力，达到净水目的。

③ 净水生境系统：将污染物迁移转化后外移，通过植物的吸收、吸附、截留、过滤作用，降解、转化水体中的有机污染物。湿地结构模式快速的水循环和对富营养物高效的新陈代谢，对污水的处理特别有效。高渗透性的矿物材料确保基质的多孔性和孔隙度，有利于植物的生长。净化生境系统在降解微粒和分解有机物方面十分有效。有氧水生微生物和一些植物的根系形成共生关系，这些微生物能够促进碳的化合物的分解。同时，也应该看到，在某些污染严重的水体中由于生境破坏严重导致植物生长困难。另外，考虑到植物生长周期、生长速度，应避免因其过度生长或组织沉淀而造成水体的二次污染。

（二）可持续景观种植设计

近年来，在部分景观环境建设过程中，过分追求“立竿见影”“一次成型”的视觉效果，将栽大树曲解为移植老树，从而忽略了植被的生态功能，大量绿地存在功能单一、稳定性差、易退化、维护费用高等问题。可持续景观种植设计注重植物群落的生态效益和环境效益的有机结合。通过模拟自然植物群落、恢复地带性植被、多用耐旱植物种等方式实现可持续绿色景观，建构起结构稳定、生态保护功能强、养护成本低、具有良好自我更新能力的植物群落。

1.地带性植被的运用

自然界植物的分布具有明显的地带性，不同的区域自然生长的植物种类及其群落类型是不同的。景观环境中应用的地带性植被，是对光照、土壤、水分适应能力强，植株外形美观、枝叶密集，具有较强扩展能力，能迅速达到绿化效果且抗污染能力强、易于粗放管理，种植后不需要经常更换的植物。地带性植物栽植成活率高，造价低廉，常规养护管理费用较低，往往无须太多管理就能长势良好。地带性植物群落还具有抗逆性强的特点，自成群落，生态保护效果好，在城市中道路、居住区等生态条件相对较差的绿地也能适应生长，从而大大丰富了景观环境的植物配置内容。地带性树种根系深而庞大，能疏松土壤、调节地温、增加土壤腐殖质含量，对土壤的熟化具有促进作用。

在立地条件适宜地段恢复地带性植物时，应该大量种植演替成熟阶段的物种，首选乡土树种，组成乔、灌、草复合结构，在一定条件下可以抚育野生植被。城市生物多样性包括景观多样性，是城市人们生存与发展的需要，是维持城市生态系统平衡的基础。城市景观环境的设计借助园林景观类型的多样化以及物种的多样性等来维持和丰富城市生物多样性。因此，物种配置以本土和天然为主，这种地带性植物多样性和异质性的设计，将带来动物的多样性，能吸引更多的昆虫、鸟类和小动物来栖息。南京地铁一号线高架站广场景观环境设计中，大量使用地带性落叶树种，如榉树、朴树、黄连木、马褂木等，形成四季分明的植物景象。

北京塞纳维拉居住区运用杨树来营造一种“白杨乡土景观”（见图4-7）。在一个高档社区中使用了最便宜却具有地域特征的树木，不仅提升了住区的品质，而且在改善景观环境质量的同时，节约造价，合理科学的设计实现了景观的可持续。塞纳维拉居住区以北方常见的新疆杨为主要的景观元素，简单地规则种植，力图以其高大挺拔的风姿将建筑掩映其间，它们统一了场地并构成了最显著的地域特征和地域标识。与此同时，杨树林下以草坪和地被植物做基底，这些地被植物用来保持水土、界定道路。局部配置早园竹丛，点缀季节特征显著的花灌木，作为低空屏障既可挡风又可增添视觉趣味，从而有助于形成简洁而有力度的种植，它们共同构成极具地带性特色的景观。

图4-7　塞纳维拉居住区的白杨

强调地带性植物的意义，并非绝对排斥外来植物种类，如广泛分布于长江流域的悬铃木、雪松等。但是，目前很多城市景观是由非本地或未经驯化培育的植物组成的。这些植物在生长期往往需要大量的人工辅助措施，并且长势及景观效果欠佳。以南京鼓楼北极阁广场上的银海枣为例，保护它们正常越冬是每年必不可少的工作，大大增加了养管费用。同时，这些新引进的树种由于对气候不适应，往往生长状况差，根本达不到原产地的效果。外来树种引种需有一个适应环境的过程，其周期较长，因此引种须慎重。

2. 群落化栽植——“拟自然景观”

自然界树木的搭配是有序的，乔、灌、草级分布，树种间的组合也具有一定的规律性。它们的组合一方面与生境条件相关，另一方面又与树种的生态习性有关。对于景观师而言，通过模拟地带性自然植物群落以营造景观是相对有效的办法，一方面可以强化地域特色，另一方面也可以避免不当的树种搭配。模拟自然景观的目的在于将自然环境的生境特征引入城市景观环境建设中。模拟自然植物群落、恢复地带性植被的运用，可以构建出结构稳定、生态保护功能强、养护成本低、具有良好自我更新能力的植物群落。这样不仅能创造清新、自然的绿化景观，而且能产生保护生物多样性和促进城市生态平衡。

植物群落所营造的是拟自然、原生态的景象。种植设计中，要注意栽植密度的控制，过密的种植会不利于植物生长，从而影响景观环境的整体效果。在技术上，应尽量模拟自然界的内在规律进行植物配置和辅助工程设计，避免违背植物生理学、生态学的规律进行强制绿化。植物栽植须在生态系统允许的范围内，使植物群落乡土化，进入自然演替过程。如果强制绿化，就会长期受到自然的制约，从而可能导致灾害，如物种入侵、土地退化、生物多样性降低等的发生。

拟自然植物群落的基本方法：生物多样性不是简单的物种集合，植物栽植应尽可能提高生物多样性水平。植物配置时，既要注重观赏特性对应互补，又要使物种生态习性相适应；尊重地带性植物群落的种类组成、演替规律和结构特点，以植物群落作为绿化的基本单元，再现地带性群落特征。顺应自然规律，利用生物修复技术，构建层次丰富、功能多样的植物群落，提高自我维持、更新和发展能力，增强绿地的稳定性和抗逆性，减少人工管理力度，最终实现景观资源的可持续维持与发展。

3. 不同生境的栽植方法

进行植物配置时，要因地制宜、因时制宜，使植物正常生长，充分发挥其观赏特性，避免为了达到所谓的景观效果而采取违背自然规律的做法。例如，大面积的人工草坪不仅建设与养管成本高，而且由于需要施肥，当大面积草坪与水面相临时，就难免使水富营养化，从而带来水环境的恶化。

生态位是指物种在系统中的功能作用以及在时间、空间中的地位。景观规划设计要充分考虑植物物种的生态位特征，合理选择、配置植物群落。在有限的土地上，根据物种的生态位原理实行乔、灌、藤、草、地被植被及水面相互配置，并且选择各种生活型以及不同高度、颜色、季相变化的植物，充分利用空间资源，建立多层次、多结构、多功能科学的植物群落，构成一个稳定的、长期共存的复层混交立体植物群落。

树种的选择主要受生态因子的影响，就景观栽植而言，一方面是依据基地条件而选择相适宜的树种；另一方面是着眼于景观与功能，改善环境条件而栽植某些植物种。树木与环境间是一种“互适”的关系。以“适地适树”为根本原则，在确保植物成活率的同时，降低造价及日常的养护管理费用。

合理控制栽植密度，植物配置的最小间距为$D=\frac{A+B}{2}$，其中A、B为相邻两株树木的冠幅，D为两株树木的间距。复层结构绿化比例，即乔、灌、草配植比例是直接影响场地绿量、植被、生态效应和景观效应的绿化配置指标。据调查研究，理想的景观环境为100%绿化覆盖率，复层植物群落占绿地总面积的40%～50%，群落结构一般三层以上，包括乔木、灌木、地被。

（1）建筑物附近的栽植。景观环境中，通过种植设计形成良好的空间界面，与建筑物达成一定的对话关系。建筑周边立地条件复杂，通常地下部分管线、沟池等占据了地下空间，自然生长的植物、材料具有两极性，即植物的地下部分与地上部分具有相似性。树木的地上、地下部分都在生长，因此地上、地下都必须留出足够的营养空间。所以，在种植设计过程中，不仅要考虑植物、材料地上部分的形态特征，同时也要预测到植物生长过程中其根系的扩大变化，以避免与建筑基础管线产生矛盾。靠近建筑物附近的树木往往根系延伸至建筑室内地下，一方面会破坏建筑物的基础，另一方面由于树木的根系吸收水分，可引起土壤收缩，从而使室内地面出现裂纹。尤其是重黏土、龟裂现象更为明显。其中榆树、杨树、柳树、白蜡等树种容易造成此类现象，因此在种植设计时必须保持足够的距离，通常至少保持与树高同等的距离。

（2）湿地环境植物栽植。水生植物常年生活在水中，根据生态习性的不同，可以划分为五种类型，分别适宜生长在不同水深条件中。挺水植物常分布于0～1.5 m的浅水处，其中有的种类生长于潮湿的岸边，如芦、蒲草、荷花等；浮水植物适宜水深为0.1～0.6 m，如浮萍、水浮莲和凤眼莲等；沉水植物的植物体全部位于水层下面，如苦草、金鱼藻、黑藻等；沼生植物是仅植株的根系及近于基部地方浸没水中的植物，一般生长于沼泽浅水中或地下水位较高的地表，如水稻、菰等；水缘性植物生长在水池边，从水深0.2 m处到水池边的泥里都可以生长。

不同水生植物除了对栽植深度要求有所不同外，对土壤基质也有相应的要求，景观栽植中应注意不同水生植物的生态习性，创造相应的立地条件。

（3）坡面栽植。土石的填挖会形成边坡土石的裸露，造成水土流失、影响植被生长。坡面栽植可美化环境，涵养水源，防止水土流失和滑坡，净化空气，具有较好的环保意义。

坡面栽植效果如何在很大限度上取决于植物材料的选用。发达根系固土植物在水土保持方面有很好的效果，国内外对此研究也较多。采用发达根系植物进行护坡固土，既可以固土保沙，防止水土流失，又可以满足生态环境的需要，还可进行景观造景，在城市河道护坡方面可借鉴。固土植物可以选择的主要有沙棘林、刺槐林、黄檀、胡枝子、池杉、龙须草、金银花、紫穗槐、油松、黄花、常青藤、蔓草等，在长江中下游地区还可以选择芦苇、野茭白等，具体根据该地区的气候选择适宜的植物品种。

按栽种植物方法不同分为：栽植法和播种法。播种法主要用于草本植物的绿化，其他植物绿化适用栽种法。播种法按使用机械与否，又可分为机械播种法和人工播种法；按播种方式不同还可分为点播、条播、撒播。

下面介绍三类坡面栽植技术。

① 陡坡栽植（坡度大于 25° 的坡面）：注意坡面防护，植物可选用灌木、草本类植物，可在边坡上打桩，设置栅栏、浆砌石框格以利于边坡稳定和植物生长。但这些措施并不能保证边坡长久的稳定，后期还要维护和管理。对于重要边坡，可选用植生混凝土绿化。

② 高硬度土质边坡栽植：当土壤抗压强度大于 15 kg/cm^2 时，植物根系生长受阻，植物生长发育不良。在这种情况下，可采用钻孔、开沟、客土改良土壤硬度，也可以用植生混凝土绿化。

③ 岩石坡面栽植：岩石坡面属高陡边坡，立地条件差、栽植技术复杂、成本高、养管难度大，非特殊地段及需要不应该过度人为绿化。对于稳定性良好的岩坡，可考虑藤本植物绿化。在坡面附近或坡底置土，其上栽种藤本植物，藤本植物生长、攀缘、覆盖坡面。对于稳定性较差的岩坡，应充分考虑坡面防护。先在岩坡上挂网，采用特定配方的含有草种的植生混凝土，用喷锚机械设备及工艺喷射到岩坡上，植生混凝土凝结在岩坡上后，草种从中长出，覆盖坡面。

植生混凝土主要由多孔混凝土、保水材料、难溶性肥料和表层土构成。多孔混凝土是植被型生态混凝土的骨架。表层土铺设于多孔混凝土表面，形成植被发芽的空间并减少混凝土中水分蒸发，同时提供植被发芽初期的养分。采用喷洒植生混凝土的护坡绿化技术，能够在坡度超过 20% 的岩石上拉网喷射一层植被混凝土。但由于植生混凝土成本过高，推广应用尚比较困难。国内开始研究适合岩石边坡喷射施工的水泥生态种植基。水泥生态种植基是由固体、液体和气体三相物质组成的具有一定强度的多孔人工材料。固体物质包括粗细不同的土壤矿物质颗粒、胶结材料、肥料和有机质及其他混合物。在种植基固体物质之间是形状和大小均不相同的空隙，空隙由成孔材料产生，成孔材料采用稻草秸秆，空隙中充满水分和空气。

生态笼砖边坡复绿技术是采用工厂生产配制的栽培基质加黏合剂压制成砖状土埋，在砖坯上播种草花灌等植物种子，经养护后，砖坯内长满絮状草根的绿化草砖，将草砖装入过塑网笼砖内，形成绿化笼砖，将笼砖固定在岩质坡面上，达到即时绿化效果，解决了75° 以上的石壁边坡绿化难题。但由于工程造价较高，推广受到限制。

生态植被袋：生物防护技术是将选定的植物种子通过两层浆纸附着在可降解的生态植被袋的内侧，在施工时在植被袋内装入营养土，封口按照坡面防护要求码放，经过浇水养护，能够实现施工现场的生态修复。生态植被袋既可以用于土石坡面，也可以用于岩石坡面，但坡度较陡时坡面不宜太长。生态植被袋是用高分子聚乙烯及其他材料制成，耐腐蚀性强，对植物友善。生态植被袋有过滤功能，在允许水通过时，可以防止颗粒渗透，透水不透土，具有水土保持的关键特性。

灌木护坡技术有利于土方加固和大体积稳定。在边坡上开挖种植企口，形成种植台地，栽植灌木。

（4）屋顶栽植。屋顶栽植作为一种不占用地面土地的绿化形式，其应用越来越广泛。屋顶栽植的价值不仅在于能为城市增添绿色，而且能减少建筑材料屋顶的辐射热，降低城市的热岛效应、改善建筑的小气候环境、提高建筑物的热工效能，形成城市的空中绿化系统，对城市环境有一定的改善作用。

屋顶栽植的技术问题是一个核心问题。对于屋顶绿化来讲，首先要解决的是建筑的防水问题。不同的屋顶形式需选择不同的构造设施。倘若屋顶的种植植物还是按照地面的栽植方式则不适合。考虑到屋顶栽植存在置换不便的现实问题，因此植物选择上要注意生命周期，尽量选取寿命长、置换便利的植物材料，置换期一般须达到10年以上。同时，屋顶基质与植物的构成是否合理也是需要慎重考虑的一个方面。在一个大坡度的屋顶覆土深度近0.5 m，如果仅种植草本植物，从设计及绿化方式的选择上是不适当的。

屋顶栽植结构层一般分为屋面结构层、保温隔热层、防水层、排水层、过滤层、土壤、植物层等。

① 保温隔热层：可采用聚苯乙烯泡沫板，铺设时要注意上下找平密接。

② 防水层：屋顶绿化后应绝对避免出现渗漏现象，最好设计成复合防水层。

③ 排水层：设在防水层上面，可与屋顶雨水管道相结合，将过多水分排出，以减轻防水层的负担。排水层多用砾石、陶粒等材料。

④ 种植层：一般多采用无土基质，以蛭石、珍珠岩、泥炭等与腐殖质、草炭土、沙土配制而成。

种植屋面的防水层兼有防水和阻止植物根穿透的功能。种植屋面常用的防水卷材主要包括改性沥青、PVC 和 EPDM。由于种植屋面荷载重、要求使用寿命长、不易维修等因素，国外采用叠层改性沥青防水层较多，但沥青基防水卷材阻根性较差，需要采取阻根剂、铝箔、铜蒸汽等手段解决这一问题。PVC 和 EPDM 防水卷材只要具有较大的厚度也可用于种植屋面单层铺设，或者铺在有沥青卷材作为下层防水的上面，组成多层防水。因此，可大力发展阻根叠层改性沥青防水层，以满足细作型重型种植屋面之需，同时适当发展和采用 PVC 及 EPDM 防水卷材，逐渐形成多元化防水材料体系。① 含有复合铜胎基的 SBS 改性沥青防水层；② PVC 防水层；③ EPDM 防水层（三元乙丙橡胶防水层）。

新建成的美国国会图书馆帕卡德园区视听资料保存中心（简称 NAVCC）占地 16×10^4 m^2，坐落于弗吉尼亚州乡间。其重要的场地设计理念包括：对原有建筑的适应性再利用；保留原有树木；使用乡土植物；雨洪管理；高度隔离性；利用窗前的拱廊遮挡夏日的阳光。屋顶有一定的坡度分级，有的地方厚度达 122 cm，有的地方厚度只有 22 cm。最薄的地方由 80% 的烘干沙土和 20% 的混合肥料组成（见图 4–8）。设计师首先绿化平坦的区域，然后在斜坡处采用湿法喷播植草，使建筑与原地形巧妙地融合在一起。斜坡的厚度只有 15 cm，种植了景天属植物和侧穗格兰马草。就色彩而言，建筑与周围的乡土色彩和谐一致（见图 4–9）。

图 4–8　帕卡德校园的屋顶

图 4–9　帕卡德校园内的植物

（三）可持续景观材料及能源

莱尔指出："生物与非生物最明显区别在于前者能够通过自身的不断更新而持续生存。"他认为，由人设计建造的现代化景观应当具有在当地能量流和物质流范围内持续发展的能力，而只有可再生的景观才可以持续发展。正如树叶凋零，来年又能长出新叶一样，景观的可再生性取决于其自我更新的能力。城市景观环境规划设计过程中，不可避免地要处理这类问题。因此，景观设计应当采用可再生设计，即实现景观中物质与能量循环流动的设计方式。绿色生态景观环境设计提倡最大化利用资源和最小化排废弃物，提倡重复使用，永续利用。

景观材料和技术措施的选择对于实现设计目标有重要影响。景观环境中的可再生、可降解材料的运用、废弃物回收利用以及清洁能源的运用等是营造可持续景观环境的重要措施，从上述诸措施着手，统筹景观环境因素间的关系，是构建可持续景观环境的重要保证。

1. 生态厕所

作为景观环境的配套环卫基础设施，生态公厕是指具有不对或较少对环境造成污染，并且能够充分利用各种资源，强调污染物自净和资源循环利用概念和功能的一类厕所。根据不同的进化措施，目前社会上已经出现了生物自净、物理净化、水循环利用、粪污打包等不同类型的生态厕所。

生态厕所的主要特点有以下几个方面。

（1）粪污无害化：将厕所所收集的粪污进行就地处理或异地处理，使粪污无害化后再回归环境。在进行粪污处理时，可以将回收粪污中的有用成分用于制肥或回收水资源，使得粪污从无害化走向资源化。

（2）节能、节水：生态厕所应具备粪便处理回收水的功能，也有一些厕所不使用或少用水冲方式而达到洁净目的。这些厕所在使用上具有独立性，特别是对水资源的需求较少，具备节水特点。还有一些厕所利用太阳能作为取暖能源。

（3）应用范围广：由于生态厕所减少了对外界资源的依赖性，所以生态厕所可以广泛地应用于环境和条件受限制的地域。在立地条件不是很理想的景观环境中，生态公厕的安装使用较普通厕所更为便利。

目前，太阳能生态公厕（见图 4-10）已经研制成功。太阳能公厕的原理是对建筑外墙进行保温，并把向阳面做成集热墙。集热墙上下部分别设可调式通风口，利用物理原理使吸热体内热空气与室内的冷空气之间形成自动循环，将太阳能转换成电能，达到冬季提高公厕内室温、防止厕内水管冻裂的目的。与有供暖的公厕相比，太阳能厕所节约了能源，节省了运行费。生态厕所采用微生物技术处理污物，污物经过除臭、分解、酵化三个步骤，并将产生的污浊气体转换成二氧化碳排放到空气中，对周围环境基本没有影响。经测试，这种环保型厕所不但具有清洁、安全、节能的功能，而且解决了过去普通厕所存在的污水再污染等问题。这种环保型厕所的投入使用，不但可以节约大量的水资源，还可大大减少城市污水的排放量。

图 4-10　太阳能公厕

为了治理生活污水污染，改变普通国标化粪池给城乡自然水体带来的严重污染，目前已经开发出安装简便、易于工厂化生产的高效一体化生物化粪池。这种产品介于化粪池和无动力污水处理设备之间，既可作为老式化粪池的更新换代，又有较好的污水净化效果，已充分体现出实用性、先进性，在景观环境中使用较为便捷。

高效一体化生物化粪池特点如下。

① 设计新颖，结构紧凑，无能耗；玻璃钢（FRP）制造，使用寿命长。

② 具备格栅、隔油、沉淀、发酵和过滤的综合功能。

③ 安装使用方便，粪渣清理简便，清掏周期长；长期使用无堵塞现象。

④ 处理效果好，出水高于常规生物化粪池出水水质。

⑤ 具有抗脉动水流冲击、防气体爆炸功能。

2. 可再生材料的使用

可持续景观材料和工程技术是指，从构成景观的基本元素、材料、工程技术等方面来实现景观的可持续，包括材料和能源的减量、再利用和再生。景观建造和管理过程中的所有材料最终都源自地球上的自然资源，这些资源分为可再生资源（如水、森林、动物等）和不可再生资源（如石油、煤等）。要实现人类生存环境的可持续，必须对不可再生资源加以保护和节约使用。但即使是可再生资源，其再生能力也是有限的，因此在景观环境中对可再生材料的使用也必须体现集约化原则。

景观环境中一直鼓励使用自然材料，其中的植物材料、土壤和水毋庸置疑，但对于木材、石材为主的天然材料的使用则应慎重。众所周知，石材是不可再生的材料，大量使用天然石材意味着对自然山地的开采与破坏，以损失自然景观换取人工景观环境显然不可取；而木材虽可再生，其生长周期长，尤其是常用的硬杂木，均非速生树种，从一定角度看运用这类材料也是对环境的破坏。不仅如此，景观环境中使用过的石材与木材均难以通过工业化的方法加以再生、利用，一旦重新改建，大量的石材与木材又会沦为建筑“垃圾”造成二次污染环境。因此，应注重探索可再生资源作为景观环境材料。金属材料是可再生性极强的一种材料，此类材料均有自重轻、易加工成型、易安装、施工周期短等优点，因此应当鼓励钢结构等金属材料使用于景观环境。除此之外，基于景观环境特殊性、全天候、大流量的特性，除可再生性能外，还应注意材料的耐久性，可以长期无须更换与养护的材料同样是符合可持续原则的。

可持续观念的材料研究，将会成为继“钢”和“混凝土”之后的又一次材料革命。“钢”和“混凝土”曾经彻底解放了建筑的结构，也使现代主义建筑运动得以成功，并加速了从手工业时代到工业时代的转变。而从后工业时代到可持续时代的过渡，则意味着对材料的新一轮的定义。因为所有的能源、资源和生态问题都因物质和材料而起。这种新的材料革命强调了充分利用材料的自然特性以及再生概念，并合理利用有限的自然资源。对景观建设而言，依据物质材料的再生概念，根据材料再生方面的不同特性，还有其加工所消耗的能源数量的不同对其加以选择和划分，选择可再生、可降解、可重复种植、重复生产和可以再利用的材料，或者直接从再生、再利用的材料中获取景观材料。同时，要求所有组成材料都能够被清晰地解读，而不会被完全纳入其他部分之中。这样失去功效的材料就能够被简单地分离、拆除，而不影响其他尚能发挥功效的材料的继续使用。

景观环境中运用的可再生材料主要包括：金属材料、玻璃材料、木制品、塑料和膜材料等几种类型。正如金属材料一样，许多新材料的运用不是从景观设计开始的，所以关注材料行业的发展，关注其他领域材料的应用，有利于发现景观中的新材料，或传统景观材料的新用法。

（1）金属材料。景观环境建设中，金属材料应用广泛。与石材等其他材料相比，它具有可再生性、耐候性、易加工性、易施工和维护等特点。在景观环境中，常用的金属材料有钢材、不锈钢、铝合金等。不锈钢不易产生腐蚀、点蚀、锈蚀或磨损，能使结构部件永久地保持工程设计的完整性。含铬不锈钢还集机械强度和高延伸性于一身，易于进行部件的加工制造，可满足景观建筑师的设计需要。耐候钢的生产原理是在钢材中加入微量元素，使钢材表面形成致密和附着性很强的保护膜，阻碍锈蚀往里扩散和发展，保护锈层下面的基体，以减缓腐蚀速度，延长材料的使用寿命。耐候钢以其独特的色彩和质感融于景观设计中，体现出别出心裁的艺术魅力。镀锌钢板是指表面电镀一层约 1 mm 厚的金属锌的钢板，具有防腐蚀的作用，在景观建筑行业应用比较广泛。可进行压缩变形的镀锌钢板给景观环境设计带来了质感美和丰富的细部。铝合金具有适当的延伸率、良好的抗腐蚀性能。

① 可再生性：金属材料属可循环利用材料，可回收再加工，不会损害后续产品的质量，环保性强。回收利用是金属的一大优势，因为熔化金属耗费的能源很少。通常金属废料的再利用率可以达到 90%，其中钢材料 100%。

② 耐候性、耐久性：许多金属材料具有良好的耐候性、耐久性。金属表面还可做涂层处理，以保护金属材料，提高耐久性。不同涂漆的性能主要表现在耐候性上。常用的涂漆方法有电泳涂漆、静电粉状喷涂、氟碳喷涂等。氟碳喷涂是目前广为使用、耐候性最佳的涂料材料。

③ 易加工性：金属材料延展性好、韧性强，易于工厂化规模加工，机械化加工精密，可以降低人工成本、缩短工期。在景观环境中其较强的可塑性可以满足设计的多样化需求。由于处理的方法不同，金属材料可呈现出不同的视觉以及触觉效果，平滑的门板、不锈钢板能体现现代技术以及工艺美；铜板材料表现出现代感与历史感的结合；波纹板则给设计带来丰富的细部；自然未处理的钢板容易留下自然和时间的印记。传统的景观材料如石材、木头等大部分为天然材料，金属这一人工材料与其他天然材料的搭配使景观的变化更为丰富，能够展现出人工美与自然美的对比与交融。金属材料形式众多、色彩丰富，能够表现出各种复杂的立体造型、纹理及质感的效果，可针对景观环境特征有选择地使用各类金属材料。

④ 易施工性：金属材料质量较轻，可以减少荷载，现场施工装配较为便利。

⑤ 易维护性：多数金属材料具有易维护的特点，材料管理便利，有效降低人工成本。

（2）玻璃材料。玻璃属于一种原料态资源，因为玻璃的主要成分是二氧化硅，一般玻璃制品不会污染环境。随着技术的发展，玻璃材料在景观环境中运用不仅限于围护构件，亦可以作为承重构件，从而增添景观的可变性和趣味性。不同的玻璃材料具有不同的内在属性，在景观环境中发挥特殊的功能作用。

① 透光性：玻璃制品最大的特性在于其透光性。不同的玻璃材料具有不同的透光度。超白玻璃是一种低含铁量的浮法玻璃，具有高透光率；玻璃砖和毛玻璃均具

有透光不透影的特点。玻璃砖的运用能给景观环境带来朦胧感，在夜景亮化中起到奇特的作用。

② 耐候性：玻璃制品一般不受自然气候的腐蚀，理论耐久年限可以超过100年。

③ 一定的机械性能。

· 钢化玻璃是一种预应力玻璃，为提高玻璃的强度，通常使用化学或物理的方法，在玻璃表面形成压应力，玻璃承受外力时首先抵消表层应力，从而提高承载能力，增强玻璃自身抗风压性、抗寒暑性、抗冲击性等。

· 夹胶玻璃强度高且破碎后玻璃碴粘连在一起，不易伤人，安全性高。在景观环境中，夹胶玻璃通常用于易受人体冲击的部位。

. 镀膜玻璃具有良好的遮光性能和隔热性能，镀膜反射率可以达到20% ~ 40%。

· 中空玻璃由于具有特殊的中空构造，大幅度提高了保温隔热性能和隔声性能，具有极好的防结露特性，适用于景观建筑、小品。

④ 易加工性：玻璃材料易于工厂化规模加工，可根据设计要求定制各种类型、形状；机械化加工精密，玻璃制品平整度较高。

（3）木制品。木材和木制品的运用在景观环境内相当丰富。木材往往具有以下材料特性。

① 热性能：木材的多孔性使其具有较低的传热性以及良好的蓄热能力。

② 机械弹性：木材是轻质的高强度材料，具有很好的机械弹性，根据木材的各向异性，在平行于纹理的方向上显示出良好的结构属性。

③ 易加工性：景观环境中的木制小品，可以根据需要加工定制。

木材取材于自然森林，虽然属于可再生材料，但是由于成材周期长，大量使用原木并不是很经济，在一定程度上也影响了原产地的生态环境。木材等天然耐腐蚀性较差，养管比较复杂，人为添加化学防腐材料往往具有二次污染。

除了原木可以作为造景材料外，植物的“废料”，如剥落的皮、叶、枝条等也可以直接或间接作为景观材料使用。

（4）塑料和膜材料。随着工业技术的不断发展，塑料制品的性能逐渐改良，一些新型的塑料和膜材料逐渐成为景观环境的构成元素，它们往往具有以下特性。

① 质轻强度高、绝缘性能高、减震性能好：有机玻璃是一种使用广泛的热塑性塑料，抗冲击强度约为等厚度玻璃的5倍，它具有极佳的透光性；PC板单位质量轻，但具有极佳的强度，它是热塑性塑料中抗冲击性最好的一种。如今广泛使用的膜材料能够很好地满足防火需求。

② 化学性能稳定：一些热塑性塑料具有良好的抗化学腐蚀性，如PC板、ETFE薄膜，后者由于耐候性较好，寿命可以长达25 ~ 30年。

③ 自洁性较好：膜材料表面采用特殊防护涂层，自洁性能好，可以大幅度减少维护费用。

④ 易于加工成形：塑料和膜材料可塑性较强，如ETFE可以加工成任何尺寸和形状，尤其适于景观环境中大跨度构筑物。膜结构的形体可以更为自由，形式众多的刚性和柔性支撑结构以及色彩丰富的柔性膜材使造型更加多样化，可以在景观空间中创造出各种自由的、更富有想象力的形体。

种植网格是通过热焊接的高密度聚乙烯条制成，具有较好的聚合量。它结合了防收缩与排水设施，为坡面提供控制腐蚀、固定地面以及挡土墙的设施。设计师可在高层建筑间的一段不宜种植的狭长地带营造出尺度宜人的实用景观，以艺术的手段解决了高层建筑所带来的压迫感。半球形绿化的形成依托于种植网格的运用，这种半球形结构使树木的根球能够保持在地坪以上。

⑤ 易施工：塑料和膜材料及支撑结构现场安装较为方便，施工周期短。

3. 可降解材料的使用

近年来，可生物降解材料是人们关注的一个热点课题。生物可降解性与可再生资源制备是两种不同的概念。天然生成的聚合物，如纤维素或天然橡胶是可生物降解的，生物可降解性与物质的化学结构有关，而不论此结构是否是由可再生资源或矿物资源制备的。

（1）纳米塑木复合景观材料。在PE/PP塑料颗粒原料中添加一定比例的含有木质纤维填料和加工助剂，经由高混机混合后，利用专用加工设备和模具可生产出具有天然木材特性的纳米PE/PP塑木复合景观及建筑材料制品。

其性能特点如下。

① 天然质感、强度高：保留了天然木纤维纹理、木质感，与自然环境相融合；摒弃了自然木材易龟裂、易翘曲变形等缺陷；这种材料的强度是木材的七倍以上。

② 可塑性强：尺寸、形状、厚度可根据设计定制；通过加入着色剂、覆膜等后期加工处理技术可制成色彩绚丽、质感逼真的各种塑木制品；加工简单，可应用木工加工方法，灵活加工，任何木加工机械都可胜任装配；可钉、可钻、可刨、可粘、可锯、可削、可磨等二次加工。

③ 良好的机械性能：阻燃性好、吸水性弱、尺寸稳定性好；具有抗腐蚀、抗摩擦、耐潮湿、耐老化、耐寒、抗紫外线、耐酸碱、无毒害、无污染等优良性能；耐候性较好，尤其适用于室外近水景观场所。

④ 易维护、寿命长：平均比木材使用时间长五倍以上，无须定期维护，降低了后期加工和维护的成本费用，使用成本是木材的 1/3 ~ 1/4，经济实用。

⑤ 质坚量轻、绿色环保：材料质坚、量轻、保温；100% 可回收循环利用，可生物降解；不含甲醛等有害物质，与环境友好、绿色环保。

（2）可生物降解固土装置。弗瑞希尔公司设计的固土装置是一种为垂直及水平种植而提出的可由生物降解的生长系统。固土装置由聚乙烯乳酸和生物聚合物制成，“口袋”型的种植钵会慢慢降解。纤维的多孔性便于雨水灌溉、空气流通和排水。聚乙烯乳酸的吸水性使其能够达到储水的作用，有利于植物的生长。

4. 废旧材料的回收利用

大量旧有的生活设施和生活资料随着人们生活方式的更新而被丢弃；旧有的工业设施也逐渐被替代或者荒废，由此产生了大量废弃的生活资料、旧房拆迁的建筑废料以及工业化的过程中所产生的废弃生产资料。

从可持续景观环境建设的角度来看，废旧材料作为营造环境的元素会产生一定的经济效益和环境效益。运用废旧材料塑造景观环境，使废料循环使用，从而减少对新材料的需求。通过对原材料的分解与重组，赋予其新的功能。这种方式不仅对废旧材料进行了有效的处理，同时节约了购置新材料的费用，赋“旧”予“新”，物尽其用，符合可持续景观环境建设的要求；旧材料与新材料的结合往往会产生新奇的效果。废旧材料能够就地运用到景观环境中，可以减少运输费用、降低建设成本。另据研究，废旧材料可以转化成能源，从而减少能源开支。

废旧轮胎草皮护坡是利用轮胎中的圆孔及排列空隙的土壤来种植连接水体的植物，以增加抗冲能力。轮胎与河道堤身处进行透水垫层技术处理，利用植物根系与坡面土壤的结合，改善土壤结构，提高迎水坡面的抗蚀性、抗冲刷性，利用轮胎压盖来抑制暴雨径流和风浪对边坡的侵蚀，增加土体的抗剪强度，大幅度提高护坡的稳定性和抗冲刷能力，同时具有生态效益和绿色景观效益，造价较低。

5. 清洁能源的利用

太阳能、风能、水能和生物质能等可再生能源将成为我国的主要能源。可再生的清洁能源资源对建立可持续的能源系统，促进国民经济发展和环境保护具有重大意义。在景观环境设计中，引入清洁能源作为景观设施的能源供给系统，一方面可以有效地减少市政能源供给，增强景观环境的能源自给能力；另一方面，清洁能源的利用是建设可持续、节约型景观环境的时代需求。同时，在一些老旧的载体上加装清洁能源工程措施比较方便，避免了挖凿埋线的麻烦。互补能源的开发运用、清洁能源与低能耗终端设施的配合使用，可以更有效地发挥自然功效。

（1）太阳能。太阳能是各种可再生能源中最重要的基本能源，通过转换装置把太阳辐射能转换成电能利用的属于太阳能光电技术，光电转换装置通常是利用半导体器件的光伏效应原理进行光电转换，因此又称为太阳能光伏技术。20 世纪 70 年代以来，鉴于常规能源供给的有限性和环保压力的增加，世界上许多国家掀起了开发利用太阳能和可再生能源的热潮。1973 年，美国制定了政府级的阳光发电计划，1980 年又正式将光伏发电列入公共电力规划，累计投入达 8 亿多美元。日本在 20 世纪 70 年代制定了“阳光计划”，1993 年将“月光计划”“环境计划”“阳光计划”合并成“新阳光计划”。德国等欧盟国家及一些发展中国家也纷纷制定了相应的发展计划。20 世纪 90 年代以来，联合国召开了一系列有各国领导人参加的高峰会议，讨论和制定世界太阳能战略规划、国际太阳能公约，设立国际太阳能基金等，推动全球太阳能和可再生能源的开发利用。开发利用太阳能和可再生能源成为国际社会的一大主题和共同行动，成为各国制定可持续发展战略的重要内容。

目前，太阳能光伏电池路灯和太阳能 LED 灯在景观环境中得到一定程度的推广。它们既符合节约能源的经济目标，又是彰显环保文化的绿色照明。在建设原则上追求灯光效果艺术化、灯光环境和谐化、灯光设备安全化、灯光管理自动化。太阳能环境照明充分体现具有不耗电有利于节约运行成本、低压安全有利于旅游开放、冷光源有利于植物生境需求、环保理念有利于植物园形象等诸多优点。

（2）风能。风能作为一种清洁的可再生能源，越来越受到世界各国的重视。风力发电在可再生能源开发利用中技术最成熟，最具商业化和规模化发展前景。在无锡落成的中国太湖生态博览园是国内首个湖泊“风能湿地”。所谓“风能湿地”，就是通过安装在湿地的多个风能处理装置，将湿地处理污水的过程展示在人们面前，让人们直观地感受到整个湿地在环境治理中的“呼吸过滤”作用。

（3）水能。水能是一种可再生能源，是指水体的动能、势能和压力能等能量资源。水能资源包括河流水能、潮汐水能、波浪能、海流能等能量资源。地表水的流动是重要的一环，在落差大、流量大的地区，水能资源丰富。因此，在景观环境中，尤其是风景环境中如果能够将河流、潮汐、涌浪等水运动构成封闭系统用来发电，对环境的可持续发展将具有积极影响。

（4）生物质能。生物质能是蕴藏在生物质中的能量，是绿色植物通过叶绿素将太阳能转化为化学能而储存在生物质内部的能量。生物质能是可再生能源，通常包括木材及森林工业废弃物、农业废弃物、水生植物、油料植物、城市和工业有机废弃物、动物粪便等几个方面。生物质能的优点是燃烧容易，污染少。立足于景观环境的生物质资源，研究新型转换技术，开发新型装备，既是景观环境发展的需要，又是减少排放、保护环境、实施可持续发展战略的需要。

（5）互补能源。风光互补发电就是利用风力发电机和太阳能电池将风能和太阳能转化为电能的装置。风光互补逆变控制器是集太阳能、风能控制和逆变于一体的智能电源，它可控制风力发电机和太阳能电池对蓄电池进行智能充电，同时，将蓄电池的直流电能逆变成 220 V 的正弦交流电，供用户使用。太阳能和风能在地域上和时间上的互补性使风光互补发电系统在资源上具有最佳匹配性，并且在资源上弥补了风电和光电独立系统在资源上的缺陷。在一定的景观环境中采用这种风光互补装置，可以有效减少景观环境的用电量。

第二节　人性化景观设计

景观设计与人们的生活密切关联。它的最终目的在于满足人们的使用要求与心理需求，创造更为美好的生活环境。景观设计师通过对景观空间形态的营造来表达对于使用人群的关怀与使用行为的理解，而纯粹将景观设计形式化、神秘化其实是对设计的误解。因此，景观设计师应当摒除“唯我思想”，强化“为他意识”。景观设计师鲍尔·弗雷德伯格谈到他设计纽约城市公园时，曾煞费苦心为老人提供一个“他们自己的场所，这个场所特意避开那些曾与他们共同混杂在一个大广场的闹闹嚷嚷的人群”，但不久鲍尔便发现老人们却躲开那个为他们准备的地方。老人们并不祈求幽静，他们更愿意回到人行道上，导致这种情况发生的原因正是老年人特有的行为心理：老年人群害怕孤独寂寞，他们渴望与人交流，更愿意待在人多的环境中。因此，对于景观环境中人的行为研究应侧重于考察、分析、理解人们日常活动的行为规律。例如，空间分布、使用方式及其影响因素如心理特征、环境特征等，这是设计人性化景观环境的前提条件。

景观设计往往“形式”大于“内容”，忽略人的行为与心理需求，过分追求形式与个性的表现。简洁的形式往往是以牺牲场所的多样性与复杂性为代价的，在这些场所中，游人稀少，丰富多样的“生活”消失了，花重金营造的市民广场、公共景观，对市民的吸引力却常常不及街边的一块小绿地。原因是多方面的，其中对人的行为考虑不足是主要的方面。景观设计师应更多地考虑大众的行为需求，创造一个充满人性的生活、娱乐、休憩的户外场所。

人性化景观环境设计包括对人的生理及心理两个层面的关怀，不仅是满足人的使用，更重要的是从人的尺度、情感、行为出发，充分考虑日照、遮阳、通风等环境因素，尽可能地满足使用群体的需求，使人们都可以享受丰富多彩的户外休闲活动的乐趣。

景观环境设计是以多学科交叉的方法来研究人与环境、行为及场所之间的互动关系。全面、系统地进行环境行为与环境设计理论的基础研究及其应用具有非常现实的意义。

行为理论认为，人的心理活动是内在的，人的行为是外显的。内在的心理活动可以称为内部行为，外显的行为称为外部行为，内部行为与外部行为是相互联系、相互转化的。外部行为转化为内部行为称为行为的内化，内部行为转化为外部行为称为行为的外化。内化提供了一种手段，使人们在没有外部活动的情况下与现实世界进行潜在的交互作用（如思考、想象、考虑计划等）；当内部行为需要实现或调整时，就发生了行为的外化过程。外在的行为受内在的心理活动所支配，内在的心理活动通过外在的行为才能起作用和得到表现。心理和行为均按一定的活动规律进行。

此外，行为还受动机支配，由一系列活动组成。每个活动都受目标控制。活动是有意识的，并且不同的活动可能会达到相同的目标。活动是通过具体操作来完成的。操作本身并没有自己的目标，它只是被用来调整活动以适应环境，操作受环境条件的限制。

传播学的先驱者之一，德国心理学家库尔德·勒温在格式塔思想路线下，根据物理学中出现的部分取决于整体的场现象，提出了场理论，用于研究心理现象。根据场理论，行为必须用个体的心理场来解释勒温的“场理论”，为我们探求大众心理提供了一种全新的思路。

勒温在场理论中提出了一个重要的概念叫“生活空间”。所谓“生活空间”是指人的行为，也就是人和环境的交互作用。

运用勒温的场理论分析大众的心理或行为（前者是内隐的，后者是外显的）可以看出，这种研究思路带有多维性（不仅研究大众，同时也重视环境）、动态性（大众的内在因素与媒介环境因素之间是相互作用的）、主动性（大众不仅接受环境媒介刺激的影响，同时还可以反作用于环境媒介）。显然，这种研究方法比刺激反应模式更能真实地反映出大众心理的复杂性、变化性和主观能动性。

对于外部空间环境而言，人的行为与空间环境密切联系、相互制约，人们一切的外部行为都是在一定的空间环境中展开的，因而会受到环境诸多因素的影响，如光照、颜色、气味与声音。同时，一定的空间形态还会诱发特定的环境行为，人的诸多心理特征也会影响行为的发生，如人的领域感、依托感与趋光心理，同时不同年龄、不同性别也会对人的行为产生影响，甚至人们的受教育程度也会在一定程度上改变人的行为。人的外部行为是这些因素交织在一起，综合作用的产物。因此，人性化的景观环境设计，必须综合考量这些要素，从人的体验出发，以服务多数大众为目的，真正实现以人为本的景观环境设计。

一、景观环境与行为特征

就空间形态而言，景观空间的存在形式分为面域空间与线性空间两类。不同形态的空间有“动态”与“静态”之分。动态空间给人一种可穿越和流动性的心理感受，往往是一种线性的空间形态；静态空间给人一种逗留、活动与交往的心理感受，包括广场、绿地、院落等类型，具有一定的向心性和围合性。

从空间的使用要求及特性上看，美国学者奥斯卡·纽曼提出人的各种活动都要求相适应的领域范围，他把居住环境区分为公共性空间、半公共性空间、半私密性空间和私密性空间四个层次组成的空间体系。对于属于公共空间的景观环境而言，可以划分为公众行为空间与个体行为空间两大类。

公众行为空间对应于群体行为，是给群体市民使用的场所，包括街头绿地、公园、广场和花园等，也包括更小范围的公共空间，包括宅前道路、空地、公共庭院以及小型活动场地、绿地、花园等。行为类型包括群体健身、舞蹈、集会、表演等活动。其特征为空间开阔、彼此通视、场地平坦或有微坡、有围合感，场地具有集聚效应，中心往往存在一个核心空间可以开展各类活动，围绕核心空间常常散布小型的次空间供人们休憩、驻足观看。公众行为空间设计的关键在于有效地提高场地利用率，并满足多种活动需求，因而恰当的空间尺度、围合感，有效的功能组织，适宜的环境设施是公众行为空间设计应着重研究的方面。理想的公众行为空间会成为市民进行户外活动和交往的主要场所，而不恰当的环境设计则会造成景观环境中无人问津的空白地带。人性化的景观设计应努力为市民创造适宜人们活动休憩的户外公众行为空间。

个体行为空间是指相对于群体空间而言，供个体活动所使用的空间环境，包括聊天、运动、休憩等活动类型，同时也包括一些特殊行为和一些特殊使用方式等。此类空间特征为尺度较小，围合领域感较强。这类空间设计关键在于充分考虑个体行为对于空间的需求，特别是对环境细节的考虑，如宜人的气候、温度、芳香的花草灌木、细腻的铺装材质、人性化的景观设施等，同时应该考虑空间使用的模糊性和通用性，即在同一种环境满足多种行为需求的可能性。

（一）行为与环境

景观环境设计的目的在于通过创造人性化的空间环境，满足不同人群的行为需求。人在景观环境中的行为是景观环境和人交互作用的结果。这个过程中包括人对环境的感受、认知、反应这一连续过程。环境与人的行为之间存在着一定的客观联系。一方面，人的行为影响着环境，丰富多彩的户外活动不仅是景观环境的组成部分，甚至改变着景观环境的本来面貌；另一方面，环境也改变着人的生活方式乃至观念。良好的公共空间促进人们的交往，丰富人们的户外生活，并且特定的空间形式、场所也会吸引特定的活动人群，诱发特定的行为和活动。行为与环境的相互影响是客观存在的一种互动关系，所以设计者应充分研究人的行为规律以及心理特征，找出环境设计中的共性与规律，这对于营造良好的景观环境是十分必要的。

人不能脱离环境而存在，环境对人起着潜移默化的影响。人的任何行为或心理变化均取决于人的内在需要和周围环境的相互作用。行为会随人与环境这两个因素的变化而变化，不同的人对同一环境可产生不同的行为，同一个人对不同的环境亦可产生不同的行为，因此人的行为既受“场力”的作用，又同时产生反力作用于场所。人们在场所中的感受称为“场所感”。戈登·库伦将“场所感”描述为“一种特殊的视觉表现能够让人体会到一种场所感，以吸引人们进入空间之中”。此外，在景观设计中，设计师对环境使用者的充分理解是很必要的。景观师西蒙兹认为，在景观设计中，人首先保留着自然的本能并受其驱使。所以，要实现合理的景观设计，就必须了解并研究这些本能。同时，人们渴望美和秩序，在依赖于自然的同时，还可以认识自然的规律，改造自然。所以，理解人类自身，了解并把握人们在景观环境中的行为与心理特征，是景观设计的基础。

环境中人的行为是可以被认知的。基于此，设计师可以“规划设计”人的体验。如果人们在景观环境中所得到的体验正是他们所需要的，那这就是一个成功的设计，或是一个“以人为本”的设计；反之，则会事与愿违。景观环境设计应注重人在环境中活动的环境心理和行为特征研究，营造出不同特色、不同功能、不同规模的景观空间，以满足不同年龄、阶层、职业的市民的多样化需求。例如，夏日广场上树荫决定了人群的分布：炎炎夏日里，人们都趋向选择有遮阴的地方休憩，而暴露在阳光下的场地则无人问津。户外公共空间中，特别是在夏热冬冷的亚热带季风气候带，休憩座椅上空要求夏日遮阴、冬季日照充足，因此落叶乔木是理想的选择；同样，不同的坐凳材质也影响着人们的使用，座椅材料的选择应尽量选择导热系数低的材料，如木材、塑料，而不是导热系数很高的金属或者石材。再如，人们对景观环境长期使用过程中，由于人和环境之间的相互作用，在某些方面会逐渐适应环境，形成具有一定规律性、普遍性的行为特征，在环境中表现出很多共性甚至是习惯性行为。比如，走路取捷径、从众性和趋光性、个体性、尽端倾向以及依托性等，这些行为和心理特征都是人性化景观环境设计的重要依据与研究内容。

1. 领域性与人际活动距离

领域性原是动物在环境中为取得食物、繁衍生息而采取的一种适应生存的本能方式。人与动物虽然在语言表达、理性思考、意志决策与社会性等方面有本质的区别，但人在景观环境中的活动也总是力求不被他人干扰或妨碍，表现出一定领域性的特征。人与人之间因人际关系不同表现出不同的人际距离与身体朝向，个人在空间中占据的领域大小根据不同的接触对象和不同的场合，在距离上各有差异。它既可以指具体的空间，也可指感知到的大致或象征性的空间范围。一般而言，个人在空间中占据的具体空间根据活动范围大小，从 1.5 到 9 m^2 不等，而人所能感知的象征性的空间范围则可以达到几十平方米。美国心理学家爱德华・霍尔以动物环境和人的行为研究经验为基础，提出了人际距离的概念。根据人际关系的密切程度、行为特征确定人际距离，即分为亲密距离、个人距离、社交距离和公共距离。每类距离中，根据不同的行为性质再分为接近距离与远距离。例如，在亲密距离中，对方有可嗅觉和辐射热感觉为近距离；而可与对方接触握手为远距离。当然对于不同民族、宗教信仰、性别、职业和文化程度等因素，人际距离也会有所不同。

心理学家索默认为，每个人的身体周围都存在着一个既不可见又不可分的空间范围，它是心理上个人所需要的最小空间，就像是围绕着身体的“气泡”。这个“气泡”随身体而移动，当自己的“气泡”与他人的“气泡”相遇重叠时，就会尽量避免由于这种重叠所产生的不适，这个“气泡”就是个人空间。个人空间随场所的不同及个体状态，如年龄与性别、文化与种族、社会地位与个性等的不同而变化。比如，两个阿拉伯人交谈，距离往往近到能闻到彼此对方的气息；而欧洲人如果对方如此靠近他，就会感到他的个人空间被侵犯了。个人空间不仅与民族、宗教有关，而且与年龄大小也密切相关。根据研究发现，年龄与人际距离的关系呈曲线形变化：儿童之间的距离保持得较小，老年人的人际距离也很小，中青年人则最大。儿童与老年人喜欢靠近其他人，喜欢热闹甚至嘈杂的场合。景观环境中常常可看到陌生的老人在儿童玩耍的区域停留。因此，景观环境设计老年人的活动场地可以与儿童的活动场地适当相邻。

领域性不仅体现在人际距离，一块场地上人群的总体分布也能体现人的领域性，这是人际距离在宏观层面上的反映。每个人群之间都保持着相近似的距离，每个人群的周围也存在着一个不可见的空间“气泡”，它是心理上人群所需要的最小空间范围，各气泡之间既保持一定距离避免重叠，又彼此相互联系，保持一种内在的张力。而每个人群内部的人则保持着很亲近的个体距离，人数保持在两到三人；与之相对应，水池中每条鱼之间都保持着近似的距离，但鱼类之间的距离是建立在生物本能需求上的，是动物保卫领地与食源的自然本性，体现了动物的自然均布性特征。

总体而言，可以观察到景观环境中的人群分布特征主要分为聚集与散布两大类，偶尔也可以见到规则分布的人群。

（1）聚集：人们来到景观环境中的目的是为了休憩或交流，而交流就需要与他人交谈或协作。景观环境中的活动也会诱发人们的聚集，因此人们在公共空间中就不可避免地以一个个聚集的小群形式存在，每个小群少则 2 ~ 3 人，多则以一个小群为中心，周围聚集多组人群。

（2）散布：人群在公共空间中的分布是有规律的，呈散布状，各个单个人或群体之间都保持着近乎相等的距离，这是个体领域感在景观环境中的体现。根据观察，单个人之间的距离一般维持在 3 m 以上，群体之间距离较远，一般需要达到 7 m 以上。

2. 个体性与尽端倾向

个体性是指在景观环境中，行为个体常常需要维持一定的个体空间，以避免他人的干扰。因为人们需要一个受到保护的空间，无论是暂时的，还是长期的；无论是一个人的独处，还是多人的聚集交流。在景观环境中，陌生的人与人、组团与组团之间会自发地保持距离，以保证个人和组团的个体性和领域性。人们既需要个体性也需要相互间接触交流，过度的交流和完全没有交流都会阻碍个体的发展。景观环境设计中的一个基本目的就在于积极创造条件以求得个体性与公共性的动态平衡。在尺度相对较大的公共空间中，人们更喜欢选择在半公共、半个人的空间范围中停留和交流。这样人们既可以参与本组群的公共活动，也可以观察其他组群的活动，具有相对主动的选择权；同时，人们在环境中都希望能占有与掌控空间，当人们处在场地中心时，往往失去了对场地的控制力与安全感。只有当人们处在边缘与尽端时，才能感受到这是一个可以自由掌控的空间领域。所以，那些有实体构筑物作为依靠的角落或者那些凹入的小空间最受游人青睐。例如，在公园中，最受欢迎的座位是凹入的有灌木保护的座位而不是临街的座椅。同样，在餐馆中，有靠背或者靠墙的座位总是被首先占用，无论是散客还是团体客人，都不会首先选择餐厅中间的座位。因此，无论广场或者街道环境，人们的活动总是从空间范围的边缘开始，逐渐扩展开的。所以，如果环境中边缘空间设计得合理得当，整个景观环境就会很有生气，反之则会了无生机。

3. 依托的安全感

景观环境中的人们，从心理感受来说，并不希望场地越开阔、越宽广越好，人们通常在空间中更愿意有所“依托”。这可以理解为个人或群体为满足安全感的需要而占有或控制一个特定的空间范围及其中物体的习惯。安全感是人类最基本的心理需求之一。因此，人们都趋向于坐在场地边缘的座椅上，依靠于大树、灌木或景墙，而场地中心则由于缺乏心理安全感常常无人问津。

4.人聚效应、趋光效应与坡地效应

“人看人”是人的天性，人们闲暇时间中的一部分是在“人看人”。这是一种无约束的广泛交流，交流的对象没有任何限制，可以是熟人，也可以是陌生人。这也是一种个人自尊心外化的表现，通过在别人面前的“表演”获得对自我价值的认可，无论看者或是被看者，都会获得各自心理上的满足。在人性化景观空间的设计中，应恰当地创造这种人看人的环境，也就是设计适当的“舞台”和“观众席”。“舞台”指相对开放、活动的部分，可以是交通空间也可以是公共活动空间；“观众席”则是相对安静的部分，可供人静坐或散步，并使处于该部分的人有朝向“舞台”的视线，如此设计才能诱发“人看人”现象的发生。

从一些公共场所内发生的事故中可以观察到，紧急情况时人们往往会盲目跟从多数人群的去向。当火警或烟雾开始弥漫时，人们无心注视标志及文字的内容，甚至对此缺乏信赖，往往是更为直觉地跟着领头的几个人跑动，以致形成整个人群的流向。这是因为外部空间中人与人之间也有着潜在的相互“吸引力”，人们会自觉不自觉中表现出群聚倾向，表现为一种集体的无意识行为，即从众心理或人聚效应。

空间中的人群密度直接影响到人的心理与行为，相同空间环境中不同的人数会造成人的心理感受的显著差异。单位面积空间中人的数量可以用人的密度来表示，一般而言，人对空间中人群密度的反应呈正弦曲线状，存在一个最佳的密度区间，密度过高与过低都会使人的消极情绪增加、满意度下降：空间中人数过低时，人们会感到空旷、孤独，甚至感到不安、恐惧；空间中人数过多时，人们会感到拥挤、堵塞，甚至会感到烦躁、混乱。

此外，景观环境中人们还表现出“趋光心理”，即环境中的人们都趋向于选择光线充足的场地作为休憩场所。根据一般人的体验，充足的光线能让人产生轻松、愉快的心情，阳光也能带给人们健康，有阳光的地方让人心情开朗、舒畅。除非到了炎炎夏日，人们不得不借助于广场建筑物或绿化遮阴，在一般的春秋季节人们更愿意在阳光下休闲活动。光线对于人的行为与心理影响长期为人们所关注。环境心理学认为，光照能使人感到心情愉悦、充满安全感，更利于人们之间的交往与活动的开展。实验证明，在阳光明媚的条件下，向路人征集志愿者，报名的人数相对于阴天要高很多。

从生理学角度来说，光线对于振奋人的精神也有显著影响。

（1）人类是昼行动物，光照能够减少瞌睡和抑郁感。特别是到了秋冬季，日照时间缩短，人们常会感到瞌睡、疲劳、情绪不高等，这种症状称为“光饥饿”，研究表明，女性对于光照的需求高于男性。

（2）对人进行光照补偿，可以有效地缓解“光饥饿”症状。景观环境中必须要有足够的照明设施，以满足人们对于光线的生理需求。

综合以上研究成果，景观环境中最佳的光环境应该包含以下因素。

① 景观环境中白天应该充分利用自然光源，减少阴影空间与郁闭感，使人们能够充分享受阳光；夜晚应利用人工光源延续人群活动的时间，扩大人群活动的空间，同时保障人们活动的安全。

② 场地内的主要活动场地应该有充足的自然光照，不应被其他物体所遮挡，同时考虑到夏季的日光，座椅与休憩设施应该在保证有充足的光照情况下又有所遮阴。

③ 运用现代技术制造不同色光（冷、暖、中性）的人工光源时，应优先考虑全光谱日光灯对自然光的模拟，提高光环境的适应性。

④ 景观环境中的光环境设计不应只局限于满足照度标准这一个方面。光环境设计还应充分考虑到舒适度、艺术表现力等方面。特别是夜晚人工光环境设计，要注意色彩对人心理的影响，绿色、蓝色的草坪灯与庭院灯都会造成阴森恐怖的感觉，因此夜晚光环境设计应多采用暖色光源，为人营造温暖、舒适与亲切的感受。

在景观环境中，缓坡与台阶往往是最集聚人气的地方，如果有良好的风景朝向，则会成为人们休憩停留的最好去处。这是因为，一方面缓坡、台阶的空间形态符合人们休憩的生理特征，适应人的坐憩行为要求，同时原来平地上的人际距离因为缓坡、台阶能够得到缩短；另一方面，人群间彼此的小遮挡与通视也可满足人们保持良好视野的需要，而坡面的单向性，也可避免陌生人之间对视的尴尬。

5. 空间形态对人的影响

人们对环境的感知首先是空间形态，然后才是以特定的语汇去分析与评价环境。不同的空间环境给人的感受往往大相径庭。例如，植被繁茂、花团锦簇给人以轻松愉快、生机盎然的感觉；苍老的树木、古朴的石雕可以引发人们的历史沧桑感；杂草丛生、鼠兔出没、断壁残垣之地则给人以萧条衰败之感。环境空间中的一切要素，包括植物、小品、场地共同构成了人们对于环境的整体感知。

景观环境的一切因素都在影响着人们的心理与行为，通过人们的行为外显出来。因此，研究人性化的景观环境设计，需要对空间形态与环境中的各种因素进行研究，包括空间密度、光照、颜色等。通过大量的案例研究、心理学分析，把握这些环境因素和人们行为心理之间的内在关联，从而为环境设计提供合理的依据。

人们对环境的感受还直接来源于环境的外在形态，明暗、光照、色彩等这些环境要素影响到景观环境中人的心理与行为。例如，环境中丰富的色彩最能引起人们的情感联想，绿色的植物给人欣欣向荣的感受，色彩鲜艳的景观设施给人以动感，木本色的座椅则给人以亲切温馨的感受。

空间形状特征常会使置身于其中的人们产生特定的心理感受。贝聿铭曾对他的华盛顿艺术馆新馆（见图 4-11）有很好的论述，他认为三角形、多灭点的斜向空间常给人以动态和富有变化的感觉。同样，景观环境中特定的空间形态与空间属性也会给人以特定的心理感受，从而诱发人们不同的环境行为。这是因为在与环境的接触中人可以依据环境特征的暗示，自觉地调整自己的行为以适应所处的环境，即环境诱导行为。

图 4-11　华盛顿艺术馆新馆

6. 色彩、气味、声音与行为

现代生理学研究颜色是视觉系统接受光刺激后产生的，是个体对可见光谱上不同波长光线刺激的主观印象。颜色有三个特征分别与光的物理特征相对应，即色调、饱和度与明度。按人们的主观感觉，色彩可以分为暖色与冷色，暖色指刺激性强引起皮层兴奋的红、橙、黄色等相近色；而冷色则是指刺激性弱，引起皮层抑制的绿、蓝、紫色等相近色。

行为心理学中，颜色与行为心理密切相关，色彩能够直接影响人们的情感，如蓝色和绿色是大自然中最常见的颜色，它们可使人体表温度下降、脉搏数减少，降低血压和减轻心脏负担。蓝色的水面使人感到宁静；粉色给人温柔舒适的感觉，具有息怒、放松、镇定的功效；亮米黄色与白色能够使人延长运动与停留的时间，因此广场、花园的地面常常采用这些颜色；红色则常常给人以灼烧感与不宜接近感。

最理想的色彩莫过于大自然环境中的红、橙、黄、绿色的变化，它们是大脑皮层最适宜的刺激物，能使疲劳的大脑得到调整、紧张的神经得到缓解。

从心理学的意义上讲，颜色中会有一些“基本色”，如红、黄、蓝三原色，它们是和谐稳定的。

在景观环境的各要素中，色彩无疑是对视觉感受影响最大、最直接的因素。景观环境的色彩不是独立存在的，它依附于形式，作用于人的心理活动。色彩对人心理方面的影响，包括色彩知觉、色彩联想等。色彩知觉是指色彩对人们心理产生的冷暖感、进退感、膨胀感、收缩感等，如景观环境中地面常用淡黄色、灰白色等浅色，使人感到场地开阔、延伸；而深色如红色、墨绿色则使人感到空间狭小，有封闭感。色彩联想是指人们根据色彩联想以往的经验、文化中的习惯或已具备的知识，可以分为具体联想与抽象联想。明亮的红色能使人们具体联想到火焰，进而抽象联想到热情、温暖，同时因为民族文化的关系，也可以联想到婚礼和吉祥时刻。

在景观环境中，色彩的种种特性能够使景观更好地向周围的人群传达信息，引起人的心理反应与各种行为。例如，在公共运动健身区域多采用暖色调的色彩，可以提高市民运动的活跃度与兴奋感，诱发人们运动行为的发生；而在人们休憩、聊天的场地，则适宜采用冷色调的色彩，创造安静、清新的休憩环境；景观环境中运用警戒色如红黑对比色、黄黑对比色，可以有效地预防事故的发生，保障游人的安全。此外，由于人们所处的地域、民族、情绪的不同，也会有不同的色彩喜好，这也会在不同程度上影响人们的心理活动。

景观环境中历来注重视觉对行为的影响和视觉环境的设计，而近年来，随着景观规划理论的发展，环境中各类声音、气味与人们行为关联性的研究越来越得到人们的关注。

景观环境中气味与声音在很高程度上也影响到人的心理与行为。实际上，人们从很早就开始注意到不同的气味与声音对于空间氛围的影响。例如，古代举行重要仪式时，会焚香祷告，营造特定的环境氛围，这些习惯多数保留到了现在；又如寺庙中的焚烧檀香供奉神祇（气味刺激），再辅以诵经（声音刺激），便能营造出庙宇庄严肃穆的气氛。

现代生物化学研究发现，引起嗅觉的气味刺激主要是具有挥发性、可溶性的有机物质，可以分为六类基本气味，依次为花香、果香、香料香、松脂香、焦臭与恶臭。通过大量实验发现，气味会影响到人的生理特征。实验人员使用扫描仪观察到香气能引起血流的变化：在薄荷香和茉莉花香影响下，人的血管会达到最大的收缩扩张，从而起到放松的效果；玫瑰香气能够抑制心率的减慢，而柠檬香气却能增强心率的减慢；天竺花香味有镇定安神、消除疲劳、加速睡眠的作用；白菊花、艾叶和银花香气具有降低血压的作用；桂花的香气可缓解抑郁，还对某些躁狂型的精神病患者有一定疗效。

景观环境设计中，应当充分发挥花木芬芳对于环境中游人的作用。例如，在游人大量停留休憩的空间内，可以适当栽植一些可赏可闻的花木，延长人们停留观赏的时间，吸引人流的聚集；而在那些可能产生异味的地方，如厕所、垃圾箱周围则应予以遮蔽，尽量减少人的停留。

不同的人对一种气味会有不同的感受，甚至同一个人在不同的环境、不同的情绪时对一种气味也有不同的评价，因而景观环境中的嗅觉环境必须与景观空间本身相结合。例如，休憩与停留的场所对嗅觉环境要求较高，适宜营造鸟语花香的环境；而健身运动场所则对嗅觉环境要求较少，淡淡的花香味即可，过浓的香味反而会影响人们的健身活动。

就人对声音的感受效果而言，声音可以分为乐音和噪声。景观环境中能够引起人们愉悦心情的声音，如鸟鸣、潺潺流水声、风声等自然声音或人工的音乐声都可以称为乐音；噪声是由不同频率和不同强度的声音，无规律地组合在一起。等强度的所有频率声音组合而成的声音叫作白噪声。如果从心理学的角度来给噪声下定义，可以说，人们评价为不想听的声音都是噪声。噪声音量越大，越有可能干扰人们的言语交流，同时会引起个体生理的反应，如抵触、烦躁、注意力分散等；而乐音则有助于人们舒缓情绪、放松心情，促进人们各类户外游憩活动的开展。

20世纪60年代末，加拿大作曲家莫瑞·萨弗尔首次提出了“声景观”（soundscape）的概念。“soundscape”是“sound”（声音）和词根“scape”（景观）组成的复合词，是相对于“视觉的景观”（landscape）而言的。声景观意为“用双耳捕捉的景观”“听觉的风景”。他相对于传统的声学理论而言，根据声音特色，把户外的声音分为三类。

第一类为背景声，即景观环境中人们的活动声、嘈杂声与自然声。根据背景声可以把握整个场地的总体特征，如在交通性的户外公共空间中，车水马龙的鸣笛声就是背景声；而在风景优美的自然环境中，潺潺水流声和鸟鸣虫叫声则是背景声。不同的背景声对应于不同场地中的人的行为，如在车水马龙的声环境中自然诱发人们匆匆过路的行为，抑制了人们停留休憩的欲望。

第二类为信号声，又称为情报声，是指景观环境中具有提示作用的声音，如警报声、广播声、铃声等。这类声音有些是必要的，如在发生事故和紧急情况时，对于引导人的行为、保障人的安全是十分必要的。但是，现在户外的这类信号声有噪声化的倾向，往往使游人感到不悦，反而影响到了这类声音应起的效果。因此，在景观环境中播放此类声音时，必须对声音的音质、音量、播放频率和时间进行研究，确定适宜的信号声。

第三类为演出声或标志声，是指具有独特场所特征的人工声音或者自然声音，包括人们在景观环境中的音乐声、歌声、钟声等人工声音，也包括喷泉、瀑布等自然声音。场地上的人工声音往往成为整个场地中最有代表性的声音，引导着人们的行为，如场地舞台中的人们会不自觉地随着音乐声、歌声互动起来，同时一块场地上发生的演出声、歌声也会吸引更多的人参与进来；喷泉、瀑布等自然声音一方面能够吸引人流聚集，另一方面还起到了屏蔽噪声的作用。

景观环境中不同的区域由于不同的行为类型与使用人群，对于声环境的要求也是截然不同的。

（1）户外休憩区。景观环境中的休憩区以静态活动为主，个体活动较多，而群体活动较少，因而此区域内的声音特征要求为宁静、自然、放松的。对应的声环境设计应以自然声音为主，人工声音为辅，如虫鸣鸟叫、树叶沙沙声、轻风流水声。

（2）健身运动区。景观环境中的健身运动区以动态活动为主，群体活动较多，老年人与儿童是这个区域的主要使用者。声音特征要求为热闹、开放、充满活力的，声环境设计应注重人工音的营造，运用广播、录音等设施提供音乐声、歌声等，满足场地内人们的使用需求。

（3）交通嘈杂区。户外环境中有很多区域处在交通喧闹的地段，如十字路口的绿地，此区域内车水马龙，声环境质量较差，应当增大绿化栽植密度予以隔离，减少人工停留的区域与设施。此外，还可以适当增加水流、喷泉声等自然声予以隔离，以减少噪声，同时避免增加过多人工声。

（二）景观环境中的行为方式

通过研究景观环境中人的行为方式，对不同年龄、性别、文化层次、爱好等因素进行调查分析，可以得出人在景观环境中活动的一般规律和特点。根据年龄差异，把人群划分为三大类：少年儿童、中青年人和老年人。老年人群活动规律一般为早晨和傍晚跑步、散步、打拳、跳舞等，反映出群体性特点；青年人群活动规律一般在休息天或晚上，呈现出独立性和休闲性等特点；少年儿童活动一般在星期天或放学后，呈现出流动性、活泼性、趣味性等特点。

1. 老年人群

随着人口老龄化的速度加快，老年人在人口中所占比例日益增大。大量研究表明，户外活动与老年人的身心健康密切相关，户外活动可以缓解老人容易产生的孤独感、寂寞感，以及社会遗弃的危机感，避免随之而来的自卑、意志消沉等抑郁心理。同时，老年人对户外公共空间的利用有着得天独厚的条件：老年人每天平均有 8 ~ 10 h 的闲暇时间，在一些大、中等城市，很多老年人已养成了早晨在公园中早练，白天在公园中活动，晚上和家人、朋友在公园散步、聊天的习惯。因此，在老龄社会里，老年人成了景观环境中的主要使用群体，户外环境中的老年人活动区使用率是最高的。综上所述，对老年人群的行为研究是不可忽视的问题。

老年人群的心理特征较复杂，一方面老年人希望处在安静的环境中，不希望受到交通喧哗的影响；另一方面老年人也正是因为渴望与人交流害怕寂寞才来到公共环境中，因此需要为老人提供尽可能丰富多样的活动类型和社会交往的机会。

作为景观环境主要使用者的老年人群，年龄集中在 55 ~ 75 岁之间，这个年龄段老人的活动特点是能够独自展开活动，活动类型不受限制，可以分为动态活动与静态活动两类，无论哪类活动都需要较为宽敞的活动场地与适宜的气候条件。

动态活动主要是指老年人的户外健身运动，主要包括交际舞、扇子舞、跳操等，这类活动特点为人数多、场地要求大，需要相对较有围合感、面积较大的场地，因此对周围环境影响较大。此外，动态活动还包括太极拳、太极剑类，这类活动占地面积小于舞蹈类活动，较为安静，与其他活动相容性较高。

值得注意的是，环境中很大一部分老人是独自开展活动的，有的是独自在场地上运动，不借助其他器材设备，如打拳、舞剑、做操；有些活动需要一定的器材设备，如悬吊、压腿。如果场地中没有提供器材的话，老年人常常会借助环境中的树木、栏杆作为替代品，既容易对设施造成一定的破坏，也会对老人造成伤害。因此，户外景观环境中需要为老人提供足够坚固耐用的健身器材。

静态活动主要指老年人打牌、下棋和遛鸟等户外休闲活动，这类活动以群体娱乐为主，常常三五成群，驻留时间较长，需要大量的公共桌椅，并有所遮蔽。

总体而言，老年人景观环境设计应有以下要求。

（1）安全性。考虑到老年人身体特征与活动特点，景观环境应为老年人提供一个安全舒适的室外活动空间。例如，在老人活动区域提供更高的照明标准，以提高环境辨别度，特别是在景观环境中的重点区域，如建筑物的出入口、停车场以及台阶、斜坡等地势变化的危险地段，注意无障碍设计。另外，由于老人视力及记忆力减退，方向判断力差，步行通道的趋向及位置要明显区分，在道路转折和终点处应有明显标识，增强环境的可识别性。

（2）交往性。户外环境应为老人提供尽可能丰富多样的活动内容和社会交往的机会。例如，在环境中设置亭廊以及数量足够的桌椅以诱发老人的交流活动，同时老年人活动场地应避免其他活动的干扰，特别是穿越交通。

（3）个体空间领域。由于老年人的心理特点，对环境中的个体空间有特殊的要求，他们往往在静坐或聊天时不喜欢被他人打扰，偏好于停留在视野开阔而本身又不引人注目，并有所依托的场所。因此，老年人的休憩活动区域应与其他区域适当保持距离，同时又彼此相连。

（4）便捷性。户外老年人活动环境应满足便捷性的要求，即活动场地具有便捷的可达性，尽可能靠近老年人住区，一般以满足 10 min 内的步行路程为宜。同时，环境中的设施也要方便老年人使用，提供简单、易用的环境设施。

当前，城市的许多公共绿地、休闲广场在规划设计中对老年人行为考虑不周，存在活动场地狭小、互相干扰、缺少活动设施、服务半径不合理等不足之处，因此在景观环境设计中应当对老年人活动场地予以足够的重视，根据老年人独有的心理特点和行为特征进行规划设计，多为老年人创造舒适、优美、耐用的户外休闲空间。

2. 中青年人群

中青年人群是景观环境中的重要使用者，由于其年龄特点，他们对环境质量要求较高，对环境设施、个体性空间、适宜的气候、温度条件更为关注。其行为可以分为两类。

（1）行人与等车的临时性的人群。他们的行为特征是在公共空间中停留时间比较少，并常常在公共空间边缘活动，而不深入内部。他们对空间的标示性、可达性要求较高，而对环境中绿化、铺装等细节较少关注。因此，应在环境中为其提供具有明确导识性的环境设施与休憩座椅。特别是对行人应充分保障通道的便捷性，减少阻碍，避免高差。

（2）场地上进行休憩与娱乐健身活动的人群。他们的活动分为静态活动与动态活动两类，此类人群对环境质量要求较高，要求场地有围合感、有适宜的景观朝向与充分满足领域感的个体空间。

静态活动以交谈、观察、演讲等为主要形式，人数一般在两人以上，要求场地有所围合，有适宜的自然环境与环境设施，如亭廊、座椅，占地面积一般不大；动态活动以球类、轮滑、街舞等为主要形式，参与人数较多，常在四五人以上，要求场地开阔，地面平坦，以羽毛球为例，场地大约在 5 × 10 m 以上。

中青年人群由于性别的不同，其行为特征表现出明显的差异。在景观环境中，男性表现出更多的主动性（公开、社交、参与），趋向于外向型的活动，如运动、表演，乐于与人社交，参与公共活动，在位置选择上趋向于选择开放的空间或空间的中心位置，更喜欢占据城市广场前端显眼的位置，男性独自行为的比例较高。

女性在景观空间中表现出更多的后退性（安全、舒适、放松），趋向于内向型的活动，喜欢选择比较封闭或空间的边缘，更喜欢待在靠后安静的自然环境中；女性多成群或结伴前往公共空间。同时，女性对空间环境细节要求更高，对环境因素更为敏感，如噪声、尘土、污染等。

3.少年儿童群体

少年儿童是景观环境中常见的使用人群，其行为方式与成年人差异显著。景观环境中的少年儿童活动空间是他们除了幼儿园、学校之外的一个重要学习与成长空间，研究少年儿童群体的行为方式有助于更好地营造景观环境中少年儿童的活动空间，促进其身心健康成长。

少年儿童心理特征较为特殊，对于环境的反应比成人更加直接与活跃，越是人多嘈杂的环境儿童越发兴奋，越愿意表现自己。适当将儿童活动场地与其他人群混杂，有利于激发其活动欲望，集聚场地人气。影响儿童行为的主要因素有以下4种。

（1）场地的选择。少年儿童活动常常三五成群，多选择场地的中心地段活动，以便获得更大的活动范围。场地要求较为开阔，铺装形式宜多样化，既可以是一块硬质铺装，也可以是一片草地或沙坑。同时，应适当远离交通地段，以免带来危险，场地环境应尽量亲切温和，有所遮挡，避免强风。

（2）多样的游憩设施。少年儿童好奇心强，对环境敏感度高，一块怪异的石头、一个鲜艳的雕塑或是一个斜坡，都能引起孩子们的极大兴趣，因此在公共空间中应该为他们多设计些能诱发他们想象力的游憩设施，但要注意游憩设施的复杂程度。国外的许多研究表明，尽管孩子们能够自己发现多种接触自然环境的游戏方式，但所设计的游戏设施的复杂是有一定限度的，也就是说游戏娱乐设施的使用要是太复杂，反而得不到少年儿童的关注。过于复杂的设施偏离了对儿童心理、生理机能培养的初衷和目的。同时，游憩设施应多样化，除了秋千、跷跷板等设施，还要提供适合儿童身体发育及运动方式的器具，如跑、跳、攀爬。特别注意的是儿童对于水的喜爱，为孩子提供戏水、喷泉等游乐设施。

（3）安全性的把握。少年儿童的活动空间设计应从少年儿童的视角与尺度出发，充分考虑少年儿童的身体特点和心理需求。游憩设施不宜过高过陡，以免儿童摔伤，尽量采用软质材料如塑料、人造革等，避免尖锐棱角、挤压、磕碰、滑倒、夹伤、撞头、翻倒等危险结构。

（4）环境的细节设计。少年儿童使用环境中应考虑到一些辅助性的细节设计，如孩子们的活动常常是在家长们的陪伴下进行的，包括他们的父母与爷爷奶奶，他们常常站在场地的一边，边看着他们的孩子玩耍边互相攀谈，因此在为儿童设计游戏场地时也需要考虑成人的休憩设施。此外，儿童景观环境中设置厕所也是必不可少的。

日本景观师仙田满本在从1973—1982年对游憩设施、儿童公园及游戏场所等的调查中，发现若干能够促使儿童进行游戏的空间结构特征。他称其为“环游结构”，即适宜玩耍的游戏设施，其游戏流线是循环的。利用游戏设施的各种活动，大多数情况下都是所谓的“追赶捉迷藏”类型的活动，其流线需要拥有一条封闭的曲线；此外，调查发现，在城市中能够成为孩子们游戏的场所一般都是能够环绕一周的街区，而且有可以抄绕的近道，也可以称其为短路，同时这些街区都紧邻孩子们经常聚集的小广场。循环流线和近道，这两个共通的游戏结构形成了环游结构的基本形式。在环游结构游戏中，“晕”是不可缺少的体验元素。环游结构周边应具有标志性的空间标示，表面材质也应是柔软的材料，并提供有若干选择，同时开有孔洞可以随时脱离出去，环游结构的特征归纳为以下7点：① 拥有循环的功能。② 循环（道路）安全并且富于变化。③ 在其中有标志性空间、场所。④ 在其循环（道路）上有体验晕眩的部分。⑤ 有近道。⑥ 循环（道路）上有广场接壤。⑦ 整体由多孔质空间构成。

景观环境中的青少年群体，作为少年儿童群体中的一部分，常常为设计者所忽视。青少年群体有着特殊的心理特征：一方面，他们试图模仿成年人的生活方式和行为，并对父母及其他外界的干涉抱有排斥心理；另一方面，其心智尚未成熟，仍对父母与成人有所依赖。其行为方式有以下特征。

（1）自主性强。青少年群体自主性较强，常常集体活动，三五成群寻找游憩环境与设施，热衷于带有冒险、刺激的游憩活动，场地比儿童活动空间更宽广，活动类型更丰富。

（2）对知识的探索。青少年对于未知世界有着强烈的探索欲望，利用这个心理特点，可以将书本中的许多物理知识、原理，如杠杆、滑轮、离心力、回声等运用到他们的游憩设施中去，在娱乐的同时了解和掌握知识。

（3）个体空间。青少年随着年龄的增加，心智逐渐成熟，对环境质量要求逐渐提高，对领域性要求逐渐增强，因此在环境中应为青少年提供适当的个体活动空间，但不宜封闭、闭塞，以免成为不良少年的聚集地，危害社会安全。

二、设计人性化的景观环境

人性化景观环境就是依据人的尺度与行为来设计人的户外空间环境。人类对户外空间的需求不断地变化，景观环境的意义也随之不断地丰富。

研究表明，影响人性化设计的因素主要有三方面：环境本身、人在景观环境中的行为特点和人在使用空间时的心理需求。环境、心理、行为三者之间相互影响。人性化的景观环境设计，主要是基于景观空间中人群行为活动的特征及其生理、心理需求，创造最为宜人的户外环境。

景观设计的目的在于营造空间，建构满足人们行为要求的空间“载体”。景观设计同生活密切联系，景观师需要通过一个“理解—沟通—认知”过程，加深对使用者的了解。人的任何活动都必须在空间中展开，其中人的立足点是活动存在和进行的场所。人在外部空间中的不同行为对环境的要求不尽相同，所对应的环境特征各异，究其原因是对于场所与行为的对应性选择，而人性化设计的根本也就在于为人的不同行为创造与之相应的适合场所。人性化设计的更高层次要求还在于对于人精神层面的关怀，在满足人们的生理需求、心理需求之后，还有对景观空间的艺术气息、人文气息等更高层次的追求，以及对文脉和地域特征的传承和体现。

任何一处景观空间，若无人的活动参与，只是一种物质的存在，而一旦加入了人的行为、人的活动，便成了有活力的场所。景观环境设计的最终目的是满足人的需求，场所中的一切，离开人的活动就失去了意义。景观环境的各种细节都应当体现人性关怀，如德国街头的金属靠背，从人的需求出发，为人们提供一处可以倚靠着交谈聊天的场所，受到人们的欢迎。

人性化的景观环境设计应遵循以下基本原则。

（1）环境设施应在使用者易于接近并能看到的位置，方便市民使用。

（2）环境设计要考虑日照、遮阴、风力等环境因素及人的生理特点。

（3）满足不同人群的使用，不仅是老人、儿童，同时也应满足残障人士的使用。同时，一个群体活动不应干扰另一个群体，应提供不同年龄段人群的交往、共处空间。

（4）提倡民众参与，让使用者参与景观环境的设计、建造及维护的过程。

（5）景观设施日常维护应简单、经济，景观设施材料应人性化，使人感到亲切。

（6）营造具有安全感、领域感的空间环境。

（7）景观环境是在不断变化发展中的，大众应成为景观环境的主人，应在环境中融入可控制或改变的因素。

（一）创造交往空间

社会心理学认为，交往是人类社会存在的基础。人们通过交往来组织生产，实现人与人的沟通，在交往中获取信息、在交往中得到启示，交往在人们的社会生活中无处不在。社会心理学家 A.N. 列昂节夫谈道："在一般情况下，人同他周围的物质世界的关系总是通过同他人的关系和同社会的关系间接地表现出来的。"因此，交往是人类社会性的反映，同时也是个人心理状态的重要决定因素。当今社会，人们重视交往、渴望交往，甚至利用科技的发展将交往拓展到网络虚拟生活中。人与人之间的交往是城市赖以存在的基本要素，而景观环境是人们交往的重要载体。景观环境中创造人与人之间的交往空间，能够满足人们的心理需求，增强人们的自我认同感，缓解现代都市生活的孤独感，丰富人们的休闲生活，是创造和谐稳定的社会环境的基本条件。

1. 研究景观环境中潜在的交往行为

不同的景观环境中可能发生的潜在交往行为是不同的，这是由不同环境的特征决定的。例如，社区景观环境中常见的行为，如聊天、棋牌、健身等；商业景观空间中常见售卖、休息、表演等行为；而在文化性景观空间中则常见各种文化表演活动，如巴黎蓬皮杜文化中心广场上自发地聚集了很多人在街头为人画像，更多的人在驻足观看与交谈。因此，必须对设计场地中可能存在的交往行为进行研究，为这些活动提供必要的环境设施，以满足其活动需求，诱发各类交往行为。

2. 完善户外环境中的景观设施

户外环境中的景观设施包括坐凳、桌椅、休憩亭廊、信息指示牌等，对于促进环境中的人际交往起着重要作用。这类设施能够吸引人们前来休憩，诱发人们之间询问、聊天、棋牌等交往行为。例如，南京珍珠小游园中聚集了大量前来休憩的人群，环境中的亭、桌椅等景观设施诱发了人们进行棋牌、交谈等交往行为。

3. 营造合理的流线系统，创造交往空间

景观环境中的流线系统设计对于交往空间的营造影响显著。一方面，合理的交通流线保证了市民户外交往活动的安全，住区环境中采取人车分流与集中停车的方式保障了居民安全的户外活动空间，减少了车辆对于人们交往的干扰；另一方面，合理流畅的流线设计还能够增加市民户外交往活动的空间，通过增加游步道、延长游览线路增加市民户外活动停留的时间，引导人们休憩、游玩、健身等户外交往活动的开展。南京新世界花园住宅小区通过调整路网，增加了大量的宅间绿地与活动场地，为小区内的居民开展各项户外交往活动创造了条件。

（二）人性化尺度

人性化尺度蕴含丰富的含义，景观环境中的人性化尺度是指空间尺度、环境设施的尺寸适宜人的活动与使用，符合人性化尺度的环境使人产生舒适、安全、亲切的心理感受。人性化尺度还能够激发市民的归属感与自我认同感，拉近人们彼此之间的心理距离，淡化现代城市中人与人之间的陌生感，促进人们相互之间的沟通与交流。

景观环境中的人性化尺度没有定值，不同的人群对空间的感受不同。例如，儿童感受的空间尺度比成人小很多，男性的空间尺度一般要比女性大。但总体而言，空间比例关系与空间的围合性、人的感受之间存在对应关系，空间过大或过小都会导致人们亲切感与安全感的下降与丧失，使人产生紧张、恐惧、迷茫的心理感受。根据研究，景观空间间距 D 与两边建筑高度 H 比值在 1 ~ 2 之间时，空间的围合性较好，人的感受是舒适、宜人的；小于 1 的时候，人们会有压迫感、紧张感；大于 2 的时候，人们会感到空旷、孤独，甚至感到不安、恐惧。同时，根据研究发现，人均占地 12 ~ 50 m^2 时，人们彼此之间活动不会受到干扰，较为适宜开展外部空间活动。

除了景观环境宏观尺度要注重人性化的控制之外，景观环境中的各种设施与小品设计也要考虑到人的尺度与行为，否则就会出现尺度失当，影响到人们的使用。例如，环境中亭廊高度一般控制在 3 ~ 4 m，宽度在 3.0 ~ 6.0 m，这样的尺度是比较适宜人们开展休憩活动的。

（三）边界的处理

扬·盖尔在《交往与空间》中指出，人们喜欢停留在有依靠、有背景的边缘地带，场所的边缘为人们休憩、观看、运动与交谈提供了安全可靠的背景。环境心理学认为，人群之所以主动选择了场地的边缘，是因为人在边界的停留过程中感受到了支持与保护，当人的背后受到保护时，他人只能从前面走过，因此观察和反应便容易得多。所以，人们会很自然地选择有所依靠的地方。爱德华·霍尔在《隐匿的尺度》中指出，处于边缘或背靠建筑物的立面有助于个人、团体与他人保持距离，是人们安全心理的需求所致。C·亚历山大在《建筑模式语言》中总结了有关公共空间中边界效应和边界区域的经验。他认为，如果边界不复存在，那么空间就不会有生气。对于一个良好的景观空间来说，应当特别重视边界效应的应用，利用空间边界线的凸出或凹进造成对人的吸引与滞留，为人创造出适宜逗留的亚空间。心理学家德克·德·琼治也提出过边界效应理论，他指出，森林、海滩、树丛、林中空地等的边缘都是人们喜爱逗留的区域，而开敞的旷野或滩涂则无人光顾，这都是因为边界能提供给人一种安全的感觉。

景观空间的边界形态是多样化的，可以是人工营造的地形、挡墙、台阶，也可以是长椅、亭廊、花架，同时应当考虑多种人群的使用，既可被青少年使用又可被老年人或其他人群使用。景观环境是开放的空间，与周围空间能否渗透是吸引人群的一个重要因素。成功的边界设计应是通透而丰富、曲折而富于变化，并在适当位置设计休息和观光的空间。往往景观环境的边界越丰富，边界上逗留的人也就越多。

（四）座椅设计与设置

休憩行为是户外景观空间中最为常见的行为方式之一，因而适宜的座椅设计与设置是人性化景观环境设计中的重要环节。良好的座椅设计不仅能为市民提供良好的休憩场所，还能满足人们的心理需求，促进人们的户外交往，诱发景观环境中各类活动的发生。

座椅的设计首先是满足人们坐的需求，因而适宜的高度和良好的界面材料是最基本的要求。从人体工程学角度而言，最适宜的座椅应使入座者的脚能够自然地放在地上，并且不会压迫到腿，但由于人的身材体型不一，适宜的座椅高度因人而异。总体而言，景观环境中座椅的高度在 45 cm 左右是适宜大多数人群的。如果太高，会让人感到不适或无法入座；如果座面太低，会使人脚关节感到压迫。例如，某广场上座椅设置太高，市民不得不把腿悬在半空，影响了人们的使用。座椅表面的材料选择也是环境设计的重点，一般而言，木材是户外环境中最常采用的，金属与石材次之。因为金属与石材导热性都较强，都存在冬冷夏热的缺点，不适合人们长期使用。例如，某小游园中供人棋牌活动的桌椅坐凳均为石材，冬冷夏热，冬季老人们不得不自己加上坐垫以御寒。

景观环境中，座椅设置除了应该符合人体工程学的基本要求以外，应更加注重满足人的心理需求，即人的领域感、个体性与依托感，并在此基础上促进人与人之间的交流，增加户外交往空间，实现景观环境的社会功能。

在景观环境中，座椅的长度应当满足至少两人的容纳空间。当然，在极端情况下，人们对于座椅空间要求会降到最低。除了满足领域感，座椅设置还应满足人们的个体空间要求，如座椅面对面放置或太靠近容易产生压迫感、局促感，同时对视也会使人们感到尴尬与不适。同时，座椅还应有所倚靠，使人们可以观察到场地内他人的活动，满足人们安全感的需要。对多个广场的调研发现，人们趋向于在广场或绿地边缘的座椅休憩，如街头广场，人们要么快速穿越，要么寻找座椅加入其中，没有人愿意在广场中央被人注视着活动，人们乐于当“观众”观察别人。

（五）路径设计

景观环境中路径设计的作用即在于使人在场所内或场所之间便捷地通行。路径不仅是交通的通道，还是活动的空间。比如，在城市环境中，街道不仅是交通空间，还是社会交往与人们休闲活动的场所；风景环境中，游览线路不仅引导人们到达景点，同时还是人们移步换景、欣赏美景的重要载体。良好的路径设计能够创造一个人性化的交通系统，引导人们经过潜在的交往与景观区域，诱发人们交往、驻足与观赏行为的发生。在景观空间中，作为景观结构的重要组成部分，路径设计扮演着关键的角色。

路径设计既包含车流设计也包含人流设计，景观环境中不同的使用者和交通模式直接影响着路径设计。景观设计师需要综合考虑不同的游览方式、不同的使用者的特点与行为模式，减少他们之间的冲突。在许多景观环境中，设计者首先要考虑的就是化解机动车与行人之间的冲突。

景观环境中的人流路径根据目的类型可以分为四大类：交通与穿越行为是景观环境中目的性最强的人流类型，便捷快速的路径是这类人群最需要的；目的性较弱的游览或者购物路径则对便捷性要求降低，路径可以有所曲折，而对周边风景或环境质量提出了要求；无明确目的的散步与休憩路径则可以蜿蜒迂回，对便捷性要求最低，而对周边风景、道路形式及环境细节要求最高。

人们使用路径的方式、强度和频率决定了路径的宽度、形式和材料。流线型的路径设计能够吸引人们来回散步与慢跑，铺满鹅卵石的路面常常吸引人们边散步边进行足底按摩。同时，人们的心理特点也影响人们对路径的选择，如人们相对于踏步更愿意走稍陡的坡道；在景观环境中，人们趋向于选择曲折弯曲的小路而非直来直往的棱角生硬的大路；在环境相似的路径中长时间地行走会使人疲倦，丰富的路径形式、多样的空间边界的合理组合能够创造丰富活泼的景观效果。

（六）空间的模糊性与领域感

景观环境中的模糊性空间根源于人们对空间感受的模糊与人们思维的复杂性。行为心理学认为，人们对环境的感知是模糊不确定的，一方面户外景观环境承载了大量复杂的信息，如交通、人流、声音等；另一方面认知主体人是一个复杂变化的有机体，具有大量模糊性思维与复杂的心理需求。正是由于户外景观环境自身的复杂性与人个体感知的模糊性，导致了人们对于景观空间的感受是复杂、模糊、多义的。

景观环境中空间的模糊性体现在两个层面：一是景观空间边界的不确定性；二是景观空间使用目的的复合性。景观空间边界的不确定性是指景观空间中边界是模糊的，景观环境中由于使用的公共性很少会有很封闭的空间，空间竖向边界多由景墙、景观柱或树池、花坛所组成，其边界是不连续、不完形的，而顶界面在室外环境中是很少存在的，多由廊架、花架、亭子及大树所组成。因而，景观空间边界对于空间的限定很弱，空间之间彼此渗透。景观空间使用目的的复合性一方面是因为景观空间内发生的行为是模糊混杂的，同一块场地上可以有多种用途，如一块空旷的场地既可以成为老人们晨练的场所也可以成为孩子们轮滑嬉戏的游乐场；另一方面是因为发生在同一块场地上的行为也是相互混杂的，如有的人观看、有的人闲聊、有的人锻炼，这些不同的行为能够共存于同一空间之内，因而景观环境中的模糊空间体现了最大限度的包容性与普适性。

领域感的营造与模糊性空间在景观环境设计中的运用很多。

（1）亭廊空间。亭廊是户外景观环境中常见的游憩设施，除了能给人们提供停留休憩、遮风避雨的基本功能之外，还能有效地促进人们的户外交往和活动的开展。亭廊这种景观形式能够有效地实现空间的领域感，给予廊下的人们依托与安全感，同时它的界面是通透不连续的，又为人们提供了良好的视野。亭廊空间既是交通停留空间也是交往空间，人们可以在亭廊下开展丰富的活动，如聊天、下棋、休息等。

（2）庭院空间。景观环境中的庭院空间是指由景墙、绿化等所组成的围合或半围合的公共空间，具有较强的归属感与领域感。庭院空间范围界定较明确，但不封闭，因而空间是渗透流动的。庭院空间具有多义性与混杂性的特点，即同一块庭院既可以给老人聊天下棋，也可以供儿童游憩嬉戏。景观环境中的庭院空间由于具有强烈的领域感与依托感，常常成为人们集聚的场所，成为场地中的视觉焦点。

景观环境中空间的界定方式很多，除了亭廊和庭院空间这两种比较常见的空间限定方式之外，一块下沉广场、一块不同的铺装或一个舞台，甚至几根石柱都能界定出一片空间领域，这种空间领域边界是模糊、开放的，与周边环境相互渗透，吸引人群的聚集。例如，某场地内搭建的一个临时的舞台，从而在其周边界定了一定的观赏区域，成为场地的焦点，吸引周围的人前来观看。

（七）公众意识和民众参与

在景观环境的人性化建造过程中，应根据大众日常生活的实际需求和变化，进行实时的调整与完善，使使用者真正成为景观环境的主人，促进环境的健康发展。景观环境的人性化建设有赖于一定区域公众的积极参与和长期配合，不论是建设前期还是建成以后，积极倡导市民参与空间环境设计都具有十分重要的意义。使用者将需求反映给设计者，尽可能弥补设计者主观臆测的一面，这将有助于景观师更有效地工作，同时能加强市民对景观环境的归属感和认同感。调研、决策、使用后评价这几个过程都应当让民众充分参与进来，应积极地发挥景观设计中的“互动”与“交互”，让大众对于环境设计方案进行评价、选择，对于建成环境使用人群进行使用反馈调查分析。环境设计模型和表现图是沟通过程中使用最多的方法，它可以最直观地表明设计者的意图和构想，也最利于民众理解与提出意见。

公众意识特别体现在现代城市环境设计中，现代生活日益丰富多彩，人的活动范围亦日益扩大，新的生活方式不断引领人们对户外活动的新需求。因而，景观环境应是一个开放、公开、注重与人对话的户外空间形态，它以服务于人、方便于人的使用为目的。

第三节 现代景观的空间构建

景观空间是理想生活的物质载体，景观环境的有机性在于自然景物与人工环境的和谐统一。然而，景观设计不等于设计师以理想的范本改造既有的环境空间，而是在尊重场所及其精神的前提下，研究场地固有的空间构成规律，在融入设计目的的同时建构起新的景观空间。这既是科学的景观设计观，也是创造个性化、特色化景观的基本途径。

景观不等同于平面设计，确切地说景观是从空间设计开始的，景观师创造连续的空间效果，以实现预期的设计目标。景观空间和谐统一，刚柔相济，形成美好的生活境域，让人们生活在其中感到舒适、愉快，有益健康，并有着丰富的物质生活和精神生活内涵。日本学者芦原义信在《外部空间设计》一书中将空间分为正空间、负空间和中性空间，认为“空间基本上是由一个物体和感觉它的人之间产生的相互关系中发生的，这一相互关系主要是根据视觉确定的，但作为建筑空间考虑时，则嗅觉、听觉、触觉也都是有关系的”。视觉感知对于建筑设计、景观设计都具有重要影响。老子《道德经》中所说:“埏埴以为器，当其无，有器之用。凿户牖以为室，当其无，有室之用。故有之以为利，无之以为用。”实际上，“器”的本质在于产生了“无”的空间。景观空间是介于自然空间与建筑空间之间的一种特殊的空间形态，从本质上看景观空间也属于人工营造的空间，具有人工营造空间的基本属性，比较建筑空间而言，景观空间具有更多的自然属性。对此，芦原义信曾这样解释外部空间：外部空间是从在自然当中限定自然开始的，是从自然当中框定的空间，与无限伸展的自然是不同的，外部空间是由人创造的有功能的外部环境，是比自然更有意义的空间。他从构成建筑空间的三要素出发，认为外部空间“可以说是‘没有屋顶的建筑’空间”。也就是说，外部空间是由地面和墙面这两个要素所限定的。

景观环境的形式取决于它与所在地段的相互关系，而这种关联性是景观空间的核心，具有一定的因果缘由。每项景观工程均展示了场所内在的规律，人们正是通过创造与感知在社会中进行自我判定的。对观者而言，景观是一种可解读的空间。景观空间往往也是信息共享空间，同一空间存在多种信息，所以景观空间具有多义性。空间是景观的载体，功能在其中展开，意境由其中生成，作为人化自然，景观环境更是自然的一部分，其中的客观的生命过程更是景观存在的基本前提。同时，由于景观空间不同于建筑空间，也不同于纯自然空间，而是介于人工和自然之间，由于其自身的生命特质而不断变化，具有不确定性，所以景观空间又具有复合性的特征。

G·尼奇凯提出："这个空间有个中心，就是知觉它的人，因此在这个空间里具有随人体活动而变化的方向体系，这个空间，绝不是中性的，而是具有界限的。换句话说，它是有限、非均质、被主观知觉决定的……"这是知觉空间。景观空间向内有其自身的构成关系，向外则要求与环境找寻关联，两者共同作用确定了景观空间的结构关系。内在构成关系包括满足各种功能要求的道路、广场、建筑、水体等，是构成景观空间的内在依据。景观环境离不开自然与人工两大环境体系，因此景观环境具有两类空间的基本属性。景观设计需要研究人工环境、自然环境、场地以及建造的材料、结构和建造技术等；要研究景观自然的构成规律，即景观空间和构成空间的要素之间的关联，各组成部分的组织规律；形式和技术之间的关系；体量、空间和界面之间的关系等，作为景观设计研究的主要内容。

从空间建构的角度看，景观设计的本质在于从既有的空间环境之中，依据一定的目的对环境要素加以增删、切割、打碎与重组，依据一定功能及审美需求，重新建立适宜的尺度体系，通过将各种元素如铺地、雕塑、喷泉、植物重组，从而创造出具有一定形式与意义的空间。景观设计必须加强与既有空间格局和形态的联系，而不仅仅关注二维平面，沉迷于平面构成和图案堆砌，从而淡化对于项目周边的围合界面和外围空间系统的研究。不仅要把景观项目放在大环境中进行二维研究，而且要把握项目三维、四维的空间特性。景观空间构成具有理性与感性双重属性，抽象的图示思维与自然形态模仿并存，这是景观设计区别于建筑及其他相关造型艺术的一大特点。

一、景观空间构成

景观设计不等同于"平面设计"，景观空间的划分与组织也不应迁就平面构图，以免导致空间的不完整。的确，景观设计中相当部分的工作在于研究平面，其中既有对于交通流线、功能的研究，也有对于景观空间划分的思考。景观设计从平面入手，解决空间问题，这其中难免有平面与三维的转换问题。以二维平面表达三维空间感受是平面艺术的基本形式，而景观则是将空间的形态、尺度、围合等以平面的方式加以表达，其实质仍然是从三维出发，又以三维空间为目的。因此，景观平面与空间之间不是简单的对应关系，而是存在着内在联系的逻辑关系，它的空间关系建构有着特殊的方法和技巧。平面设计艺术的视觉空间建构与写实的、再现的自由绘画艺术有所不同，主要不是依靠透视、比例、光影的物理逻辑空间来塑造，由于设计中各种形态元素及文字元素的综合使用且这些元素多呈现出脱离物理时空关系的状态，所以在画面经营上需要抽离与利用事物空间属性的视觉组织方式，形成具有特定生理与心理意义的意象空间。我们所面对的任何平面作品，实际上都存在一个充满空间意味的、有生命力的“场”。对于景观平面的组织必须以空间的形态为基本依据，而不应单纯地就平面论平面，使之转变为纯粹的平面构图。严格意义上来说，景观设计中的“平面”与平面艺术设计的“平面”是有质的区别的，前者是研究现实的空间，后者则是通过平面虚拟空间。

景观空间同样不同于建筑空间，它没有完整、固定的“外表皮”，缺乏明确的界定。景观空间往往随着观赏者路径的变化而变化，即“步移景异”，空间界面也是变化的、非连续的，而生成的景观空间则是“多孔的”。因此，景观师置身于景观空间之中探讨空间的问题，更多的时候是在研究空间的“内表皮”而非“外表皮”。

景观空间与建筑空间相似，所不同的是景观空间类似于拓扑学中的莫比乌斯环，由于空间界定的不确定性，更加关注与强调内外空间的贯穿和交互。同时，景观空间不再是单纯的、静态的三维空间，而是多维动态空间，是加入了时间维度的四维空间。

（一）景观空间界面

对于空间的探讨不仅限于空间本身，还要包括围合建构空间的实体要素与结构，它们是构成景观空间的不可分割的组成部分。人们往往经由构成空间的要素着手研究空间的构成。雕塑家亨利·摩尔认为，“形体和空间是不可分割的连续体，它们在一起反映了空间是一个可塑的物质元素”。景观空间的限定主要依靠界面来形成，界面及其构成方式也就成为景观空间的研究重点。景观空间的存在及其特性来自形成空间的构成形式，空间在某种程度上会带有围合界面的特征，空间秩序的建立基本上取决于围合空间的界面。

界面，是相对于空间而言的，是指限定某一空间或领域的面状要素。作为实体与空间的交接面，界面是一种特殊的形态构成要素：一方面，界面是实体要素的一个必不可少的组成部分；另一方面，界面又与空间密不可分，界面与空间相伴相生，不同的物质界面相互组合，会形成不同的空间效果，反映出不同的场所精神与特色，激发出人们的各种感受。

“界面”作为空间形成的载体，它完成了对景观空间的塑造。空间的界面由底界面、竖界面和顶界面三个部分共同构成。在不同类型的空间中，界面的组成或许不完全相同，但这不会影响整体空间的形成。在建筑空间中这三个要素是基本完整的，而景观空间中的三个界面却具有不确定性。

1. 底界面

底界面是景观空间中人们接触最密切的一种界面，它有承载人们活动、划分空间领域和强化景观视觉效果等作用。构成材料的质地、平整度、色调、图案等为人们提供了大量的空间信息。参与构成空间底界面的要素按其表面特征可分为软质底界面、硬质底界面和一种特殊底界面——水面。

（1）软质底界面。

软质底界面主要由土壤、植物所构成，如大面积的草坪、地被物等，软质底界面多半是有生命的，具有可变性。

（2）硬质底界面。

硬质底界面由各种硬质的整体材料或块料所组成。依材料之不同，可有砂石、砖、面砖、条石、混凝土、沥青以及在某些特殊场合中使用的木材。底界面有“第二立面”之说，其构成图案、质感、色彩等影响着空间的特征，具有极强的表现力。硬质的铺装既是以功能使用为目的，也可以兼具观赏的目的。

在底界面上由于所使用图案的不同，也可以划分出不同的空间区域。地面图案是一种能影响人的心理和行为的要素，它可以对行人产生流动和停止的暗示，地面图案分有向性、无向性和向心性三种。线性、长方形图案具有向性，多用于交叉口或行进方向转折的地段，以对人的活动产生指示作用，若将图案方向和人流方向垂直，则可弱化空间的狭长感，并创造出一定的地面节奏感；方形和六边形图案不具有明确的方向性，稳定而安宁；而圆形、曲线形和放射形图案具有向心性和趣味性，易引起人们的注意，因此常用于群体聚集、停息、活动场所等重要位置。

在底界面设计中，常由于地形或使用的需要，采用地面上升或下沉的处理，或利用底界面的起伏变化，以增加景观空间的美学效果。

（3）水面。

水是景观环境中极富表现力的一种“底界面”。水不仅可以衬托建筑物，同时由于水的流动性而使建筑环境显得生机勃勃。另外，水的虚幻、倒影等特征也极富表现力。南京大屠杀纪念馆尾声部分的开阔水面倒映着远处的“和平”雕塑和一侧的“胜利之墙”，微波粼粼，意境悠远（见图 4-12）。

图 4-12 南京大屠杀纪念馆“和平”雕塑和“胜利之墙”

水具有可塑性。其形状是由“容器”所决定的，除去上面说到的以“面”存在的水外，水也可以“线”的方式出现。哈格里夫斯联合事务所设计的澳大利亚悉尼奥林匹克公园的无花果树林是奥林匹克广场南端最高点的标志物，其重要性通过一组壮观的喷泉凸显出来。喷泉水柱高达 3 m，喷泉池边有几条小径伸进奥林匹克广场的人行道中，而喷泉喷出的弧形水柱则交织在小径上方，弧线形的水柱搭成了长长的水体隧道，吸引着人们的视线和参与的欲望（见图 4-13）。

图 4-13 悉尼奥林匹克公园水柱

2. 竖界面

外部空间的竖界面构成十分丰富，边界的建筑物外墙、树木、景墙、水幕、水帘等均可构成外部空间的竖界面。竖界面也是人们的主要观赏面，包括建筑、构筑物、设施、植物等，其高度、比例、尺度及围合程度的不同会形成不同的空间形态。景观外部空间的竖界面似乎不如建筑物的竖面明确，然而竖界面仍然是外部空间划分空间的重要手段之一。景观空间中的竖界面具有“多孔”、不确定与非连续性等特征，树木、灯柱等都可以构成景观环境中的竖界面。

3. 顶界面

与前两类界面形式相比较，在开放式的景观环境中，顶界面在景观环境中所占的份额最小，具有不确定性。顶界面的构成有两种形式。第一种是严格意义上的顶界面，植物的树冠是景观环境中重要的顶界面，树木的枝条伸向空中，与叶片共同组成室外“天花”（见图 4–14）；由构筑物形成，这是最为明确的一种顶界面类型（见图 4–15）。第二种是虚拟顶界面，是由建筑物围合而产生的“场”效应（见图 4–16）。

图 4–14　植物树冠围合成的顶界面

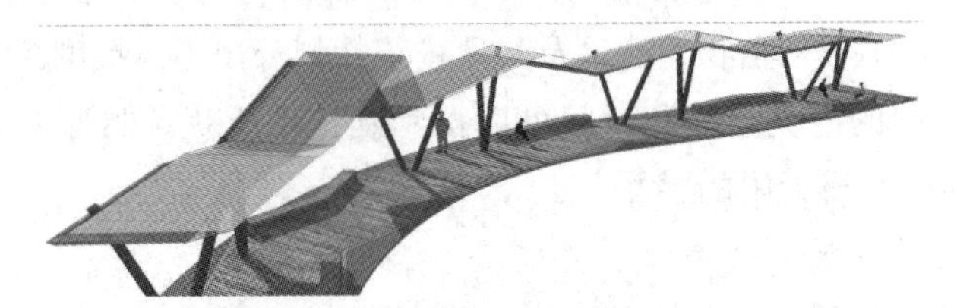

图 4–15　构筑物围合成的顶界面

图 4–16　圣马可广场

（二）景观空间尺度

景观空间因其特殊性而有相应的尺度体系，应充分把握景观空间尺度的舒适性，做到景观空间尺度与建筑等周边围合界面尺度相适应，以及各景观组团之间、景观元素之间尺度的适应。

1. 空间尺度的层级

尺度通过尺寸、比例并借助于人的视、听、行等各方面的生理感觉，表达人与物、物与物相互之间的相对量比关系。空间尺度侧重空间与空间构成要素的尺度匹配关系，以及与人的观赏等行为活动的生理适应关系。人们生活的外部环境可以划分为3个空间尺度层次。① 宏观尺度：从城市规划角度指居住在城市里的人对城市总体空间大小的感受。② 中观尺度：指城市中的行人通过视觉在舒适步行范围内对城市公共空间大小的感受。主要类型包括广场、商业步行街、公园、居住区公共活动中心、滨河休闲步道等。③ 微观尺度：指人们在休闲活动时对个人领域以及交往空间大小的感受。具体范围从人的触觉感受范围到普通人辨别人脸部表情的最远距离（25 m），包括人与人、人与物的接触交流，人与人的视觉交流、对话交流等。符合人的基本生理和心理需求是微观尺度研究的基本问题。中观及微观的空间尺度是最需要景观设计师把握的，也是空间组合最为丰富的领域，尤其在园林空间中，隔则深、敞则浅。单一的大尺度给人们的只是有限的空间，视觉流程是短暂的，而运用地形、水体、山石、植物、建筑及其他构筑物划分出不同尺度的空间进行穿插、叠加、对比，人们的游览空间和时间可以得到延长，所获得的视觉信息大大增加，从而在有限空间中获得无限的感受。

2. 空间尺度的对比

空间大小是相对的，在方寸之地的江南园林中，通过尺度对比仍然可以有“小中见大”的空间感受。不同尺度的空间互为参照、相互烘托，暗示出其主从关系，自然起到导向作用，并随着视线的收放、光线明暗的变换，获得“小中见大”的空间效果，如留园窄小狭长的入口空间中人的视野被极度压缩，而进入主空间一刹那的豁然开朗，让人们体验到空间尺度变化的视觉趣味。另外，人们在表达纪念、象征等意义时往往会运用超人的夸张尺度，在与人自身尺度的强烈对比中，将神圣或崇高的空间氛围渲染开来，如拉什莫尔国家纪念碑（见图 4-17），美国著名画家和雕塑家格桑·博格勒姆在拉什莫尔山的花岗岩上雕刻美国开国元勋的雕像，分别是乔治·华盛顿、托马斯·杰弗逊、西奥多·罗斯福和亚伯拉罕·林肯，作为弘扬美国精神的永恒象征，并以此来吸引游客游览美丽的布莱克山区。头像的雕刻采用了高浮雕写实的手法，突嵌在高大的山峰上。每尊头像的高度约为 18 m，其中鼻子长度约 7 m，嘴的宽度为 2.6 m，眼睛宽 1.5 m。他们目光前视，仪态庄重，代表着美国业绩的四大象征：创建国家、政治哲学、捍卫独立以及扩张与保守（见图 4-17）。

图 4-17　拉什莫尔国家纪念碑雕塑

3. 空间尺度的决定因素

一个空间的尺度大小取决于多方面的因素：设计地段的面积及周边环境等客观条件因素；空间的使用功能因素；不同的民族、宗教等文化因素；社会级别因素；人的生理、心理需求因素等，需要设计师的综合分析。但可以肯定的是，人的生理特性是必须要考虑的最基本的因素。视觉是人类在认识世界、获得信息的各种感知方式中最重要的一种方式。

（三）景观空间围合度

外部空间的围合界面，可以分为虚、实两种界面。实界面就是指连续的物体所形成的围合界面。虚界面是指在空间中某些有一定间隔且存在着相互关联的因素，由于其相互之间存在视觉上的张力作用，从而在人心理上产生一种虚拟“界面”存在的感觉，也可以称之为心理界面。不同的景观外部空间中，围合界面的虚、实比例是不同的，使空间显现出不同程度的围合感。总的来说，实体界面越多，其封闭感就越强。但是，如果一个外部空间的界面过“实”，有时就会显得缺少流动性和层次性，这时就需要利用“虚”的心理界面来使空间变得生动。景观外部空间的界面既不是完全由“实”的建筑界面构成，也不是完全由“虚”的心理界面构成，而是一种虚实相间的状态。

具有一定开放性的空间，在其围合界面或立体结构的延展方向上或者其开口位置，对外围空间有一定的扩张作用，与磁场的辐射作用类似，这是物体的内部空间向外部空间延展和扩张的结果。

欧洲尤其是在意大利的古典广场围合度较高，广场的周边大多为以建筑为主的连续界面，如罗马卡比托利欧广场，梯形广场铺砌地面呈稍稍隆起的椭圆形，其中两侧与两座古老的建筑相邻，分别是位于东南侧的元老院和西南侧的保守宫，新修建的“新宫”最终确定了三面围合的空间（见图 4–18）。

图 4–18　罗马卡比托利欧广场

景观空间围合度的变化包括平面和立体空间两个方面。在平面上，使空间具有围合感的关键在于空间边角的封闭。一般来说，只要将空间的边角封闭起来就易于形成围合空间。边角封闭的程度越高，空间的围合度也就越高；反之，空间的围合度就弱。较强的围合构成的景观空间具有自聚性和内向性，空间相对比较封闭，相对而言受外界的干扰少，内聚力和安全感强；反之，较弱的围合构成的空间比较自由、开敞，视线和围合感从敞开的边角溢出，与相邻的空间渗透性加强。在空间上，其围合的空间比例相应可分为全封闭围合、半封闭围合、临界围合、无围合四类。较强的围合和全封闭围合可用于相对独立住区的空间单元，而景观环境中大量的空间以弱围合和较封闭的围合空间存在。平面上较弱的围合和立体上半封闭围合的空间经常出现在建筑群体中的院落、小块集中的绿地；而相对较大的绿地、小广场等空间领域在立体空间上是临界围合，在平面上是弱围合。空间围合度可以分为立面与平面两个方面加以计算，根据空间围合程度的不同可以分为开敞空间、半开敞空间、封闭空间。

（四）景观空间密度

在景观环境空间形态一定的情况下，景观空间中要素的体积、多寡、组合直接影响到景观空间的视觉效果。景观空间中的要素主要是硬质景观小品和绿化植物景观，它们对空间环境的影响主要表现在两个方面。一是硬质景观小品和绿化植物景观的建设量。在一个既定的外部空间环境中，绿化植物的多与少、景观建筑小品的疏与密，会给身处该环境中的人们截然不同的感受。有些景观空间环境会让人觉得非常的疏朗，有些空间环境则会让人觉得郁闭、堵塞。不同类型的外部空间对于景观建设量的需求是不同的，这就需要一个适宜的“度”的把握。二是硬质景观小品和绿化植物景观的合理有序配置，这两个方面共同影响了景观空间环境的质量。

所谓景观空间密度并非探讨物质层面上的概念，而是指景观环境中景物要素在一定空间容积中所占比例。对于这一问题的探讨有助于了解景观空间的性质，通常建筑空间由墙面、地面和顶面围合而成。空间本身的形态取决于围合的面，景观空间则有所不同，除去与建筑相近似的3个面外，景观空间本身存在着界面的不确定性，相应的空间界定也是模糊的，而景观空间中存在的景物同样占据着一定的空间。唐代柳宗元提出景观空间不外“奥如旷如”，其中“奥”与“旷”便包含了空间的密度问题。空间环境对于人们最直接的感受就是空间的开阔与郁闭程度。“奥如”是一种内向郁闭、狭仄幽静的空间形态，柳宗元认为洞穴探奇则“奥如”也；而“旷如”是一种开阔疏朗、明亮外向的空间形态，柳宗元用溪山寻幽来形容“旷如”的感觉。景观空间的奥旷度直接决定了人们对于场地的心理感受，如人们在灰暗狭小的空间中常常感到不安、恐惧或者有幽闭感，甚至产生负面的联想；反之，阳光明媚的开阔空间，如大面积的草坪、水面则令人心情轻松愉悦。

景观环境中景物要素密集并不意味着景观环境优良，相反不论是视觉还是科学意义上均有负面效应，如时下常用的高密度栽植方式在短期内取得良好的景观效果，但从长计议却有着不利于植物生长的隐患，高密度的植栽往往会造成空间视觉的瘀塞。不同的植物其枝叶结构不同，叶片的大小与密度不同，也都不同程度地影响着景观空间的密度。

（五）景观空间的边界

边界是一种连接形式或者过渡空间，它围合或分割不同的空间，是限定空间的要素，以“割断性”为特点。边界可以定义为景观中两个空间或两个区域的线性面，这两个区域具有不同的功能或特征。边界具有作为实体和作为空间的双重属性。城市中自然要素与城市建设单元之间在功能、使用方式上都具有极强的互补性，所以“边界效应”强烈。正是由于这种所谓的“边界效应”的存在，自然要素与建设用地的交界处也显得异常活跃。足够的缓冲区域可以减弱人类活动造成的物质与能量的变化可能对自然要素生态系统的破坏，而扩大的边缘空间恰恰能够产生边界效应，所以要给自然要素与建设用地留有一定的“缓冲空间”，采用一种“柔化”的自然要素边界处理方式。“柔化”处理自然要素与城市建设单元用地的边缘，如扩大滨江、滨河的公共开敞空间规模，增强滨水空间活力，将滨河绿带区向城市内部拓展、延伸。边界效应理论指出，森林，海滩，树丛，林中空地，建筑广场的边缘，建筑的凹处、柱下等是人们喜爱停留的区域。不拘泥于“庭园”范围，通过借景扩大空间视觉边界，使空间景观与城市景观、自然景观相联系、相呼应，营造整体性景观效果。现代景观设计强调把视域空间作为设计范围，把地平线作为空间参照，这与传统园林追求的无限外延的空间视觉效果是殊途同归的。

边界空间有如下特征。

1. 异质性

异质性是边界空间最突出的空间特征，它使边界空间得以汇聚两端空间的“势能”而充满活力，异质性使边界空间的信息量大为增加。因此，人们往往选择在边界空间停留，使空间充满生气。

2. 中介性

在结构上，边界空间是相邻空间的连接体，是一个中间地带，它表明了事物间存在相互渗透的过渡环节，通过中介完成事物间的联系与转化。因此，它不但具有融合相邻异质空间的特点，而且因其位置的特殊性，形成独有特点。中介性赋予边界空间广博的包容能力，在边界空间相互作用、干扰、整合、妥协，是对立矛盾冲突与调和之焦点所在。此外，中介性使其拥有满足人的多种需求的空间品质。

3. 模糊性

边界空间既是相邻空间的分隔，又是两空间的过渡，它的存在使事物之间不是孤立而是相互作用的。由于边界隶属于多个事物，无法进行精确的限定，在类属方面亦此亦彼即是边界的最大特性——模糊性。

4. 公共性

如前所述，边界空间既分隔空间，又联系空间。为相邻空间共享的公共性决定了边界空间生境的丰富多样性，受益于相关地域空间资源的相互补充与组合，加之多样性生境的复合、延展，边界空间较之生境相对单一的核心空间，能更有效利用环境资源，利于承载多元化活动。

5. 层次性

边界空间的层次性取决于空间的尺度：从生态系统的生态交错带，城市系统中的道路、河流、广场，到建筑的檐廊、外墙面和室外空间中的栏杆、座椅、花坛等，界定了从宏观尺度到微观尺度的一系列边界空间。

景观中的边界空间亦具有垂直结构上的层次性。第一，城市道路和园林绿地两种用地结构有其边界空间。第二，景观中各功能分区之间亦有边界空间，如设计中提到的动静分区，管理区与休闲活动区、餐饮区、儿童游玩区等。第三，在同一空间内依然有不同层次的差别，花池、草坪、建筑的平台、台阶、小广场以及休息空间等，它们的边界意义都可能有所不同。

（六）景观空间的肌理与质感

景观空间的肌理与质感在硬质和软质材料上均有体现，就植物本身而言，落叶、阔叶树往往显得粗糙，如乌桕、重阳木、法国梧桐等；常绿树由于结构致密常显得细腻，如法国冬青、广玉兰、乐昌含笑等；通常叶片越小、越致密的植物质感越细腻，如枸骨、龟甲冬青、铺地柏、绒柏等。

在硬质方面，木材的质感不同于石材，同样的材料其表面加工的手段不同，其质感也不尽相同。粗糙的地面富有质朴、自然和粗犷的气息，尺度感较大；细腻光亮的地面则显得精致、华美、高贵，尺度感较小。质地的选用应根据预期的使用功能、远近观看的效果以及阳光照射的角度和强度来进行设计，并形成一定的对比，以增强地面的趣味性。

（七）景观空间的色彩

景观环境中的色彩不仅是一种造型的手段，还可以营造一定的氛围，转而影响人的情绪。另外，色彩的某些约定及文化特征使色彩成为外部空间中一项重要的造型因素。潘天寿说："画中之形色，孕育于自然之形色，然画中之形色，又非自然之形色。"对于景观环境而言，材料大多直接源于自然，保持了原生的一切属性，景观设计利用材料固有的色彩加以组合，形成符合目的要求的色彩秩序。

不同的环境因其功能及空间特征的差异，其环境空间的色彩基调也不尽相同。比如，医院环境在整体上应采用浅色为基调，从而营造平静安宁的氛围；学校应以明快的暖色为基调；纪念性场所则以冷色为基调，以创造肃穆之感；而休闲娱乐的环境可采用彩色为基调，从而创造轻松、愉悦的氛围。

环境色彩的搭配不仅应根据环境的基本功能，还必须考虑建筑的色彩。色彩的序列与空间秩序相配合，有助于强化空间的特征。

（八）景观空间的变化

景观空间具有可变性，主要由自然材料自身的变化、时间的变化所致。景观空间在其形成的初期、成型期到晚期一直处在变化中，从而空间也就具有活的、生命力的属性。一方面，植物生长变化着，导致景观空间演变的不确定性；另一方面，季节的变化导致植物形态的变化也直接影响着景观空间的表现，"一岁一枯荣"是自然界最具季节性的"表情"。与人工及其他的天然材料不同，环境中的植物色彩不仅限于绿色，首先表现为绿色本身具有不同的明度，所谓粉绿、嫩绿、浅绿、灰绿、墨绿、黄绿……不仅如此，同一株植物的色彩在不同的时期其色彩各不相同，即有所谓季相变化，加之不同季节的花与果的点缀，植物的色彩堪称变化多端。

西方的空间意识是以“空间型”为特征，重视空间的形态构成和空间因素。在中国文化中，空间意识的特征体现在“时间型”，中国建筑以院落式的布局结构形式，产生空间上的连续性，展示时间进程中流动的美。

在古典园林中，使院落式的建筑空间产生生机与变化的主导因素是园林植物。以植物不同的观赏特征作为庭院空间设计的主题是中国古典园林传统的理法，在拙政园中几乎所有景点命名的题材都来自园林植物，如“玉兰堂”“枇杷园”等。将植物不同的季相景观统筹在园林空间中，通过植物不同的季相景观特征强化空间中时间的概念，在拙政园中也得到了充分的体现。

由此，园林设计师应从植物个体和群落生长习性及环境因子作用的角度，根据植物生长过程中植物个体和群体在大小和外形上的生长演变规律，总结出植物生命周期内枝干、树冠、叶片的生长对园林空间的围合感、郁闭度、尺度、形态的影响规律。从提高单位面积绿地绿量的角度，提出在种植设计中考虑通过树种、种植结构、种植密度的选择，将绿量作为种植设计的考虑因素，以发挥园林绿地最大的生态效益。重视植物生长变化对园林景观空间的影响，对植物生长演变的方向有所预见和把握，并兼顾考虑增加单位面积绿地的绿量，将植物生长变化习性和绿量作为种植设计中的考虑因素，使植物生长能够实现设计师的初衷，形成功能适宜、空间丰富、环境优美的园林景观，同时最大限度地发挥园林的生态效益。

二、建构整体化的景观空间

系统工程学、生态学强调将对象作为一个整体加以研究，地球上的生态系统具有相互依赖性和统一性。各个生态系统的价值存在于这个完整的体系中，而不是存在于每一个单个的事物中。个体作为整体的一部分而存在，只有将它们放在整体的复杂的关系网络中，才可能体现个体的价值。整合设计是在景观系统观的前提下，在对于因子的分解基础之上，分门别类对不同层面上的问题加以考察，是将系统的各种因素联系起来考虑，将其有机地结合为一个整体。景观空间秩序建构取决于基本的环境因子，如既有的场地信息的解读、场地潜在行为与预期行为的研究、场所生态条件的研究、场地既有空间特征的研究等，将不同层面的问题整合在同一空间之中加以研究，有所取舍，避轻就重，抓住主要矛盾兼顾其他方面，从而使建构起的空间场所具有整体性，能够同时满足多种秩序的要求，实现场地综合效应的最大化。

“交互性”设计存在于不同规模、不同类型的景观项目设计中。从城市的整体意象到街区的景观特征、住区的总体环境氛围乃至建筑的个体创作，都应该融汇各构成要素的综合作用，从而保证设计成果的贯通和生动。不同规模和层次的设计对象，其交互性设计的内容与方式是不同的。景观空间环境的各组成要素之间的互动设计，应同时强调它们之间的整体协作，寻找思维与意向的突破，探讨设计的改进方法，从而营造相对和谐、完善的景观环境。构成景观空间环境的物质要素是丰富的，除了地形、地貌、地质、水文、气候、植物等自然要素，还包括大量的基础设施、公共服务设施、交通设施、绿化设施等，在诸要素共同作用下还包括一种不以实体形式存在的，却对人的活动有着深刻影响的要素——景观空间。景观空间需要多样化，包括功能与形式的多样化。功能多样化，如隔离、交通、交往、运动等不同用途；形式上的多样化，如形状、尺度、色彩、材质、构图等多种变化；配置多样化，如草坪、树林、山水、建筑等不同设置。

（一）景观空间的生成

景观空间的构成，其关键在于空间与行为、生态、文化的整体关系的建构，四要素相互影响、相互制约。景观空间脱离了与所处环境的关联性、整合性，也就丧失了建构的依据，失去了空间意义。同时，其余三要素的实现也离不开“空间”这个载体，最终都将在“空间”中得以实现，因此空间的生成是实现景观环境的首要任务。

景观空间不仅展示美的形态，也记录着场所的变迁过程。今天人为营造的景观同样也是“过程”的一部分，随着时间的推移，今天的景观必然成为明天的历史。景观空间作为联系人与外部世界的媒体，以设计过程而言，它承载着设计师的理念与思绪，就观赏（接受过程）而言，观赏者通过对于景观作品的体验形成对于景观环境的诠释。这其中涉及场所的记忆、文化积淀、场所精神等方面，由此景观空间与形式既是景观语言也是“意义”的载体，景观设计师承担着将场所中蕴含的精神层面的信息传播给游憩观赏者的职责。

妥善地处理景观的形式与形式之上的文化及其相关性，是营造有意义的景观空间的基本途径。景观语言由形式、空间以及形而上的意境共同构成，景观师的设计理念依赖于景观要素及其所构成的空间加以表达，离开了形式语言，景观的意境也就无从谈起，这也是景观区别于文学及其他艺术形式的关键所在。另外，景观作为一种大众文化，其表现形式应当具有一定的可识别性，应当能够为人们所理解、接受。因此，那些既存并且在公众中形成集体记忆的特异性场景便有可能在新景观中加以适当的延续，传承该场所的景观特征与记忆。

景观设计应当尊重历史，表现场所的变迁历程，这是具有可持续性的设计理念。场所由于人为或自然的原因，留下种种印记，这其中有部分对于场所具有一定的纪念意义。如何从环境中萃取设计线索，以场地的记忆为例，历史越久远的场所积淀的信息就越多，需要加以必要的甄别、筛选。譬如，不同时期的人类使用模式、具有特殊意义的事件、具有典型意义的地标等，对于这一切取舍的依据不仅在于场所遗留的印记本身，也在于即将建构的景观空间的组织，两方面的辩证统一使场所精神得以延续，与之相应新建景观有可能成为“有意味”的空间环境。由于场地记忆具有特殊性、唯一性与可识别性，所以它是营造特色化景观极其重要的渠道之一。凯文·林奇在《城市意象》中说：“我们需要的不是简单的组织，而是有诗意、有象征性的环境，它考虑了人和社会、人的愿望、历史传统、自然条件、城市功能和运动。结构和个性的明确是发展有力象征符号的第一步。城市用一些引人注目和组织完善的场所为人们的意义和联想的汇聚和构成提供基地。这种场所感又促进了每一项在此发生的人的活动，有利于人们的记忆储存。”依据场地所蕴含的“记忆”与环境特征，营造景观环境可以充分体现景观环境的精神。

不同的场所蕴含着特殊的记忆，构成了场所的基本精神，景观环境是人们的休闲活动空间，也是精神体验的场所。场所精神直接与人的精神对话，景观环境存在的价值就在于其场所精神。场所记忆过程是动态的，随着时间的推移而不断变化着，任何存在及其形式均具备生于斯长于斯的特质，新景观也不例外。应充分发掘景观环境既存的特性，选择其可发展、可利用的部分，重新组织到新的景观秩序之中。将具有个性特征又不失地域文脉的物质空间重组以形成良好的景观文化氛围，从场景的构成因素分析，到场景的生成、组织、优化策略“艺术地再生”是表现景观环境文化的重要手段。对于场所中原有的记忆、印记不是简单利用，而是通过引申、变形、嫁接、重组、抽象等手法，巧妙地运用于景观环境之中，通过空间体验，将场所的记忆表现出来。

1.结合场地肌理营造景观环境

对于场地研究是决定景观设计成功与否的关键，赖特的“有机建筑”则是与场地结合的典型案例。赖特认为，建筑是环境的一部分，自然界是有机的，建筑师应该从自然中得到启示，房屋应该像植物一样，是“地面上一个基本和谐的要素，从属于自然环境”。赖特经常采用一种几何母题来组织构图和空间，1911 年他设计了“西塔里埃森”，即在一个方格网内将方形、矩形和圆形的建筑，平台和花园等组合起来，用这些纯几何式的形状，创造出与当地自然环境相协调的建筑及园林。这种以几何形状为母题的构图形式对现代景观设计有着深远影响（见图 4-19）。

图 4-19 西塔里埃森

与一般的建筑设计不同，景观环境设计的因地制宜有其特殊意义，其中“宜”是建立在对环境的科学认知基础之上，对于场地固有信息的解读便成为景观设计的基本前提。譬如，研究场地固有的肌理、空间秩序、原有的使用方式乃至土壤结构等，对场所研究得越全面，所提出的方案越可行、科学。优秀的景观应当是如同从场所中生长出的一般，作为能够反映场所肌理的一个片段而存在。要确定场地的设计秩序，必须在更大的范围内寻找脉络，这样才能使新的设计与原有环境结构结成整体。景观设计应尽可能地保持并加强其原有区域的景观特性，删除杂乱的部分。在局部小范围的景物、景点、使用设施的设计和建设，应从局部、细处为使用者考虑，力求创造“精在体宜”且功能合理的人性化生态景观设施。

2. 结合行为特征营造景观环境

依据行为科学的理论，对待建地进行环境行为学考察，评估人们在特定环境中所产生的内在心理倾向和外在的行为。作为景观空间营造的基本依据之一，环境行为的理论研究包括了行为方式的兼容性、公众与个体行为的方式和特征、安全感、舒适感等各种生理和心理需求的实现。扬·盖尔在《交往与空间》中，着重从人及其活动对物质环境的要求这一角度研究城市和居住区中公共空间的质量。克莱尔·库珀·马库斯和卡罗琳·弗朗西斯的《人性场所——城市开放空间设计导则》的设计导则，提出基于利用人的行为或社会活动来启发并塑造环境设计，提供详细，提出包括小气候、心理、形式等。阿摩斯·拉普卜特的《建成环境的意义——非言语表达方法》一书中认为，作为符号文化系统一部分的环境具有意义，并且影响着我们的行为和我们的社会秩序的确定的观点。场所理论是环境行为研究中的特定层面，努尔贝里·舒尔次提出场所和“空间”的不同含义，并进一步提出场所的两种基本精神功能：“定向”和“认同”，认为场所是具有特定功能与意义的空间。景观设计师的责任是创造非抽象的特色空间，区别于其他空间的印记。场所概念强调物体或人对环境特定部分的占有，以满足人们对场所不同的使用要求。景观空间要适应现在的复杂的功能需求，还要不断地满足多变的未来需求。

空间形态的多样化有利于满足景观环境的多种功能，如交通、集会、运动、休闲等。尽管一个单纯空间可以赋予不同的功能，但其适应性会受到一定限制，营造多样化的空间单元有利于满足不同的行为需求。此外，多样化的环境，信息量大，具有更强的吸引力，有利于激起使用者参与的兴趣。景观设计应该有意识地对建筑群体及其环境进行分割、围合，从而形成各种各样的空间形态。

（二）景观空间的组织

景观环境往往是由多个空间单元或要素组成的空间群，因此景观空间的组织关键在于将不同的单元组合起来，创造空间的“整体感”，其中包括景点与环境间的协调以及景观空间各单元间的沟通，形成和谐的连续感。

布伦特·C·布罗林在谈到新建筑与文脉相协调时提出两种方式，“一方面，我们可以刻板地从周围环境中将建筑要素复制下来；另一方面，我们也可以使用全新的形式来唤起，甚至提高现存建筑物的视觉情味”。景观与环境间同样有着密切的关系，如果说建筑物间有着“邻里”一样的关系，那么景观与环境及各空间单元之间应当具有“家庭成员”般的和谐。布伦特提出的在外部空间形式上复制环境要素有现实的意义，但忠实于环境的“拷贝”毕竟缺乏情感意味，不及以全新的形式取得与环境的沟通更耐人寻味，原因便在于缺少新的内涵。景观空间的组织可以有嵌套空间、穿插式空间、邻接式空间、由第三空间连接的空间。现代空间设计注重表现手法和建造手段的统一，形式和功能相结合，空间形象合乎逻辑，构图灵活均衡而非对称等。使用动态、开放、非传统的空间句法是现代主义景观空间的设计理想。

景观空间的组合以水平方向为主，循序渐进地空间组织，动静结合、虚实对比、承上启下、循序渐进、引人入胜、渐入佳境的空间组织手法和空间的曲折变化，园中园式的空间布局原则，常常将景观空间分隔成许多不同形状、不同尺度和不同个性的空间，并且将形成空间的诸要素糅合在一起，参差交错、互相掩映，将自然、山水、人文、景观等分割成若干片段，分别表现，使人通过空间的局部体会到景观的无限意境。过渡、渐变、层次、隐喻等西方现代园林的表现手法，在中国传统园林中同样得到完美运用。景观设计由空间开始，以实现空间系列的完整组织为目的，其中最为基本的是研究相邻空间之间的结合方式。

1. 叠加与融合

分析是现代景观设计的基本前提，将不同的问题分别置于不同的层面加以研究，易于掌控并且能够生成图示化语言，因而拆分环境要素是研究的起点。然而，环境又具有不可分割的整体性，在分析的基础上，通过叠加不同的因素层面，加以人为干预，逐步实现融合，以此生成空间秩序。

“叠加与融合”即以整合为手段，通过渗透实现融合，是场地空间秩序建构的基本方法与策略。针对不同的环境条件，在“生态优先”的大前提下，尊重“场地肌理”，结合“景观空间”的营造及“人的游憩行为”的需求，将上述要素作为构成景观空间的基本点，由此建构、重组场地空间秩序。首先，对既有场地肌理进行研究，通过分析与归纳，绘制场地“肌理模式图”，进一步概括出场地的肌理特征；其次，研究该场地在整个系统中的功能定位，如城市绿地系统，探讨其潜在的使用行为方式与区域，将场所中高频行为模式抽取出来并加以图示化。

（1）场地的综合研究（生态因子、周边环境与交通、人口分布、总体规划），场地肌理模式图的绘制。

（2）研究周边环境，明确功能定位与流线，潜在行为模式与分布图的绘制。

（3）以营造优美且富有表现力的景观空间为载体，统调三者之间的关系，以实现新的空间秩序。

融合是实现有机统一的新空间秩序的关键，简单的叠加不能够保证新场所的有机性和整体性。只有通过融合，即在不同层面研究问题，经过人为的统调，消除冲突与矛盾。坚持生态优先原则，在人为合理干预的前提下，景观环境建构遵从利用、整理、重组、改造的顺序，最终实现“源于自然而高于自然”的目标，其本质在于空间内涵的不断丰富而不是就形式论形式。

2. 轴线与对位

轴线作为传统的造园营造法则，在现代景观设计中似乎越来越淡化，甚至消失。现代景观设计中，所谓“现代”即抛弃轴线，19 世纪末 20 世纪初，从平面构成到立体主义，设计师们对传统的反叛即从抛弃轴线开始。但是，在淡化形式的背后，轴线仍然起着统摄景观环境的重要作用。轴线分为三种类型：空间轴线、视觉轴线和逻辑轴线。

（1）空间轴线。

轴线是生成秩序的最为简便的方法，不同的元素、空间整合在一起需要有个统摄全局的线索与轴线。对位同样是在不同的景观要素之间找到某些特殊的关联，使原本分属于不同个体或空间的部分在空间上联系在一起。外部空间的构成与建筑空间应有良好的沟通，通常可以借助于轴线与对位取得建筑与环境间的联系。同时，空间轴线与几何轴线有所区别，不可简单地以几何轴线代替空间轴线。空间轴线分为两类，即对称轴线和不对称轴线。

① 对称轴线。在平面中央设一条中轴线，各种景观环境要素以中轴线为准，分中排列。临近或近轴线的空间在体量等形式特征上与之相应，由于轴线的统领，景观空间单元会得到大于个体的景观效果，形成类似鱼骨状的空间体系，其空间庄严大气，适用于纪念性、严肃性的场所，如雨花台烈士陵园（见图 4–20）、林肯纪念堂（见图 4–21）等。对称轴线在西方古典园林中最为常见，如埃德温·路特恩斯设计的印度新德里莫卧儿花园，又称总督花园，在这里路特恩斯将英国花园的特色和规整传统的莫卧儿花园形式结合在一起。

图 4–20　雨花台烈士陵园

图 4–21　林肯纪念堂

② 不对称轴线。这种形式更多的是考虑空间的非对称性，各个景观空间沿着景

观轴线成大体均衡的布置。同时，较之对称轴线，非对称轴线可以给人以轻松、活泼、动感的视觉效果。

（2）视觉轴线。

相对于空间轴线的有形，视觉轴线则是无形的。视觉轴线类似于传统园林中的对景，强调不同景观单元之间的对位关系，包含轴线、空间与隐含于场所中的肌理关系。轴线作为控制空间的主干，相邻的景观单元顺着轴线而具有一定的延展性。两个或更多的轴线集中在一个共同的焦点上，形成交叉轴线或辐射式布局。两条交叉的轴线常常一条是“主轴”，另一条是“副轴”；有时几条辐射状的轴线，主次并不十分明确。

在若干轴的交叉点上的景观可通过轴线的向心性得以强调，如拙政园，整个中心水面在东、西、西南留有水口，伸出水湾，有深远不尽之意，因此拙政园开辟了四条深远的透景线。东西向纵深水景线有两条，以山岛南面为主，东起“倚虹”西至“别有洞天”，水面似河似湖，山岛黄石池岸自然起伏错落，是主要的水景纵深线；岛东北对景见山楼，水边大树垂阴，岸边散植紫藤等藤蔓灌木，水乡弥漫之意油然而生；南北向水景由“见山楼”至“石舫香洲”“石折桥”、廊桥“小飞虹”“小沧浪”，将狭长空间划分为层次多变的水景；东端南北向水景线自“绿漪亭”至“海棠春玛”，虽是水景线中最短的，但因其宽度也是最窄，景犹深远。可以说，这四条因山就水而成的视轴线，极大地丰富了拙政园的景象空间，它们充分利用山水布局完成了城市园林梦寐以求的深远变化（见图 4–22）。

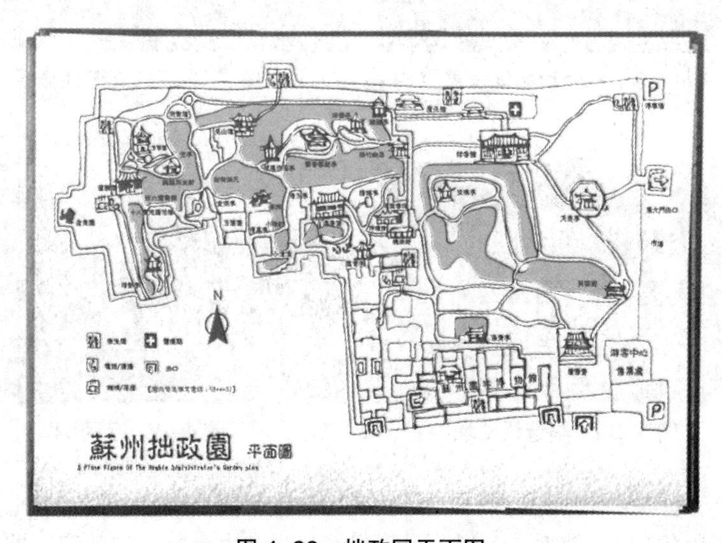

图 4–22　拙政园平面图

（3）逻辑轴线。

逻辑轴线即景观空间的组织具有逻辑性和明显的顺承关系，是统摄外部空间的线索。形式上虽然没有明确的轴线和对位关系，但空间之间却有着隐性的关联性，从而营造出了景观体验的连续性。逻辑轴线往往用于陈述性空间，如时间、人物、自然规律等，如香港湿地公园，整个公园设野生动物模型展览（见图 4-23）、仿真湿地场景（见图 4-24）和娱乐教育设施。徜徉其中的游人不仅能够欣赏自然美景，还能通过香港规划设计师匠心独具的设计，欣赏各种水的形态，体验水孕育生命的特质。公园里有近 190 种雀鸟、40 种蜻蜓和超过 200 种蝴蝶及飞蛾。湿地保护区包括人造湿地和为水禽而重建的生境。坐落于人造湿地的湿地探索中心让游人亲身体验湿地生趣。溪畔漫游径、演替之路、红树林净桥和三间分别位于河畔、鱼塘和泥滩的观鸟屋引领游客走进不同的生境，寻访各式各样的有趣生物。湿地公园的生境包括淡水沼泽、季节性池塘、芦苇床、林地、泥滩和红树林。而所有这些景点的设置都是围绕合乎自然生境规律的逻辑线索展开的（见图 4-25、图 4-26）。

图 4-23　野生动物模型展览

图 4-24　仿真湿地场景

图 4-25　季节性池塘

图 4-26　芦苇床

3. 拆分与重组

园林空间有“越分越大”一说，呈现出部分之和大于整体的效应，即“1+1>2”。

适当地拆散原有空间结构，并予以重新组合，便能产生戏剧性的效果。空间的内在边界由于划分的作用要大于原初围合空间的界面边长，从而产生更为丰富的空间效果。现代主义是20世纪所有设计理论的基础，强调以功能性为主的设计哲学，而实际上强调功能性的设计概念并不与设计本身理应带来的装饰性或艺术性构成矛盾，而且功能的拆分与整合的过程和规律本就与统一中求得变化的艺术规律相符。因此，若能抓住主要的功能主体与功能间的相互关系、形式主体与形式间的相互关系，并且建立起关系上的逻辑性，那么设计的过程和结果都将可以预见和控制。为了将各个不同的景观空间单元串联起来构成一个有机整体，景观的总体和局部都以方格网的形式来保持构图的统一，整个空间序列既有变化又不至于杂乱无序，为了实现景观空间的拆分与整合，在带状景观空间单元与空间组团之间建立起关联。拆分与重组是丰富外部空间的基本手法，改变场所本身固有的秩序并重新建立起新的空间秩序。“拆分重组”的构图思维，加入了更多的元素，极大地丰富空间信息量。

彼得·沃克在美国得克萨斯州达拉斯市的IBM索拉纳园区，占地约34 hm^2。位于入口庭院西部的办公综合楼群共分为四块，设计以简洁的形体和行列式种植为主，整个办公综合楼区与北面山坡之间布置了一条狭长曲折的自然溪流带将四部分串联起来（见图4–27）。

图4–27　IBM索拉纳园区

三、景观空间秩序

长期以来，有序是被格外重视的，人们希望通过对有序的认识找到世界变化的规律，进而控制和改造整个世界。然而，这种有序观带来的往往是幻觉，它放大了人们的控制能力，因为科学发现，纯粹的无序和纯粹的有序都是不存在的，以往被认为纯粹无序的事物中包含着有序性因素，严格有序的事物里也存在无序性因素，如五行相生与五行相克，实际上是中国古人对于自然界物态运化的流转规律的简洁描述，以四季为例：春（木）—夏（火、土）—秋（金）—冬（水），五行相生，四季更替，生生不息。传统的景观设计往往需要展现明确的序列关系，而现代景观往往表现无序甚至混乱的做法，大量采用随意性构图，跳出“网格图”，以“随机图”建构景观空间。

有序和无序曾被认为是现实世界中对立的两极。有序，显示着一种稳定的因果关联，表现为一种规则的存在，常以重复性表达出来。比如，在时间上表现为周期性，在空间中表现为对称性。无序，则凸显彼此间的相互独立，表现为不稳定性、随机性，毫无规则可言。时间上的随机变化和空间中的偶然堆砌都是其典型表现。

在同一景观系统中无序与有序不可分割地联系在一起。单一的空间序列使人容易找到其中的组合规律，而多序列则不同，两个或两个以上的序列叠加在一起所呈现给人们的景象是复杂而难以琢磨的。景观空间中原本就包容了功能、形式、空间、生态等多重秩序，将上述因子笼统地整合在一起，服从于某单一因子加以组织，不可避免地干扰其他诸因子固有的秩序，从而难以实现整个系统有机化、多重效益的最大化。其实，景观环境是一个系统，整体效应取决于局部及每一因子本身的秩序。简单地说，是局部行为导致了全局性的结果，而局部和全局动态特性之间的关系，则主要依赖于景观系统的整体结构，建构整体化、有机化的景观空间便成为当代景观设计的根本目的。

（一）序列构成

景观如同书画一般，讲究序列分成“起”“承”“转”“合”，而实际上四个部分又彼此包含，相辅相成。“有时起中有合，合中有起，起承合一，转合不二；有时即起即承，即承即转，有时起之又起，承之又承，转之又转，合之又合，并且在一个大的开合之下包含有多个局部的‘起承转合’的变化。”承载人们游憩行为的园路如同一系列序列的载体，大的序列又由子序列构成。实施精心组织的、有个性的空间序列，才能获得艺术格调高雅而又富于创造性的景园整体环境，精通序列组织的多样性和微妙性，可以帮助建立精妙的设计思维模式。

西蒙兹的《景园建筑学》对序列有精妙的论述：“一个序列应当说明、表达或者装点所使用的或所经过的地区或空间。”“每个序列都有其特性，同时亦可激发一种预定的情绪反应。”“一个序列可能是简单的、复杂的或混合的。它可能是持久的、中断的或可调整的。它可能是集中的或分散的，微小的或庞大的，而且可能是精巧的或强有力的。”“计划连续效果可能是随心所欲的，或者是井井有条的，它可能是不整齐的，而且是故意漫不经心，或者为达到某个目的，计划得非常有次序。计划的序列是一种非常有效的设计方法。它可以诱导行动，指示方向，创造韵律，培养情调，显示或说明一件物体或一连串物体，同时可发展一种观念。”

景观环境往往由多个空间单元依据一定的规律组合而成，凸显景观单元之间相互联系、相互作用、相互依存、多元共生的辩证思维，追求不同单元之间的对话、交流，从而呈现出一定的序列关系。正如相关艺术一般，传统的景观设计以回避矛盾为主旨，追求和谐，这从中国园林到法兰西古典主义均是如此，景观环境遵循着单一的空间秩序；与之相反，现代景观设计不回避矛盾甚至表现矛盾，展示复杂与多秩序成为当代景观的发展潮流之一。

前导也可称发端，传统的中国园林往往都是通过一段灰空间加以过渡，逐步转入园林主空间，变化十分丰富。代表性的例子有南京的瞻园、苏州的留园等，松江方塔园是运用传统园林入口空间设计方法的优秀案例之一。

过渡是经过性的空间，随着空间的收放、光线的明暗、视线的转折等，空间的形式也在不断地发生变化，产生引人入胜的视觉效果。

高潮是空间序列中的高峰，人们的注意、情感都会因为高潮的出现而为之振奋。高潮往往伴随一定的主题展开，引起人们注意力的集中。

起伏是一种变化形式，是由高潮转入低潮之间的过渡，处理得好同样可以引人入胜。

尾声是空间结尾的处理，同样十分重要，可以给人以丰富的回味。

景观空间构成可以是非线性的，现代景观设计往往是多主题并存。未来主义在运用动点透视组合画面空间上达到了极致，他们颂扬运动、速度和机械构造的力量，最终目的是用分解物体的方法把力量和运动融进绘画。

（二）序列组织

空间在人的运动与感知过程中表现为连续的线性特征，景观空间的连续性决定了人们对于空间特性的感知，因此景观空间不是单纯静态的三维空间，而是多维动态空间序列。四维空间是景观设计的出发点，即在三维的基础上加入时间因素而生成的空间，观者的立足点和视点可以在景观空间中自由变化。

空间序列需要人的流动方能体验，因此转化为园路的流线是设计空间序列的重要手段，通常有“串联”“并联”“辐射”三种基本模式。“串联”，闭合或开放的环状路线串联空间单元，景点、景区呈线性分布，表现为“链形”结构，串联可以是对称的也可以是非对称的；“并联”，有两条或两条以上的路线形成的空间格局，表现为“树形”结构；“辐射”，各空间环绕着一个或多个中心向周边发散布置。任何复杂的游赏程序一般皆可视作这几种基本组织模式的再组合和相互穿插，这种用景观节点与连线来描述结构关系的图示法被称为关系图解。

自由式应用颇为灵活，由于其空间方向多变，不似中轴式规则拘谨，空间序列富于变化，可广泛地运用于外部空间，如南京大屠杀纪念馆外部空间序列便采取自由式布局。

空间分割方法以表面分割和端点分割最为著名，它是在 1995—1999 年，由当时任教于佐治亚理工学院（GIT）的派普内斯和瓦因曼等学者发展的一套新的空间构形分析方法。

他们认为，运动可以把复杂空间结构中的不同视点相互联系，并通过直接体验与抽象推理相结合，找回空间描述的操作基础。而人们在运动中感知到的空间信息一般是不连续的，于是人们会根据这种不连续性而把空间系统自然地划分为视觉感知的基本单元。空间分割就是找出这些空间单元的交界之处。派普内斯认为，空间信息的不连续是由空间边界的不连续造成的，如墙角、墙的转折点、自由墙体的尽端等。他用这些不连续点将实体边界区分为不同的边，然后用“能否看到相同的边”来定义空间信息的基本单元，从而分清建筑实体的形式与空间构形之间的关系。

现代有机空间设计突出流动性，空间因此由静态转变为动态、间断变为连续，这一理论在建筑设计中已广泛运用，如密斯设计的巴塞罗那世博会德国馆，是现代建筑运动早期的代表作品之一，其空间中几乎所有的界面都独立成片状，这些分离的界面模糊了空间的边界，使各个空间相互融通、复杂而多义，称为“流动空间”。

同样，景观空间的连续不仅是因为“路径”的存在而串联，而是多种途径的综合效应，如空间的界面尤其是连续的竖向界面穿越不同的空间单元，相同或相近的空间母题在不同空间中重复出现等均可以有效地将单元衔接起来，形成空间序列。解构主义的景观设计作品中，以屈米的拉·维莱特公园最为典型。解构的不稳定性被夸大了，突破传统的和谐统一的美学法则，运用散乱、重构、突变、模糊等手法，形成混乱的时空体系，突出时间维度，强调空间不断重复与流动，所呈现的空间序列是多维度的。

（三）空间节奏

美国景观设计大师威尔·柯蒂斯认为，“节奏是景观设计最重要的一个因素。节奏赋予了景观生命、快乐和动感。节奏就是诗和音乐”。他以最吸引人的方法紧紧抓住了设计中的微妙特质。景观空间的节奏与运动感来自地形、植被和水体的相互关系，这些关系使设计充满整体感和方向感，并创造出各种印象深刻的画面。道路的设计、视角的构成、核心的位置、水平面的变化以及水和植物等要素的运动都能创造出对比，对比是任何设计中都最为重要的一个成分。

在景观设计中，设计师必须注意的第一要素是地平面，设计中的所有其他要素都受地平面的控制。从古埃及开始，传统庭园的地平面都是用矩形严格限定的。这就是说，庭园的场地被分开，隔成正方形或长方形。早期以这种方法设计的例子有埃及人建造的正方形或长方形的泥墙建筑物，古波斯人建造的娱乐场所，古希腊人和罗马人建造的柱廊庭园。这种结构在中世纪王国的拱形庭园和文艺复兴时期的宫廷以及欧洲的石头庭园中得到应用。无论是规则式，还是非规则式设计，平面构成都是景观设计的基础。

节奏和动感大量出现在丹·凯利设计的达拉斯喷泉广场（见图 4-28）中。广场位于达拉斯市中心，两侧紧邻繁忙的罗斯大道与费尔德大街，这两条街道之间有 3.6 m 的高差，场地条件使设计师选择利用一系列大小变化的跌水来消除高差。广场总面积的 70% 被水覆盖，广阔的水面上是数以百计的树木和喷泉。喷水停止时，行人便可以自由穿行，440 株柏树像列队的士兵整齐地排列在路旁或水中。水池随地形呈阶梯式布置，水池间形成了层层叠叠的瀑布。步行道由豆绿色石板铺成，部分与水面平齐，如同浮在水面。喷泉广场的设计彻底改变了人们对城市空间的感觉，设计要素蕴含了空间上的联系与暗示，有着有序的组合方式：广场中央的喷泉与四周的喷泉疏密不等；硬质铺地与环绕的水体相映成趣；借助于最基本的材料——水、树、混凝土创造出了一个奇妙的地方。

图 4-28　达拉斯喷泉广场

广场中清晰的网格结构、整齐排列的水杉树坛、高低跌落的水流与喷泉……无不体现了整个场地的节奏与动感。

四、景象的生成

地理学家把“景观”作为一个科学名词，定义为一种地表景象，或综合自然地理区，或是一种类型单位的通称。而“景象”在辞海中被定义为“情景，气象，从取景窗看到的景象”。通过上述定义可以看出：第一，景象具有鲜明的物质性；第二，景象是一定区域、范围内景观的综合体现，具有整合性。

杨鸿勋的《中国古典造园艺术研究江南园林论》对“景象”定义是：“景象是一个空间的概念，其空间性表现为景象诸结构要素的并存关系，以及诸要素本身所固有的上下、左右、前后的广延性。景象同时也具有时间的属性，其时间性表现为景象诸要素的四季、晨昏、晴晦各形态的交替关系以及景象导引程序的先后持续性。”该定义指出，景象为园林艺术的基本单元，景象要素是景象结构的物质基础，它可分为自然要素和人工要素两大类。自然要素为地表形态、植物、动物，人工要素为建筑物和一切建筑处理。景象诸要素遵循园林艺术规律，通过引导而组成景象；景象组合具备一定的实用功能，表达一定的思想感情，表现景观空间的整体面貌。同时，景象也是可以分割的，是由若干景观要素和空间单元组合而成的整体形象，因此景象是超越于具体物象之上的，同时具有一般物象的共性特征。

景象是由景观师创造的，是特定景观环境的整体形象，具有典型意义。而意象则是存在于审美者（包括设计者）的思维之中，是精神产物，两者是有严格的区别的。景象又是设计者审美意象的物化，从景观创作的过程来看，设计经历了由意象、景象、意境的深化与转化过程。其中的景象是景观空间完整的存在方式，它联系着形而下与形而上的两大领域。

景象是客观形成的，同时又需要人的感知，与意象不同，人们通过景观环境产生关联，感觉景观空间的单元与整体，从而实现对某一景观环境的整体认知。景观空间特征是构成景观的重要组成部分。

景观设计的目的是在游人与景观环境之间建立起适宜的关联，通过景观空间的塑造，给观者留下深刻的印象，从而感动游人，实现放松心情、娱乐身心的景观价值。空间单元的建构以及不同单元空间的巧妙组合均是为了实现这一目标，单一景观空间的构图美、整体景观空间序列的空间都是为完整地、典型地反映景观空间的景象美。

（一）空间单元的形态特征

每个空间的围合的形式、体量、色彩、质地等形态因素的强弱都会给人留下完全不同的感受，而形态特征的产生在于差异化、个性化。形式要素与周边的反差是产生特征的前提，人们通常以形式新颖对形式的个性化加以描述，便是指形式或不同要素之间组成关联的异常变化或特殊的结合方式，前者是指景观空间单元，后者侧重于空间序列的组织。差异化越强，其景观特征也就越鲜明。在环境中既要强调某一部分的特异化，也应避免与大环境相脱节。“量”的把握就是对于形式强度要有恰当的把握。所谓特性化强度是一个相对的概念，在与周边环境要素的比较中产生，过度地强调特异化往往会构成空间的混乱，适得其反，如哈普林设计的旧金山贾士丁·荷曼广场（见图 4-29），广场上的元素很单一，一律是抽象扭曲的混凝土结构组件，通过随意的摆放营造出一种纯粹的氛围，使人联想到城市历史上的一次地震，给人以地震后的惨痛和震撼的景象。

图 4-29 贾士丁·荷曼广场

景象是设计者根据环境条件结合所希望创造的整体形态，由于设计者立意的不同，场所本身的差异，造就了千差万别的景象。

（二）空间的整体性特征

人们对于某一环境的整体概念来自不同的典型的景观空间与节点，然而所生成的总体印象却不再是个体的、孤立的，而是整体的、综合的印象。

由于立意、表达手法的不同，相同或相似的主题可以生成迥异的景象，同时带给人们完全不同的空间感受。譬如，同样是表达对逝者的纪念，以下几个墓园设计由于设计者创作手法、表达方式的不同而带给人们不一样的景象和空间感受。

1. 邓丽君墓园

墓园右侧的点歌台、钢琴雕塑（见图 4-30）、五线谱栏杆等别具匠心的景观节点，都是对邓丽君生前作为歌者身份的回忆，而左侧一尊面带微笑的邓丽君雕像（见图 4-31）矗立在花丛中，永远地定格在邓丽君最美的时刻。走向深处，邓丽君的棺木静静地卧在广袤的大自然怀抱中。由此，在墓园的纵轴线上无形地生成一条“生死线”。

图 4-30 钢琴雕塑

图 4-31 邓丽君雕像

2. 越战纪念碑

在林璎设计的越战纪念碑（见图 4-32）中，刻着逝者姓名的黑色花岗岩和逐级下沉的坡道，使人们感到莫名的伤感与哀愁，迷惘与失落；而在越战纪念碑的对面却是郁郁葱葱的树丛，一片欣欣向荣，展现出生的希望，对比之下，不禁让人生发出对“生—死”“成—败”“对—错”“此岸—彼岸”的丰富思绪与感怀。

图 4-32 越战纪念碑

3. 戴安娜王妃纪念喷泉

戴安娜王妃纪念喷泉（见图 4-33），通过一条项链式的喷泉水系来表现戴安娜王妃的优雅和亲切，设计师的这一构思源于戴安娜深受人们爱戴的诸多品质和个性，如她的包容、博爱。她既愿意伸出双手为那些有需要的人们提供帮助，又是一个单独的个体，具有自己隐忍而独立的一面。喷泉的设计就是为了要反映这样的两个概念：既能够向外自由喷射又能够自如地回收，充满了生机、活力和感性。戴安娜王妃虽然离开了，但是她的精神和品质却永存于人们的心中。

图 4-33　戴安娜王妃纪念喷泉

凡此种种，不一而足。纪念的景象可以是悲哀的，也可以是欢愉的；可以是表现生死之别，也可以是周而复始的轮回，同样的主题可以因设计手法的不同而呈现千变万化的景象。

（三）景象“图”与“底”——景象特征的生成

弗朗西斯·D·K·钦在《建筑：形式·空间和秩序》中指出：“我们的视野通常是由形形色色的要素、不同形状、尺寸及色彩的题材组成的，为了更好地理解一个景观的结构，我们总要把要素组织在正、负两个对立的组别里。我们把图形当成正的要素，称之为‘形’，把图形的背底当成负的要素，称之为‘底’。”

对于空间特异性的探讨，离不开特定的空间单元的要素，也离不开这些要素存在的环境。特异化的前提在于有一个“均质”的背景环境“底”。在景观设计中“底”不仅要占据大部分的空间，而且需要加以特化处理，削弱其特异化程度，突出均质化，所谓“万绿丛中一点红”，这中间不仅有“量的比例”，更有形式特征上的强对比、反差，相对于背景而言，景观节点“体量”宜小，但形态要素如色彩、造型、构图等则均应与背景产生差异，从而拉开“图”与“底”的距离，进而使图形（图）在背景（底）的衬托下更清晰地表现出来，凸显景象特征。

南京古刹鸡鸣寺位于鸡笼山东麓山阜上，周围是绵软的山体和平直的城墙共同构成的“均质”背景环境，而鸡鸣寺依山就势形成巨大的竖向高差变化，使其建筑天际线突出于均质的背景环境而成为“图”，以此形成强烈的图底关系，形成祥和、高远的景象特征，成为南京鸡笼山台城段具有鲜明特色的典型景观（见图 4-34）。

图 4-34 鸡鸣寺

在诸多历史片段保留的地段，由于其时间上的跨越和内容上的巨大差异，“图”与“底”的对比关系表现得尤为强烈。这类似于文学中的插叙手法，形成一种历史性的闪回，给人以震撼感。

第五章　艺术观念与城市景观

第一节　城市景观设计的必要性

优美的城市景观不仅能满足居民各种需求，更使人们远离城市而得到自然之趣，调节人们的精神状态，陶冶心情，获得高尚的、美的精神享受。在城市绿化景观中，可通过植物的单体美来体现美化功能。一年之中，四季各有不同的风姿与妙趣。一般说来，居住区绿地植物观赏期最长的是株形和叶色，将自然、人工与人文有机结合起来，从而达到形式美与内容美的完美统一。优美清新、整洁、宁静充满生机的城市景观空间，使人们精力充沛、感情丰富、心灵纯洁、充满希望，从而激发人们为幸福去探索、去追求、去奋斗的激情，更激发了人们爱家乡、爱祖国的热情。城市景观对城市特点具有重要的体现功能，不仅体现在视觉意义上，还体现在绿地中的景观设施上。这种绿化与文化设施（如园林建筑、雕塑、水景、小品等）共同形成某些大型景观，可以利用部分绿地种植不仅具有观赏价值而且具有经济价值的植物。总之，创造物质财富，也是城市绿化景观的固有属性。此外，由于对园林植物、园林建筑、水体等园林要素的综合利用，提高了某些大型景观公共绿地的景观及环境质量。然而，一个高质量的绿地环境必定是各种功能的完美统一。因此，在进行城市景观绿地生态规划设计时应将这几个方面有机地结合起来，为居民提供一个舒适、优美、实用的宜居环境。

对于城市景观来说，多是提供观赏或为居民日常活动服务的，因此满足居民各种日常活动要求，是各类景观构筑物最主要的功能。为了满足游人的多种活动需要，城市景观不仅需要具有单一的功能，还希望具有多种功能，以便提高它们的利用率。如何充分认识城市规划建设的特征，如何增强城市规划引导和调控城乡发展一体化的能力是十分重要的课题。探讨我国城市未来可持续发展的道路是当代城市建设者义不容辞的责任。服务功能是城市景观的本质属性，城市景观规划设计的目的就是方便居民的生活，为居民提供除了居住之外的其他服务。城市与乡村不同，城市与乡村的区别之一就是城市缺少居民的公共活动范围，而在乡村这些都是自然都有的。这就需要在城市规划中计划出实现这一功能的区域和建筑，如公园、广场等公共区域就很好地弥补了这一欠缺。居民可以在公园散步、锻炼，可以在广场纳凉，在城市规划中，这些区域都是必不可少的美化功能。城市景观规划设计的目的之一就是改善城市风貌。城市景观不仅可以供居民观赏，还可以提高城市旅游质量，增加旅游收入。城市景观还有增值的功能，如城市绿地不仅可以种植观赏类植物，还可以种植经济类植物，比如果树和经济农作物。城市的特点之一就是硬化程度高，为城市提供了整洁的街道和方便的交通，这也带来了空气污染、热岛效应等环境问题。城市规划中不可能都是居民楼和商业用地，这会加剧城市的拥挤，降低居民幸福指数，所以城市规划中要合理地安排绿地、人工湖等景观。绿地中的植物可以吸收二氧化碳，释放氧气，改善空气质量，还可以吸收太阳辐射，改善城市温度。人工湖可以提供观赏和改善温度的功能。在城市景观绿地中，园林植物是最能让人们感到与自然贴近的物质，儿童在与绿地植物接触的过程中，容易对各种自然现象产生联想与疑问，激发孩子们对人与其他生物、人与自然的思考，激发他们热爱自然、热爱生活的兴趣。总之，城市景观设计是城市规划中十分重要的部分，做好城市景观设计对于改善城市风貌、提高居民生活幸福指数必不可少。

伴随着经济快速发展，国内各个城市都在加快城市景观建设。景观设计领域项目多、规模大、周期短、起步晚、人才缺，设计环节存在很多问题，迫切需要系统的理论的引导。特别是近年来国外大量景观方面的书籍、资料以及境外景观设计师的引入，更给我们造成了很多迷茫，很多景观设计师盲目照搬照抄国外景观的形式，只知其然，不知其所以然，更不考虑国情和地块环境的特点。所以，一方面他山之石可以攻玉，西方艺术与景观的创作理论与方法能够给我们景观理论和设计实践提供重要的思路和启发；另一方面要全面认识和正确解读国外的景观设计理论和设计方法，同时要结合特定的国情加以吸收。

第二节　艺术与景观的关系

“艺术”和“景观”都是含义颇丰富且边界宽泛的词语，然而在历史与现实语境中，却总能捕捉到二者互相对应、彼此关照的线索。《易经》云：“形而上者谓之道，形而下者谓之器。”行走于其间的艺术与景观究竟编织出的是怎样一幅图景，折射出怎样的人性思想，又会如何搅动我们的世俗生活？

一、景观即艺术

艺术与景观是两个内涵和外延极为丰富的概念，大家对“艺术与景观”这个命题的理解必然会见仁见智。但是，作为一个景观设计师，笔者认为景观本身就是艺术，不应把艺术与景观割裂，从而将“艺术与景观”的命题理解为艺术 + 景观。

为什么说景观本身就是艺术呢？这就要从景观和艺术的本义来认识。在 1999 年版《辞海》中，景观的词义有两条：风光景色和地理学名词。笔者所理解的“景观”，是指特定区域的地表自然景色和人文景观类型。“景观设计”就是在特定的范围，依据区域的自然和人文景观特征，为人们创造优美的活动空间，反映人们自然观的整治行为。而在西文中，“艺术”（Art）一词的本义是指“人工创造”。认识论将艺术看作是自然在人脑里的“反映”，是一种意识形态；而实践论认为艺术是人对自然的加工改造，是一种劳动生产，因而有“第二自然”之称。1999 年版《辞海》给艺术下的定义是：“人类以感情和想象作为特性的把握世界的一种特殊方式。”之所以将“景观”视为艺术，是因为“景观设计”也是人们以感情和想象为特性、把握自然界的一种特殊方式，主要目的是为人们创造“美”的空间，完全符合艺术的定义。在 1999 年版《辞海》中，艺术分为“表演艺术（音乐、舞蹈）、造型艺术（绘画、雕塑、建筑）、语言艺术（文学）、综合艺术（戏剧、影视）等类别。根据表演的时空性质又可分为时间艺术（音乐）、空间艺术（绘画、雕塑、建筑）和时空并列艺术（文学、戏剧、影视）”。可见，“景观”完全可以划为造型艺术或空间艺术。

笔者对景观“艺术”的理解，还在于艺术一词的本义，也就是创造“美”的空间的技术和方法。“景观美”的核心是自然美，艺术是人对自然的“加工改造”。或者说，自然是审美客体，艺术是作为审美主体的人对作为审美客体的自然的情感和想象。景观艺术应是反映人们自然观的艺术，表明人们对自然的认识以及利用自然的方式。之所以将艺术与景观这两个概念并列，或许是因为人们常常从狭义的角度来认识“艺术”。在公众的眼中，似乎绘画、音乐、戏曲等才算得上艺术，画家、导演、演员等才是艺术家。如果据此认为景观不是艺术，并将“艺术与景观”的命题单纯地理解为“纯艺术”与景观设计的关系，进而在景观中堆砌大量的雕塑、建筑等艺术小品或符号，实则是对景观艺术的误解，也有碍于景观艺术的发展。上述观点并非排斥其他艺术在景观设计中的重要作用，只是想在谈及其他艺术之前，首先强调景观艺术的特殊性，以此作为“艺术与景观”这个命题的基础。也就是说，景观设计作为一门科学与技术相结合的艺术，既有与其他艺术相通的共性，也有其与众不同的个性。景观设计师需要研究和借鉴其他艺术家的艺术思想和表现方法，丰富自己的创作手法。其他艺术家在涉足景观设计时，应充分了解景观艺术的特殊性。在此方面，笔者认为中国古代造园家是非常值得我们学习的样板。他们并不满足于在园林中陈设各种艺术品，而是将山水诗和山水画等艺术理论和表现手法运用于造园，进而创造了独具一格的造园理论与理法。可以说，中国古典园林对“艺术与景观”的命题做出了完美的阐释。

二、环境与社会关怀的有机结合

景观与艺术的关系随时代的变化而呈现出不同的表现形态，历史上宫廷古典艺术与皇家园囿、传统文人艺术与私家园林等均是彼时艺术与景观对应关系结果的写照。

景观与艺术的发展，在城市公共空间中找到共同的归宿，公共性的追求使它们之间越来越密不可分，艺术因为有了更广阔的展示平台而发挥出日益重要的社会作用，而景观在借鉴自然的发展历程中日渐融入人类的审美理想，甚至自身亦演变为一种艺术形式。

艺术的意义在于安慰人生、促进人际和谐，是人类发自内心的创造活动，当代艺术发展更趋于关注社会、关注现实，直面人类生存的精神状态和社会问题，更是一种自由意志的表达。

人类的活动不可避免地会带来人与自然关系的疏离和自然生态的破坏，景观设计的价值则体现在努力协调人造活动所带来的人与自然的失衡关系，以设计的手段来修复和回应当代社会发展所带来的生态危机和环境问题。

在当代语境中，一个是协调人与人之间的关系，另一个则是协调人与自然的关系，艺术与景观都起到一种媒介作用，随着城市化等人类活动对自然环境影响的加剧，艺术与景观更加紧密地结合就自然而然成为融合自然与人文关系的宝贵手段和重要途径。

艺术介入景观或是景观吸纳艺术，不是简单显示为诸如在空间环境里设立公共艺术作品那样的创作活动，而是将艺术的思想、观念、方法渗透到环境的形态建构、生态梳理和场所营造的过程和结果，是人的情感、精神与信念通过艺术的途径视觉化、生活化、生态化，景观营造从表象上看似乎表现为一种视觉艺术创造行为，其根本上应该成为一种生态艺术、体验艺术的媒介和载体。

艺术指向人文，景观追随自然，在关注环境与社会问题的当代艺术与景观设计之间没有决然的界限，它们的有机结合将创造一个精神性与物质性平衡的公共空间，带给人类宜居的可持续发展的生存环境。

三、景观的双重艺术属性

当艺术与景观作为相互独立、并置的两个事物讨论时，艺术与景观的关系会密切地联系在一起，因为景观自身的艺术属性以及众多设计者的艺术才能都显而易见。但当艺术与景观成为一体时，情况就复杂了很多，这时，景观应该与艺术恰当地分离开来。

景观的艺术属性主要表现在是普适性的艺术属性，这与绘画、雕塑等艺术门类具有共同点，如景观的尺度、形式、构图、韵律、序列、色彩等。这些艺术元素是景观的显性要素，直观并且明显。对使用者产生直接的印象，普适性的艺术要素对景观而言不可或缺，但具备了这些普适性的艺术要素并不意味着景观艺术化了，甚至这些普适性的艺术要素会成为景观艺术的破坏者。

提出这种观点的主要原因在于：艺术的功能是表达生活，而景观的功能是塑造生活。艺术的价值体现在独特性、唯一性、与众不同，而景观的价值体现在默默地服务于大众。艺术与景观在本质性目的、基本价值判定方面存在重要分野。研究艺术与景观，必须关注景观特殊的艺术属性，这种属性是非普适性的，也是非传统艺术范畴的。

20世纪下半叶，当R·史密森、A·戈德斯沃斯、A·桑菲斯特等人的大地艺术、环境艺术作品出现之后，这些巨大尺度的艺术品使人们感到艺术与环境、艺术与景观真正联系起来了。事实上，艺术与环境、景观并没有真正地融合，因为上述两方面的分野依然存在。大地艺术、环境艺术等仍在传统的艺术范畴之中。

阐释、理解景观的非普适性艺术属性，应该提及加拿大的A·卡尔松和美国的A·柏林特，以及由他们提出的自然美学、环境美学，甚至日常生活美学。卡尔松与柏林特等人在《自然环境美学》《人类环境美学》《自然与景观：环境美学导论》等著作中，阐释了自然美学、环境美学的主要观点。这些观点开拓了美学的新领域，突破了以往以艺术为核心的传统美学范畴。卡尔松等人认为，就本质而言，一切自然事物在审美层面上都具有价值，事物的真实、自然状态使其具备美学意义。

在与人类生存的自然世界的关联方面，自然审美的形成比艺术审美的形成更直接更密切。在其他条件相同的情况下，自然审美优先于艺术审美，这些观点构成了景观特殊艺术属性的理论基础。

自然审美与艺术审美的不同，明确了景观特殊艺术属性的审美视角与方法。传统艺术是人工创造的，其审美是观赏性的审视其外在印象，而自然美是自然形成的，其审美是融入式的审视其真实、自然的状态。比如，对一片人工草坪和一片自然状态的杂草，艺术审美会形容前者为一块碧绿的修剪整齐的地毯，而忽视那片自然状态的杂草。自然审美则会形容后者为极具生命活力、满足植物多样性的一片地面植物，同时还是理想的昆虫衍生地。在自然杂草与人工草坪的比较中，自然审美会更倾向于自然杂草。

自然美学、环境美学揭示了景观特殊艺术属性的特征，与景观的普适性艺术属性相比较，景观的特殊性艺术属性是景观的核心，是景观之所以成为景观的根本。因此，景观设计中过度使用普适性的艺术手法，或者说过度的设计，会破坏景观的艺术性，也会扭曲景观的真实存在状态。

第六章　现代城市艺术观念对景观设计的影响

第一节　现代艺术对景观设计的影响

20世纪初，现代艺术抛弃了传统的再现论和模仿论，建立了独立自主的形式，即艺术的自足独立性，就像语言一样，在其内部的组合中产生自身的意义（与外部世界无关），从而导致了抽象艺术的产生。在景观设计领域虽然要保守得多，但也逐渐抛弃了装饰图案和纹样，开创了以设计内容决定设计形式的功能主义设计理论与实践。现代的抽象艺术语言与景观设计语言具有同构的点、线、面、体、明暗、色彩等元素符号，只是它们的具体表现形式不同而已。

一、抽象艺术与景观形态

立体主义是20世纪最重要的前卫运动，它对后来的现代派艺术都产生过不同的影响。在立体主义影响下的现代园林景观中，立体主义所倡导的不断变换视点、多维视线并存于同一空间的艺术表现方法可以说是现代主义设计的重要手法之一，对称布局已经逐渐消失。在这种观念的影响下，园林中的轴线由多个轴线所取代，空间在不同的轴线组织下相互渗透和叠加，也使人们对空间产生了新的体验。可见，不仅西方现代绘画中的形式语言被运用到了现代的园林景观设计中，而且新的视觉透视和空间组织方式也被借鉴到了园林景观设计中，从而产生了完全不同于传统景观设计的组织和处理方式。

这一艺术手法首先在20世纪20年代由几个法国设计师——罗特·马利特、斯蒂文斯、安德烈、保罗·薇拉和加布里埃尔·圭弗莱基安——用在庭园景观设计中。从20世纪50年代开始，一些美国景观建筑师，如加勒特·埃克波、詹姆斯·罗斯和托马斯·丘奇等，也受到立体主义的影响。

法国著名的景观设计师安德列、保罗·薇拉独立或合作完成了许多景观设计作品，他们设计的园林景观主要由基本的几何形状构成，草地上布置着修剪规则的黄杨，构成美丽的图案，图案以直线型为多。其中，最有影响的作品是瑙勒斯花园，这个花园位于巴黎市中心，平面呈三角形，设计主要吸收了立体派的思想，以动态的几何图案组织不同色彩的低矮植物和砾石、卵石等材料，围篱上还设置了一排镜子，使花园的空间得以扩大。

从美国的现代景观设计师加勒特·埃克波、詹姆斯·罗斯和托马斯·丘奇等的作品中，可以看到在立体主义的影响下，轴线已经被抛弃，空间互相渗透与叠加，以及多视点的转换。

表现主义更注重精神与内心世界的表达，虽然其他的流派有时也表达出这方面的倾向，但是这种特征在表现主义中更加明显。德国是表现主义风格发展的中心，1905年成立的“桥社”标志着其正式诞生。把表现主义推向高潮的是以康定斯基为代表的“蓝骑士”画派。在研究了立体主义等诸多流派之后，康定斯基逐步确定了艺术的真正价值在于其精神性而不是客观性，绘画中要表达出个人的情绪、感觉、甚至是信仰。康定斯基的作品并不像马列维奇的纯粹抽象，与之相反，一种神秘、有生命力的特征一直贯穿其中。

德国景观设计师里伯斯金设计了犹太人博物馆，博物馆的环境延续了建筑的理念，不规则穿插的线形和极具矛盾、冲突感的铺装是花园中的主要元素，让参观者不由自主地回忆起犹太人在战争中受到的苦难。倾斜的地面传达了对犹太民族坎坷经历的追忆和缅怀，生机勃勃的植物也表达了对犹太民族和平发展的渴望。

另外，著名的西班牙建筑师高迪的作品是一系列复杂、丰富的文化现象的产物，他利用装饰线条的流动性表达对自由和自然的憧憬。1900年他设计的居住区作品虽然只完成了一部分，但是这一居住区最终变成了“居尔公园”（见图6-1）。在这个公园中，高迪以超凡的想象力，将建筑和自然景观融为一体，表达了对建筑与雕塑的理解，波动的、韵律的线条和色彩丰富的空间，仿佛让人置身于梦幻的世界中。

图6-1 居尔公园

经过了野兽派、立体主义、表现主义从色彩、造型与主题精神的抽象过程后，现代艺术（包括抽象表现主义、构成主义）彻底走向了抽象。现代抽象绘画对现代景观的影响非常深刻。其实，在大多数现代景观设计中都可以或多或少地看到现代抽象绘画的影子，或者说体现了现代绘画的某些观念。景观设计师们从现代绘画中获得了灵感，扩大了景观艺术的表现力。

现代雕塑与现代景观有着更为紧密的关系，现代雕塑已经从景观的装饰品、附属物发展为对景观设计产生实质作用和影响的重要因素，其中关键的原因还是雕塑艺术的抽象化。较早将雕塑与景观设计相结合的是艺术家野口勇，他曾尝试将室外的场地作为塑造的对象。在耶鲁大学贝尼克珍藏书图书馆，他用立方体、金字塔和圆环分别象征着机遇、地球和太阳，几何形体和地面全部采用与建筑外墙一致的磨光白色大理石，整个庭院浑然一体，成为一个统一的雕塑，充满神秘的超现实主义的气氛。野口勇把园林当作空间的雕塑，也把这些雕塑称为园林。

二、马尔克斯景观艺术的启发

马尔克斯是巴西优秀的抽象画家，他的风格受立体主义、表现主义、超现实主义的影响，他也是一位景观设计师。他认为，艺术是相通的，景观设计与绘画从某种角度来说只是工具的不同，他用艺术的手法来画（设计）景观，给人耳目一新的感觉。马尔克斯将抽象绘画构图运用于用植物组成的自由式庭院设计，将北欧、拉美和热带各地植物混合使用，通过对比、重复、疏密等设计手法取得如抽象画一般的视觉效果，如达拉格阿医院（见图 6–2）。在他的作品中，美丽的马赛克铺装屡见不鲜，他用现代艺术的语言为这一传统的要素注入了新的活力，马赛克铺装地面本身就是一幅巨大的抽象绘画（图 6–3），此外，他还创作了很多马赛克壁画。马尔克斯的绘画式平面设计形式强烈，但他的作品绝不仅仅是二维的、绘画的，而是三维的、空间的构成。他还将时间的因素考虑在内，如从飞机鸟瞰下面屋顶花园，或从时速 70 公里的汽车里观望路旁的绿地，在飞速的过程中获得“动”的印象，自然与“闲庭信步”有所不同，这种注重动态的思维与现代绘画中的“行动绘画”的思想如出一辙。

现代景观的产生，可以说很大程度上是受到现代艺术的影响，并从现代艺术中吸收了丰富的形式语言和造型元素，在现代景观设计师如丘奇、埃克博等人的作品中都可以看到这种痕迹。马尔克斯将现代艺术在景观中的运用发挥得淋漓尽致。从他的设计平面可以看出，他的形式语言大多来自米罗和阿普的超现实主义，同时受到立体主义的影响。他创造了适合巴西的气候特点和植物材料特性的风格，开辟了景观设计的新天地。他的成功来自于他作为画家对形式和色彩的把握以及作为景观设计师对植物的热爱和精通，他将艺术与景观完美地结合在一起。

图 6-2　达拉格阿医院

图 6-3　马赛克铺装地面

第二节　后现代艺术对景观设计的影响

20 世纪 50 年代末产生了后现代艺术流派，如波普艺术、超级写实主义、照相写实主义、大地艺术、行为艺术等，都表现出与现代主义完全不同的审美特征。后现代艺术不认为艺术是自足独立的形式，艺术与消费品混合，艺术与生活的界限消失，艺术成为非艺术和反艺术，审美成了审“丑”。后现代艺术语言呈现零碎化、碎片化、缺乏连续性、丧失中心而不能聚合的“精神分裂症”和“戏仿”的特征，真理和意义总是缺席，只有游戏、狂欢和荒诞。艺术与景观不仅关系更紧密，甚至界限也模糊了。

一、非物质化的景观实验与造型中心主义的瓦解

自18世纪末印象派艺术产生以来，写实和模仿的艺术原则开始受到挑战，古典艺术再现自然的戒律被打破，画家更多的是凭自己的直觉本能去创作而不是简单地模仿。艺术从原来的再现客体开始向表现主体转变。到了现代艺术的成熟时期，写实论和模仿论被彻底抛弃，艺术越来越成为一种与客观世界无关的、纯粹的主观世界的产物，成为自律的纯形式化的创造。

从古典艺术对客观世界的写实与模仿，到现代艺术对主观世界的自律性表现，都是强调一种艺术与日常生活经验相对立的形式主义的表达，强调一种艺术不同于生活的贵族化姿态。艺术被囿于作为自身价值体系的象牙塔之中。但是，当代艺术，特别是观念艺术已经对这种形式主义现象提出了发问和质疑。因为在现代艺术的后期，对形式的过度关注，对艺术自律性的探索，已经成为束缚艺术的牢笼，形式创作和形式审美成了艺术的一切和归宿，形式蜕变为一种装饰。于是，观念艺术对此发出了疑问：如果艺术纯粹是一种形式，是为艺术而艺术，那么艺术的本质、艺术的作用和功能又是什么？观念艺术引发了艺术创作和艺术评论的全面反思，艺术领域中几乎一切戒律和法则、审美的观念都被质疑，被突破，被消解，艺术成为不受任何限制的思维和思考实验。

观念艺术使艺术与传统的展示环境、存在方式以及欣赏、占有方式相脱离，艺术形式将艺术创作、表现、接受、批评集于一身，将艺术、生活、作者、观众融为一体。其中，有卡普罗以时间性、偶发性、随着性为出发点的事件汇集；有克莱因把生命和能量看作是艺术本质观念的表达；有克里斯托将艺术转化为某种时间和概念的存在，从而将文明和工业生产给予人的变化还原为日常自然风景中奇特的奇观；还有行为艺术家博伊斯把艺术等于艺术品的概念变为艺术是一种在时空中存在的过程，把艺术创作的重点从表现转移到体验，直至去实现他的“从一开始就把思想看作是与雕塑方式相同的造型力量”的“社会雕塑”。

观念艺术使得观念成为艺术的核心，观念状态即艺术状态，艺术概念发生了质的变化，具体体现在以下几个方面。

（1）观念是艺术创作唯一的出发点。在作品实施之前，观念层面上的思考已决定了整个作品的计划。观念是先于作品创作的事实，创作只是对观念状态的实施与逐步完善。在作品的实施中，观念由连续的、不间断演变的观点组成，它们甚至相

互冲突、矛盾，却不妨碍它们在作品中构成观念的整体，即作品的整体价值指向。在这个意义上，我们可以到达一个极端的说法：艺术思想即艺术。

（2）观念可以与哲学为邻，但本身不是哲学。因为它的出发点是艺术家的直觉和经验，而不是哲学家理性层面上的苦思冥想。所以，观念艺术并不是某种哲学图解。作品的物质现场仅仅是观念的符号。

（3）从表象到观念，从形态到作用，决定了这样一个事实，即任何形式，不管它是客观物体，还是已有的艺术样式，都可以在观念的名义下被指认为艺术本文。艺术的概念被颠倒过来：形式成为手段，观念才是目的。过去是好的形式决定艺术的命运，现在由好的观念来决定。这样，艺术就从传统的形式和手艺中解放出来，在观念的作用下，形式变得唾手可得。

（4）艺术的作用从未像现在这样被突出，然而，并不是以形式刺激观众的知觉审美快感，而是以摧毁日常意识形态的方式引起观众思考的震惊与兴趣，使其在观念讨论和对话中转化为作品的介入者。作品由此成为介入者与艺术家的共建活动。每个介入者从作品中走出时可能已是再生之人，其灵魂、思维和思想已在观念层面的考问、对话中发生根本的变化。

（5）传统的静态语言体系被观念打开后，艺术由名词转化为动词，或者说，至少是在两者之间徘徊。然而，观念本体并非绝对证明形式本体的死亡，在笔者看来，这恰恰是形式、风格以新的方式获得重生和再建的机会。

（6）观念艺术成为艺术家思维和智力水平的测试方式。不能想象，一个对现实问题没有观点、思考和判断的人会成为真正的艺术家。

观念艺术家超越了古典艺术和现代艺术的种种尝试，强调对当下状态的艺术的思想性和批判性，强调对审美中心主义的极端质疑，最终成为摒弃风格后的仅形式主义的艺术作品的非物质化状态。这种“非物质化状态”成为观念艺术带给我们的最深刻的启迪，同时直接导致了建筑与景观设计以造型为中心的造型中心主义的瓦解。

屈米的拉·维莱特公园作为解构主义的代表作品几乎可以体现出观念艺术的所有主要特征。在拉·维莱特公园中，屈米想要表达的观念是什么呢？他认为，现代主义范式把统一的信念作为基础，等级的象征性、元素的统一化、构造透明的形式和意义、以自我为中心的主题并割裂文脉关联等现象是与当代社会多元化的文化现象相脱节的。所以，“大部分的建筑实践——构图，即将物体作为世界秩序的反映而建立它们的秩序，使之臻于完善，形成一幅进步和连续未来的图像——同今天的概念是格格不入的”。因此，建筑不再“被认为是一种构图或功能的表现，相反，建筑被看成是置换的对象，是一大套变量的合成”。而拉·维莱特公园实际上就是要提供一种强有力的观念，从而产生多种多样的合成和替换的方法。拉·维莱特公园的建造是一次重要的观念操作过程的演练。正如屈米本人所说："拉·维莱特没有理论性的图，每张图都是'建筑物'。"也就是说：图纸和构架处于同等地位，都是思想过程中的物质性产物，具有同样的身份。他说："这些疯狂物，当建成后只是概念过程中的一时间……抽象标志，超操作的元素，冻结的形象和经常转换、构成、错位过程中的凝固构架。"由此可以看出，建筑师并没有设计出什么建筑物或者景观平面，而只是提出了一种抽象媒介（一套系统）、一种方法，使得这一作品得以建造，得以发生。

同时，屈米的这套系统是开放的，是需要在建造过程中被体验的。红色的构架提供了举行不同活动的可能性，使自身空间的用途在不同的层面上加以转换。它们本身也是一些纯符号，观众可以根据自己的理解去解释它们。拉·维莱特公园既体现出观念艺术的重要表现和特征，同时后现代艺术如偶发艺术、行为艺术、大地艺术等都有所体现，它是一次思维、观念的集体展现。屈米是这一疯狂行动的策划者和实施者。

20 世纪 60 年代初，美国出现了极简主义艺术。极简主义通过把造型艺术剥离到只剩下最基本元素而达到"纯粹抽象"。极简主义艺术家认为，形式的简单纯净和简单重复，就是现实生活的内在规律。他们的作品以绘画和雕塑的形式表现出来，构成手段简约，具有明确的统一完整性，追求无表情无特色，但对观众的影响和冲击力十分迅速和直接。实际上，在极简主义艺术家外表简单的作品后面，是艺术家对生活和社会秩序的渴望和追求，是对形式以外的观念与思想的追寻和探求。

极简主义的特征主要有：非人格化、客观化，表现的只是一个存在的物体，而非精神，摒弃任何具体的内容、反映和联想；使用工业材料，如不锈钢、电镀铝、玻璃等，在审美趣味上具有工业文明的时代感；采用现代机器生产中的技术和加工过程来制造作品，崇尚工业化的结构；形式简约、明晰，多用简单的几何形体，颜色尽量简化，作品中一般只出现一两种颜色或是只用黑白灰色，色彩均匀平整；强调整体，重复、系列化地摆放物体单元，没有变化或对立统一，排列方式或依等距或按代数、几何倍数关系递进；雕塑不使用基座和框架，将物体放在地上或靠在墙上，直接与环境发生联系。

极简主义在形式与观念上具有双重特性。从形式层面上看，极简主义追求一种彻底的单纯性和完整性，将艺术减少到媒介本身，并排除所有媒介以外的东西。这使得极简主义的作品看起来很像抽象艺术，很容易使人联想到现代艺术的构成主义，以及包豪斯的艺术家们所追求的那种标准化和依赖精密的数学关系来制作作品的方式。不能否定，极简主义在形式方面表现出的特征看起来非常类似于现代艺术的特征。但如果从观念层面上看，极简主义对于后现代艺术同样起到了重要作用。不过，它从表面上看不像波普艺术那样与现代主义的立场进行了直接的决裂，而是强调艺术家要把对材料的干预降低到最低限度，以清除和消解形式主义对于材料的处理方式以及美学态度。这种要求实际上比较接近杜尚在使用“现成品”这种形式上所表现出的反美学主张，它使艺术最终摆脱了形式的束缚走向观念。以托尼·史密斯的雕塑为例，他的作品有着建筑师的痕迹，这与他原是一个建筑师的身份有关。他要求的是高度标准化的形式，这种形式无须艺术家亲自动手，只需给出图纸，或者在电话里准确地讲出各个部分的尺寸就可以完成。按照纯粹的极简主义的主张，极简艺术家们认为艺术应该排除任何现实的经验、情感，而追求一种理性的秩序和严密的概念，从而把人们的注意力引向形式和媒介本身。这也导致了极简主义者将主要的精力放在雕塑方面。唐纳德·贾德认为：“三维的立体才是真正的空间，它摆脱了视错觉的问题，也摆脱了画面意义上的空间，即在笔触和色彩之中或者笔触色彩的空间这类问题，摆脱了这类欧洲艺术遗产中最引人注目而又最该反对的东西。绘画的种种限制已不复存在，一件作品我们想要它有多大表现力，便能够有多大表现力。实际的空间在根本上比画在平面上的空间更有力量也更为具体。”贾德的雕塑作品是由一些完全相同的单元构成的，他将这些单元按照精确的数学关系排列起来，使其呈现出一种绝对的统一或者整体性。在这类作品中，看不到任何情感的表现或者艺术家个性的痕迹。这些作品显然是对艺术的本质、艺术的功能和雕塑形式的本质提出了挑战。尽管这些“雕塑”在空间中表现为一些具体的形式，同时它们从外观上看起来与抽象艺术是一致的。

但是，它们对抽象艺术家为代表的现代艺术所强调的自我、个性、创新等无疑是一种颠覆。

极简主义在极简形式的表层之后，在观念上传达了以下语义信息。

（1）极简主义是一种非表现性的艺术，其简单至极的形体所传达的不是抽象，而是绝对，这就使得其作品摆脱了与外界的联系。他们虽然从早期构成主义汲取了营养，但已脱离了前者所具有的绘画的表现性，从而“不表现或反映除本身以外的任何东西，不参照也不意指任何属于自然或历史的内容与形象，以独特新颖的形式建立属于自己的欣赏环境”。极简主义作品在独立封闭的自我完成体中依靠简约直接的形式来产生对观众的冲击力。

（2）极简主义是一种客体存在的艺术，这是由其表现性的性质所决定的。它既不表现什么，也不再现什么。极简主义艺术家总是把艺术的客观真实性当作艺术来强调，并竭力避免个人介入的任何痕迹。比如，一块雕塑用的钢板就是钢板，不要指望它能有什么深度和意义，更不要去探究其背后暗含有怎样的思想。同时，极简主义强调其作品没有任何预先设计的原型，即艺术是不模仿任何已存在之物的。作品本身就是一种除去了任何细节形式的本质存在。

（3）极简主义是一种重视“共构”的艺术，而不是“殊相”。极简主义认为以前的艺术总是将事物的独特个性放在首位，他们依照个人的主观看法去表现对象的特征要素，艺术表现因加入了创作者的主观因素而远离了对象所固有的“真实性”。极简主义则主张每个事物都有它固定的真实与美，创作者面对它们时应把个人的主观判断减至最低限度，事物本身才会表达出自己的声音。也就是说，只有舍弃物象外在的一切偶然性，把对象简约为最低限度的几何体，才能凸显出“共相”。

（4）极简主义是一种带有批判色彩的艺术。极简主义艺术家认为：“形式的简单纯净和简单重复，就是现实生活的内在规律。”艺术作品去除一切雕饰的简洁代表着进步。在外表简单的作品后面，是艺术家对生活和社会秩序的渴望与追求。在当代艺术家们把个性和独特性夸大到无以复加的地步时，在大众媒体和商业文化狂轰滥炸的刺激中，极简主义冷静地提出了自己的解决方案。

在景观设计领域中，不少设计师与极简主义艺术家一样，在形式上追求极度简化，以较少的形状、物体和材料控制大尺度的空间，形成简洁有序的现代景观；还有一些景观设计作品，运用单纯的几何形体构成景观要素或者单元，不断重复，形成一种可以不断生长的活的结构；或者在平面上用不同的材料、色彩、质地来划分空间，也常使用非天然材料，如不锈钢、铝板、混凝土、玻璃等，在材料上强调不同质感的对比。这些设计手法都不同程度地受到了极简主义的影响，如美国景观设计师彼得·沃克的作品（见图 6-4）。

图 6-4　彼得·沃克作品 IBM 公司索拉纳园区

沃克的极简主义景观在构图上强调几何和秩序，多用简单的几何母题如圆、椭圆、方、三角，或者这些母题的重复，以及不同几何系统之间的交叉和重叠。材料上除使用新的工业材料如钢、玻璃外，还挖掘传统材质的新的魅力。通常所有的自然材料都要纳入严谨的几何秩序之中，水池、草地、岩石、卵石、沙砾等都以一种人工的形式表达出来，边缘整齐严格，体现出工业时代的特征。种植也是规则的，树木大多按网格种植，整齐划一，灌木修剪成绿篱，花卉追求整体的色彩和质地效果，作为严谨的几何构图的一部分。

沃克的极简主义景观并非是简单化的，相反，它使用的材料极其丰富，它的平面也非常复杂，但是极简主义的本质特征得到体现。例如，无主题、客观性、表现景观的形式本身，而非它的背景；平面是复杂的，基本组成单元却是简单几何形；用人工的秩序去整合自然的材料，用工业构造的方式去建造景观，体现机器大生产的现代社会的特质；作品冷峻、具有神秘感，与此并不矛盾的是他的作品具有良好的观赏性和使用功能。沃克在追求极简的背后强调的是景观的观念和意义。沃克没有像极简主义艺术家们那样试图创造一种非景观的作品。与勒诺特一样，沃克试图创造一种具有“可视品质”的场所，使人们能够愉快地在里面活动。

二、符号的拼贴实验与波普的泛化

后现代艺术这一概念最早源于20世纪40年代的某些文学作品，后来对50～60年代的文学和建筑领域产生了重要影响。如今这一概念被广泛应用于社会、政治、经济、工业、技术、哲学、文化、艺术、建筑、景观等领域的各个方面。后现代主义并非一种特有的风格，而是旨在超越现代主义所进行的一系列尝试。在某种情境中，这意味着那些被现代主义摒弃的艺术风格。而在另一种情境中，它又意味着反对客体艺术或包括自己在内的东西。概括起来，后现代呈现出以下特征。

首先，从社会和文化背景方面，后现代主义主要否定现代主义，与现代主义那种精英意识和崇高美学彻底决裂。后现代主义对现代主义所具有的个性主义和英雄主义表现出了极大的反叛和怀疑，并意欲填平精英文化与大众文化的鸿沟。如果说现代主义是工业文明的产物，那么后现代主义就是信息化的产物。随着科技的发展和技术的进步，人类在享受自己创造的成果的同时，越来越多地被物质和技术所异化和控制。人们不再对工业文明的乌托邦理想抱有幻想，人们在怀疑、焦虑和失望的同时，寻找着得以超越的文化载体，这必然导致了一种反现代主义、反文化、反美学的极端倾向的出现。高度商品化的社会，消费意识渗透到自然、人类意识和社会生活的方方面面，商品和消费无处不在，商品、技术和娱乐同时进入了艺术和审美。

其次，从思维方式方面，受西方现代美学理论、后结构主义、法兰克福学派的新马克思主义思潮及女权主义的影响，后现代主义的思维方式表现出了某种深刻的文化危机，以及对现代主义美学的怀疑、对叙述和阐释的怀疑。它以强调否定性、非中心性、破碎性、反正统性、非连续性及多元性为特征，来消解现代主义所坚信的超验的、抽象的、视主体性为基础的中心的、试图包容和解释一切的一元论的思维范式。

现代主义所坚持的统一性、秩序、一致性、总体性、客观真理、意义及永恒性被后现代主义的多样性、无序、非统一性、不圆满性、多元论和变化所代替。

第三，从后现代主义的具体表现方面，弗·杰姆逊曾将其总结为 4 个方面，即：平面感、断裂感、零散化和复制。

平面感是指作品审美意义深度的消失。现象与本质、表层与深层、真实与非真实，能指与所指之间的对立消除了，从本质走向现象，从深层走向表层，从非真实走向真实，从所指走向能指。

断裂感是指历史和时间的消失。后现代主义试图告别传统、历史、连续性，在非历史的当下状态体验中产生一种断裂感，这意味着历史被赋予了更多的戏谑的成分，历史只是某种零散和片段的材料，它永不会给出某种意义组合或最终解决。如果说，现代主义力求在"'破碎的意象堆积'后面重建起某种理想和形式的整合，那么，后现代主义那种彻底的零散意象堆积却反对任何形式的整合。因此，从有意识的组合到东拼西凑的大杂烩的过渡，成为从现代主义到后现代主义的表征"。

零散化就是主体的消失，艺术所代表的是人的中心地位和为万物立法的特权。后现代主义认为主体已为物所控制，而被拆散成零散的碎片，从而丧失了中心地位。这种主体的零散化使以人为中心的视点被打破。世界已不是人与物的世界，而是物与物的世界，人的能动性和创造性消失了，剩下的只是纯客观的表现物，不带任何感情和表现的冲动，就如同沃霍尔德的名言："我想成为机器，我不要成为一个人，我像机器一样作画。"只有当艺术家变成机器时，作品才能达到纯客观的程度。

复制是根据原作制造摹本。我们是生活在一个复制形象的世界，照片、摄影、电影、电视以及大规模的商品生产，使同一形象具有大量的相同的复制，其效果就造成了传统美学所要求的审美尺度的距离感的消失，诸如典型论、移情说、距离说、陌生化等。无非说明艺术不同于生活，艺术不能等同于生活，艺术只有与人的现实生活拉开距离才会给人以审美感受。而后现代主义却因复制化，使人们丧失现实感，形成事物的非真实化、艺术品的非真实化以及可复制的形象对社会和世界的非真实化。因为复制的出现，必然使艺术趋同于生活，从根本上消除了唯一性、独一无二和终极价值的可能性。

总之，后现代主义是无法被定义的，也是无须定义的，它代表了自20世纪60年代以来一切修正或背离现代主义倾向和流派的总称，代表了西方文艺思潮中复杂性、多元论、不稳定性、包容性、无规则性、含义广泛性等特点的总称，而非所谓的风格。

波普艺术和后现代主义都兴起于20世纪60年代，后现代主义所表现出来的那种平面化的浅表感、断裂化的堆砌感、零散化的客观性以及复制化的机器性，在波普艺术那里都有所体现。波普艺术以对商品社会和消费文化的敏锐嗅觉来解构艺术的贵族气息，以风格的自否来实现与生活的融合，这都带有鲜明的后现代主义特征。杰姆逊在他的那些后现代主义理论著作中，大量地以沃霍尔的作品为例，来阐释后现代主义艺术的特征和表现。他认为那些极度“真实”的波普艺术品是对现实生活的一种有力回应。波普艺术家所运用的现成物的拼贴风格，创作对象的极端商品化和生活化，工业化的媒介的无限复制，都造成了艺术家被“耗尽”后的自我表现丧失与“混杂”状态，这必然使古典艺术和现代艺术的意义模式丧失，呈现为无风格、无深度的平面美学。杰姆逊还从分析沃霍尔的作品《玛丽莲·梦露》和《坎贝尔汤罐头》（见图6–5）等入手，提出后现代主义艺术有别于现代主义的一个重要方面，就是所谓“拟象”的广泛蔓延。古典艺术对现实的模仿，有摹本和原本的区别；现代主义不再直接模仿现实对象，而强调艺术家的首创性；后现代主义的形象既不是模仿，也不是首创，而且没有模本。就沃霍尔的作品而言，要么是对一张底片的无限复制，要么是对一个实物（如罐头）的大量复制，这彻底改变了古典艺术那种艺术符号的能指和所指关系。

图6–5　坎贝尔汤罐头

如果说现代主义的基本特征是乌托邦的理想，是艺术越来越远离我们日常生活的世界，是艺术自身内在设计的绝对真理显现的话，那么，后现代主义则是和商品化、大众文化紧密联系的现实，这一点正是波普艺术存在的基础。大众艺术、波普艺术的出现，直接导致了景观设计师对波普景观的探索实践。

亚特兰大市瑞欧购物中心庭院（见图 6-6）是玛莎·施瓦茨设计的最有影响力的作品之一，其错位的构图、夸张的色彩、冰冷的材料，特别是在庭院中布置的300个镀金青蛙点阵，创造出奇特和怪异的视觉效果。这一典型的波普艺术风格和手法的设计除使人感到醒目、新奇外，还令人觉得滑稽与幽默。

图 6-6 瑞欧购物中心庭院

“戏仿”是由于后现代艺术缺乏中心、主体性、意义本源，导致“剽窃”“蹈袭”以前所有经典的东西的必然结果。奥登堡的“巨型汉堡包”、沃霍尔的“梦露”都是艺术家“仿造”和无限复制的“拟象”。这种“拟象”最典型的形式就是迪士尼乐园，它是“仿真序列中最完美的样板”。它把历史的、物质的、艺术的东西都变成了虚拟的，在那里，海盗、景观、著名的历史遗迹、未来世界等都以虚拟的形式出现，根本不存在真实或虚假问题，因为它们是“拟象”的真实存在。

后现代主义的建筑与景观思潮同后现代主义文化和后现代主义并不是一回事，它虽属于后者的范畴，但又有其自身的独特表征。后现代主义建筑与景观以反对现代主义的纯粹性、功能性和无装饰性为目的，是以历史的折中主义、戏谑性的符号主义和大众化的装饰风格为主要特征的建筑与景观思潮。波普艺术对后现代主义建筑与景观的理论与实践具有重要影响。文丘里认为有两种方法可以打破现代主义的清规戒律和单调刻板的形式。一种就是对历史因素的借鉴和再利用，包括古希腊、古罗马、中世纪、哥特风格、文艺复兴、巴洛克、洛克克、维多利亚等所有的西方历史建筑风格和样式的借鉴；另一种是植根于大众文化和消费文化，直接向波普艺术学习，创造出含混而杂乱的暧昧样式。在艺术领域，自杜尚用小便池来讽刺传统美学开始，戏谑性和游戏性就成为当代艺术发展中不可缺少的因素。

作为达达主义的直接继承者，波普艺术无疑也延续着这种态度。后现代主义建筑与景观中这种具有波普特点的戏谑和游戏的态度是普遍存在的一种现象，如美国新奥尔良的意大利广场以及矶崎新设计的筑波科学城中心广场（见图 6–7）。矶崎新在设计中有意地“复制”了一些著名设计师的作品中的片段。例如，椭圆形广场及其图案是米开朗琪罗的罗马卡比多广场的翻版，不过在图案上他反转了原作的色彩关系；水池顶部缠着黄飘带的金属树型雕塑是英国当代建筑师汉斯·霍印在维也纳旅行社中的复制品；而层层的跌水明显受到美国园林大师海尔普林水景设计手法的影响。广场及其周围环境明显带有拼贴、复制的手法，另外还融入了日本传统的造园手法。这是一个典型的后现代主义景观作品。

图 6–7　筑波科学城中心广场

自 20 世纪 80 年代以来，随着信息技术和电子技术的发展，我们的城市景观正在被电视、电影、广告、摄影等图像包围，到处是电视墙、巨型广告以及由声、光、电控制的充满动感和绚丽色彩的图像等。由此导致了新一代波普的出现和扩散，他们比老波普面临更多虚幻的影像。盖里在法国巴黎设计的欧洲迪士尼娱乐中心是庞大的多功能综合体，包括购物、酒吧、餐厅、剧场、娱乐中心等多种功能。盖里用一条步行街将它们组织成两个体块，用 40 根巨大的方柱加以贯穿，这些方柱以不锈钢、天然锌、上漆金属等为外装材料，涂以红、白两种色彩。方柱本身构成了一组巨大的矩阵，柱与柱之间用金属丝相连，其上点缀着无数发光点，加之金属材料的反光、霓虹灯的变幻，夜晚整个娱乐中心被无数的繁星所覆盖，商店橱窗的鲜艳以及建筑环境造型体块的清晰和色彩对比的强烈，构成了欢乐的世俗生活的典型场景。总之，面向生活的波普艺术及其扩散和泛化，对波普景观和后现代主义建筑与景观产生了重要影响，并且持续地影响着当代景观设计师的创作观念。

三、艺术的技术实验与技术的泛化

20 世纪 50 年代，战后的工业技术迅速发展，受此影响，活动雕塑重新兴起，从 20 世纪 50 年代中期直至整个 60 年代，艺术家和民众都对此类作品保持了较高的兴趣。1995 年，巴黎的德内斯·和内美术馆举办了一个大型展览，展出了包括杜尚、亚·考尔德、瓦萨莱利、伯里、延居里、索托等人的活动雕塑作品，对这一艺术形式进行了较全面的介绍。此后，在欧洲其他地区举行了一系列展览，强化了活动雕塑的影响。活动雕塑与传统雕塑不同，它不是以静止形式存在的，而是能够在空间中借助各种力量（包括空气的流动、水力以及机械动力等）产生形体上的变化或者空间中的位移。活动雕塑之所以产生了如此大的影响，主要原因就是战后技术的迅速发展给人们留下了深刻的印象，活动艺术家们试图将这种印象表现出来。他们提出要创造“技术时代的艺术”，通过为雕塑提供一定动力的形式，来体现机械文明的内在特征。这与 20 世纪初的未来主义有相似之处，未来主义最早尝试在作品中表现对机械文明的印象，只不过他们由于技术的限制仅在绘画或雕塑中创造了一种“运动的幻象”、运动的感觉而已。而活动雕塑家借助现代技术手段，将自己的感觉直接通过一些能够运动的雕塑表现出来。

在对待机械文明的态度上，活动艺术家并不像未来主义者那样完全持歌颂的态度，而是存在着不同的观点和艺术取向。以考尔德为代表的一部分艺术家的作品借助空气的流动来产生运动感的方式，如亚历山大·考尔德的《动态雕塑》作品（见图 6-8），雕塑的部件呈现出一种微妙的平衡，空气的流动或者轻微的震动都会打破这种平衡。这类作品体现的是对形式美感的追求。有的艺术家则在作品中加入了水流或者电磁引力的作用来造成运动的效果，如德裔美国人汉斯·哈克在 20 世纪 60 年代利用水流和气流托浮气球的原理创作的作品《蓝色航行》（见图 6-9），蓝色的薄绸被转动的风扇吹动，展现出不同的形态。汉斯·哈克要表达的是自然的力量所产生的强大作用。从他的作品中，我们可以看到一种来自达达主义或者东方哲学的态度。而更能体现这种精神的是使用电磁引力的作品，在这类作品中，电磁力作为一种看不见的力量在左右着作品中的某些能移动的部分，使其在特定的空间范围内悬浮或者沿着某种路径移动。例如，意大利艺术家博里亚尼就将铁屑装在不同的容器中，再利用巧妙分布的磁场，使铁屑像昆虫一样缓慢移动。这类作品的新奇之处不在于有形的物体，而在于无形的“能”，因为作品展示了能量的支配效果。当然，在“活动艺术”中，运用机械动力的艺术家占据相当大的比例，他们的作品是最能说明艺术家对于机械文明持一种肯定的态度，并且积极探索科技在艺术创作中的各种可能性。最有代表性的是匈牙利艺术家居古拉·舍弗尔，他非常迷恋“控制论”以及运动和光的变化，甚至他使用的语言也是科学味十足的，如空间动力学、光动力主义等。舍弗尔最引人注目的作品是1961年在比利时与飞利浦公司利用声光和机械合作建造的一座52米高的控制塔。他试图将艺术与科学相结合的态度，是对构成主义所主张的“艺术工程师”的说法的一种新的诠释。

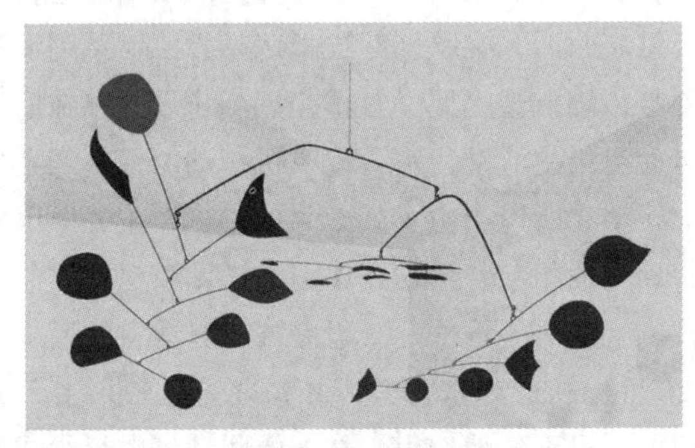

图 6-8　动态雕塑

图 6-9　蓝色航行

并不是所有的艺术家都对机械文明的前景持乐观态度，一些艺术家清醒地意识到了机械文明中潜在的阴影，如瑞士艺术家让·廷居里，他的作品表现的不是炫耀科技发展的机械制品，而是一些丑陋的机器。丑陋性构成了作品的主要特色，它们不但外形怪诞，而且经常会在刺耳的尖叫声中变成一堆碎片。

对艺术的“技术试验”活动不只是对活动雕塑的探索，也包括将光作为一种艺术媒介，表现运动和光的行为。舍弗尔创造的控制塔就包括了机械动力、光以及声音的元素。艺术家们通过对人工照明光线的控制创造出新奇的视觉效果。有的艺术家将照明设备与机械动力相结合产生光幻效果，也有的通过对光源的排列来产生“光的图案”。例如，德国“零”派艺术家皮埃尼的作品《电之花》就是将电灯泡排列起来，组合成一朵“花”的效果。又如至今还很受人们欢迎的光雕艺术等。特别值得一提的是美国的“EAT 团体”，他们是从偶发表演发展起来的，组织过很多活动，比较引人注目的如 1966 年 11 月在纽约军械库组织的“九个夜晚：舞台与工程”活动。活动中，劳申伯格等艺术家展示了包括表演、电子音乐、电视投影等媒体在内的综合艺术形式。在这些作品中，艺术家们综合运用了各种较先进的技术，来展现现代技术条件下新的视觉形式和效果的可能性，对技术在艺术领域中的运用进行了积极的探索和尝试。

光效应艺术也被称为视幻艺术（或欧普艺术），它是与活动艺术平行发展的艺术形态。光效应艺术主要是依据视错觉原理来进行表现的，它与活动艺术有着密切联系。这一方面是由于光效应艺术的源头可以追溯到蒙德里安等风格派艺术家、包豪斯的艺术家以及杜尚的作品中曾经出现的光效幻觉效果；另一方面，光效应艺术虽然是静止的，但看上去感觉在变化和运动，如赖利的作品《流》（见图 6–10），是利用线条有趣的排列构成的。

图 6–10　赖利的作品《流》

20 世纪的活动艺术与其说是表现了技术，不如说是表现了对技术的向往心情更准确。活动艺术家们充满热情地尝试创造“科技时代的艺术”，取得了令人瞩目的成就。但是，艺术家们在打“技术”这张牌时，实际上并不具备浑厚的技术知识储备和竞争的优势，他们只是模仿了“技术实验”的姿态而已，所以活动艺术在辉煌了10年左右的时间，到了70年代之后就基本上销声匿迹了。但是，活动艺术家的创作观念和探索实践对景观设计的影响是深远的，他们的理想在当代景观创作中复活了。

艺术家们对技术的迷恋，成为当代景观设计师的技术表现和景观设计的一个重要的探索方向——景观的技术主义审美与设计倾向。

动态景观是当代景观中的一种重要景观形式，也是很多景观设计师的追求目标。动态化景观与活动艺术是密不可分的。

（1）景观本身的动态变化。

很多景观借助外力（机械、重力等）呈现出动态变化，活动雕塑本身既是雕塑，在环境中又是景观，另外，此类景观还包括动态标志、动态景观造型、喷泉、叠水等多种景观形式。景观设计师从活动艺术家那里到了设计的方法和灵感。

（2）景观造型的动态感觉。

一些景观设计师在设计中追求平面或空间的动态造型效果，特别是使用富于动态感的曲线造型。

（3）夜景观的动态效果.

艺术家们对光的探索和试验直接影响和启发了当代夜景观的照明设计。光雕塑已经成为城市夜景观的重要表现形式。香港的维多利亚海港的夜景景观犹如一个巨大的光雕塑艺术，将其艺术表现演绎到了极限。

（4）观察者的相对运动。

观察者处于相对运动中，在移动中观赏、体验景观，如我们在车内观赏道路两旁的景物，或行进中观赏周围的景色。其实，在中外古典园林中，早就有了动态景观的概念，如中国古典园林的“步移景异”说的就是随着游人的移动眼前景物的变化。古典造园中的蜿蜒曲折、高低错落、渗透与层次、空间序列、空间的对比等手法，均是强调处理游人在行进中对景物欣赏的要求。以前我们说的古典园林的四维空间实际上它的一维就是指时间和动态。西方古典园林无论是法国的规则式园林还是英国的风景式园林也都需要动态地欣赏和体验。

当代景观的动态化倾向主要是指部分设计师及其作品将“动态性”的概念加以强化甚至推到了极致，强调在“高速”运动中（汽车、火车甚至飞机上）的视觉感受。

技术进入了艺术，扫清了艺术回归生活之路的障碍，艺术与景观对技术的迷恋和表现，使得艺术和技术在此交会，殊途而同归。

四、艺术的生态实验与自然环境美学的回归

自然环境的不断破坏和城市环境的逐步恶化，引起了艺术家们的警觉，他们试图通过实验和创作生态艺术品，唤醒公众对地球未来的忧患意识。21 世纪生态环境建设的趋势将是人与环境融合，这种趋势将对艺术实践产生越来越重要的影响。

从 20 世纪后期开始，艺术家开始尝试通过生态艺术的实验和创作，引导社会共同再造人类与自然交互作用的生态系统，缓和层出不穷的环境问题。凭借生态艺术，艺术家传播着人类同属一个地球村的体验。艺术家对生态环境问题的反映可概括为两种方式：一种是设计或创作出生态艺术作品以解决城市生态系统面临的自然审美问题；另一种是通过各种媒介和表现手段——绘画、雕塑、多媒体等方式来解释环境美学问题。几乎所有生态艺术作品的主题都是土地、城市景观、植物、动物和人。生态艺术力求治愈城市、人和自然之间不断扩大的物质和心灵的创伤。例如，IT 海伦・海尔・哈里森和牛顿・哈里森研究了一个大的生态体系——南斯拉夫的萨瓦河及其毗邻的土地，通过地图和照片表现它们的种种细节。这种给人以强烈视觉冲击的艺术品，由诗意的描述和治理河水的合理建议共同组成。作品促成了政府和民间组织间的对话，从而采取相应的环境治理行为。潘特里西亚・约翰逊设计创造的“居住花园”，在城市中移入土生植物、动物和雕塑走廊，让参观者能亲历自然生态。以上两个作品的共同点都是对自然及生命形式表达了尊重。

一些艺术家将生态、环境等相关知识融入艺术创作中，并借助技术手段表现出来，如日本艺术家菊竹清训创作的雕塑《翼》，可随二氧化碳水平的变化而改变颜色和形态。这是菊竹清训日本一家环境研究所合作创作的作品，旨在帮助人们看到环境中二氧化碳污染的威胁。菊竹清训是美国宏观工程学会会员，他认为绝大多数的城市设计都被一种“机构的思想”所束缚，真正的人性思维方式考虑的是如何创作空间，使人们在其中找到舒适感。他倡导的交互式生态艺术作品，有机地把艺术、科技和自然联系在一起。他的其他雕塑作品还有：《水乡》——可通过改变喷水模式和发出的声音对走过的人们做出反应；《世界》——室外雕塑作品，可随温度的变化而改变颜色，并随环境状况的改变而发出各种声音。

有的生态艺术品被赋予生态的哲理。尤基里斯在作品《跟随城市》中创造了一条通道，通道由彩色玻璃和金属制成，并连着一座玻璃桥，人们站在桥上可以看到城市垃圾的命运。

生态艺术的最新动向是“关注生命”，这一主题超越了艺术品的传统定义，涉及生命、死亡及再生等哲学、伦理问题。例如，巴黎艺术家欧尔斯特和生物工程家

克劳德·于丹合作的《生命雕像》，是以河流中的污染物——聚氨醋和极微小的藻类混合的材料塑成的。其中的藻类是活的生物体，在不同的阳光和气温条件下，藻类会时而迅速繁殖，时而停止生长，雕塑的颜色和形态也会随之发生微妙的变化。只要每天给雕像浇水，雕像就有生命存在。

另外一类作品表现了改造居住地与废物再利用的概念，在贝蒂·标蒙的“海洋地标项目”中，有一种水下雕塑礁，利用坚硬的废煤制成。艺术家在此创作了一个海洋生物避难所，以抵制向海洋倾倒垃圾和过度捕鱼造成的毁灭性影响。

很多生态艺术品都基于“生物多样性”概念而创作，饱含环境给予生命的丰富多彩，追求多样性与和谐。由于密集农业和城市化劫掠了生态系统，“生物多样性”就成为生态学关注的最大问题。21 世纪的艺术家投身于生态保护的行列，保护所有的生物物种，包括人类自己。

艺术的生态实验其风格和方法是多样的，大地艺术是其中最有影响的类型。大地艺术与以往的绘画和雕塑不同，它将自然作为作品的要素，形成与自然的共生结构。大地艺术与极简艺术相似，多采用简单和原始的形式，强调与自然沟通。

在大地艺术作品中，雕塑不是置于景观中，而是艺术家运用场地、岩石、水、树木等自然材料和手段来塑造景观空间，雕塑与景观完全融合，景观作品本身就是大地艺术。许多大地艺术作品还蕴含着生态主义的思想，遵循生态主义的原则，尽量减少对环境的影响，使用自然材料，即使是在巨大的包扎作品中（包裹建筑或树木等）使用了非自然材料，也是短期内拆除。当代景观设计作品越来越多地带有明显的大地艺术的倾向。华盛顿的越南阵亡将士纪念碑是大地艺术与景观设计结合的优秀实例。纪念碑场地被切去一块，形成微微下沉的等腰三角形，“V”字形的长长黑色花岗石板挡墙上刻着阵亡将士的名单，这个作品是对大地、对历史的解剖和润饰（见图 6-11）。

图 6-11 美国越战纪念碑平面图

西班牙巴塞罗那是欧洲闻名的艺术之都，1991 年竣工的北站公园（见图 6–12）是该市为迎接奥运会而进行的城市更新的一部分。旧的火车北站因铁路移至地下而失去了原来的作用，被改建为一系列新的功能场所，如公共汽车总站、警察局、就业培训中心以及作为奥运会乒乓球比赛场地的一个体育设施。公园建在原来铁轨占用的土地上，由建筑师阿瑞欧拉和费欧尔与来自纽约的女艺术家派帕合作设计，通过三件大尺度的大地艺术作品为城市创造了一个艺术化的空间。一是形成入口的两个种着植物的斜坡，二是名为“落下的天空”的盘桓在草地上的如巨龙般的曲面雕塑，三是沙地上点缀着放射状树木的一个下沉式的螺旋线——“树林螺旋”，既可作为露天剧场，又是休息座椅。三件作品均采用从白色、浅蓝色到深蓝色的不规则的釉面陶片做装饰，在光线的照射下形成色彩斑斓的流动图案，让人联想到高迪或米罗的作品。景观设计将环境景观的使用功能与大地艺术的创作完美地结合在一起。

图 6–12　巴塞罗那北站公园

大地艺术还为景观设计带来了艺术化地形的设计概念，它以大地为素材和对象，用完全人工化、艺术化的手法来塑造和改变大地的面貌。由于它既融入了环境，又表现了自身，越来越受到人们的接受和推崇。艺术化的地形不仅可以创造出如大地艺术般宏伟壮丽的景观，也可以塑造出亲切感人的空间。位于美国马萨诸塞州威尔斯利的少年儿童发展研究所的儿童治疗花园是一个用来治疗儿童由于精神创伤引起的行为异常的花园，由瑞德景观事务所和查尔德集团共同设计。孩子们可以在此玩耍，并和医师一起通过感受美好环境进行治疗。花园的目的就是通过患儿与专门设计的景观的相互作用使孩子能体察到自己内心的最深处。花园被设计成一组被一条小溪侵蚀的微缩地表形态：安全隐蔽的沟壑，树木葱郁的高原，可以攀爬的山丘，隔绝的岛屿，吸引冒险者的陡缓不一的山坡，有无穷乐趣的池塘，以及可以追逐嬉戏的开阔的林地。贯穿全园的 20 cm 宽的钢床溪流，源自诊所游戏室外平台上的深色大理石盆，水自盆的边缘溢出，消失在平台的地下，然后又在平台边石墙外的不锈钢水口出现，流入小溪（见图 6-13）。由于植被和地表形态错落不齐，从一处根本无法欣赏花园的全貌，所以促使孩子们在花园中各处活动，以发现不同的空间区域。

图 6-13 钢床小溪

英国著名的建筑评论家詹克斯的私家花园（见图 6-14）也是一个极富浪漫色彩的作品，花园以深奥玄妙的设计思想和艺术化的地形处理而著称。这既是对詹克斯“形式追随宇宙观”观点的形象诠释，也体现了他对中国风水思想的理解。詹克斯夫妇在设计中以曲线为母题，土地、水和其他园林要素都形成了波动的效果，詹克斯甚至将这个花园称为“波动的景观”。整个花园景观最富戏剧性效果的是一座绿草茵茵的小山和一个池塘。这里曾经是一处沼泽地，克斯维科改造了地形，并从附近的小河引来了活水，创作了良好的景观环境，也改善了这块地的风水。绿草覆盖的螺旋形小山和反转扭曲的土丘构成花园视觉的基调，水面随地形弯曲，形成两个半月形的池塘，两个水面合起来恰似一只蝴蝶。整个花园就是一个艺术化的地形和场地。

图 6-14 詹克斯私家花园

大地艺术家们最初选择创作环境时，偏爱荒无人烟的旷野、滩涂和戈壁，以远离人群来达到人类和自然的灵魂的沟通。后来他们发现，那些被人类生产生活破坏而遭遗弃的土地也是很合适的场所，因此大地艺术也成为各种废弃地更新、恢复、再利用的有效手段之一。20 世纪 90 年代，为了使德国科特布斯附近的露天矿坑尽早恢复生气，这个地区不断邀请世界各地的艺术家以巨大的废弃矿坑为背景，塑造大地艺术的作品，很多煤炭采掘设施如传送带、大型设备甚至矿工住过的临时工棚、破旧的汽车也都被保留下来，成为艺术品的一部分。矿坑、废弃的设备和艺术家的大地艺术作品交融在一起，形成荒野的、浪漫的景观。

大地艺术是从雕塑发展来的，但与雕塑不同的是，大地艺术与环境紧密结合，成为环境景观的组合部分。大地艺术的叙述性、象征性、人工与自然的结合，以及对自然的神秘感的表现等特征，都对当代景观设计有着重要启示。

艺术的生态实验特别是大地艺术的思想对景观设计有着深远的影响，丰富了景观设计的思想观念和表现方法。很多景观设计师在景观设计中都越来越倾向于借鉴大地艺术的表现方法，加强了景观的生态效果和艺术表现力。

后现代主义理论与观念的研究异常活跃，甚至可以说接近无穷，各种艺术现象错综复杂、枝蔓相连，艺术主张多元共存。后现代主义要回归商品化的现实社会和现实生活，充满了矛盾和冲突。

第七章　创造共享的精神空间——现代城市景观

当代中国城市景观建设发展迅猛，城市景观面貌日新月异，但也存在着很多问题，这里既有管理决策的问题，更有设计环节的问题。景观设计领域普遍存在着理论研究滞后、创作缺少原始性和精神内涵等问题。现代和后现代艺术的创新性观念和方法对当代景观设计具有重要的启发和引导作用。但由于种种原因，在中华人民共和国成立后的三十年左右时间内，现代艺术的探索和研究有限，这对于我国景观、建筑及其他艺术设计领域的创新发展产生了很大的影响，设计的原创动力不足。改革开放后，我国同时面临现代主义与后现代主义的双重选择，既是机遇，又是挑战。如何在头绪纷繁、错综复杂的问题之中，梳理出当代中国景观的创作思路，探索建设有中国特色的城市景观建设之路既是当务之急，也是历史的重任。

第一节　中国现代城市景观设计存在的问题

一、城市景观美化，忽视功能内容

我国的城市景观美化往往流于形式，其典型特征是唯视觉形式美而设计，为参观者而美化，强调纪念性和展示性，这种城市美化危害极大。城市景观大道越来越宽，林荫越来越少，非人性的尺度和速度成为行人与自行车的屏障，缺乏对人的关怀。广场越建越大，采用大面积硬质铺装和草坪，为了追求感官效果气派忽略了生态效果。到了夏天，这些广场地表温度过高，不容易涵养水分，也不容易吸附沙尘，导致局部小气候恶劣。许多广场不是以市民的休闲和活动为目的，而是把市民当作观众，广场或广场上的雕塑以及广场边的大楼却成为主体。整个广场成为舞台布景，广场以大为美，以空旷为美，全然不考虑人的需要，广场作为人与人交流场所的本质意义被遗忘。占用大量土地资源的广场成为不见人的广场。

城市水系是城市景观美的灵魂和历史文化的载体，是城市风韵和灵气之所在，具有生态廊道、遗产廊道、绿色休闲通道、城市界面和城市生活的界面五种重要功能，但落后的源于小农时代对水的恐惧意识和工业时代初期以规整为美的硬化渠化理念，正支配着城市水系的“美化”与治理。一些城市市政设施和地标性建筑一味求新、求奇、求大，争第一，造成城市景观整体混乱，不协调。

二、城市高层林立，生存环境恶化

一直以来都存在对高层建筑的讨论和质疑，但是很多城市盲目建设大量高层建筑，以高为荣，以庞大为美，认为这是城市现代化的标志。结果造成建筑体量失衡，缺乏亲近感，拒人于千里之外；城市的绿地减少，交通拥挤不堪，停车空间不够，空间非人性化，人们生活在钢筋混凝土的建筑森林中。掩藏在高楼大厦背后的却是危害城市居民身心健康的生态负效应：建材污染效应、能量耗散效应、气候热岛效应、水分流失效应、环境污染效应、建筑拥挤效应、景观压抑效应等。

高层建筑对人口密度大、经济发达的大城市和特大城市而言，因为城市发展的需要和用地的限制，是必然的选择，但这并不是所有城市最理想的选择。

对人口密度相对较小的中小城市而言，高楼大厦不是城市“现代化”的标志。适宜的尺度和优美的自然生态环境和人文环境，才是我们追求的理想家园。很多中小城市在其城市主要干道、道路交叉口、重要地区、重要节点建设大量的超高层建筑或地标建筑，以求快速进入现代化城市之列。这些都是城市景观建设的误区。

现代城市首先应是广大民众的城市，是人性化的城市。城市设计应当首先关注民众的生活、生产和活动，解决城市的环境和生态问题，延续城市的文化和文脉。建筑是城市和谐之美的重要组成部分，每个城市应该走具有自己特色的发展之路，避免“千城一面”。

三、城市“破旧立新”，文化失语、文明失忆

大规模的旧城改建和新城开发，使我国的城市面貌发生了天翻地覆的变化。拆除了不少“旧”建筑之后，在我们眼前出现了鳞次栉比的摩天大厦、富丽堂皇的商贸街区、环境优美的住宅小区，还有不少广场、步行街、街头绿地、主题公园等。每个城市都给人“焕然一新”的感觉，但每个城市又给人“似曾相识”的感觉，我们所熟悉的城市文化个性逐渐消失。

一座城市区别于其他城市的是记载本地文化和历史的本土建筑。这些代表了历史、人文的建筑却倒在推土机的履带下，传统城市连续的街道空间被小区围墙肢解，大量土地被圈走。城市纷纷借助规划“脱去旧衣，换上新裳”。经济上开始富裕起来的中国城市，需要通过气派排场的城市建成环境来装点“门面”，结果却导致了本土历史文化的缺失。

城市是文化的载体，一个城市的景观面貌直接反映着它所处的地域的文化背景。而现在急功近利、贪大求全、喜新厌旧的风气阻碍了部分城市的发展。一个个渴望跑步进入现代化的城市都统一地以城市广场、商业中心、行政中心、绿地、城市道路的体量或数量，作为城市现代化的标准。在确立样板城市后，再进行城市之间的相互交流和学习，并将这种结果不断扩大。在这种“速生型”的城市建设中，文脉是个可笑的名词，城市的建成环境与历史文脉的现有环境之间，没有什么必然联系。这就使得所谓的与国际接轨的中国城市环境是以丢失千百年历史文化为代价，而这种损失往往是无法弥补的。

城市景观改造应该高度重视城市肌理和文脉的保护与延续，使我们的文明、文化能够传承下去，把城市的记忆保留下来。

四、打造局部亮点，忽略整体控制

我国城市景观建设受财力局限和利益驱使，追求急功近利，注重短期行为，打造短、平、快项目，缺少系统的长远规划。景观是一个系统，局部的改善不会带来整个生态系统的根本好转。例如，很多城市水系景观改造只注重市中心段的水景观的处理，而不考虑整个流域的保护性规划；城市绿化景观也是如此，没有考虑它的廊道效应。应该研究和建立城市景观生态系统的整体建构，保持廊道的完整性，注重斑块和嵌块形态的结合，维持城市景观的异质性、多样性，这是城市景观设计的准则。我们必须认识到，城市是一个生命的系统，是有结构的，不同的空间构型和格局有不同的生态功能。所以，协调城市与自然系统的关系绝不是一个量的问题，更重要的是空间格局问题。因此，当代城市和区域规划的一个巨大挑战是：如何设计一种景观格局，以便在有限的土地上，建立一个战略性的土地生命系统的结构，以最大限度地、高效地保障自然和生物过程、历史文化过程的完整性和连续性，同时给城市扩展留出足够的空间。

五、复古仿古盛行，缺少时代精神

在我国城市景观建设中，复古之风盛行，“假古董”“洋古董”到处招摇过市。既有大量亭、台、楼、榭、廊与大屋顶的景观建筑等农业文明的产物出现；也有大片仿欧式古典风情的广场、园林和小品的建成，其实这些都不适合当代的审美和城市环境的需求。在当代，新材料、新技术、新观念必然为城市景观带来全新的面貌。在突出城市景观特色上要强调传统文化的保护和继承，而不是简单的仿古，更不是盲目的崇洋。城市景观建设既要严格保护传统建筑和街区环境，更要创造具有时代特色的、生态的、现代化的新景观。

六、人工取代自然，生态系统退化

在现代大规模的城市景观设计中，运用石材、广场砖等材质对广场铺地、河堤进行硬化改造，整齐划一的大量人工景观造成生态环境恶化。另外，一些城市为了快速达到一定的绿化目的，原生态的野生植物物种被大面积的人工草坪所取代，生物的多样性遭到破坏，生态系统退化。城市景观几乎已经丧失了生物多样性，成为生物物种单一的、脆弱的生态系统。所以，在城市景观生态建设中我们应尽最大努力，尽量保留原生态和原生态景观，不要将其全部破坏以建成物种单一的大草坪、大护坡、大广场、大水池的人工景观。景观设计与自然结合，巧用自然材料，尽量少用人工，这也是对我国古典园林造园文化的传承。

我国城市正进入一个景观建设快速发展的阶段，但普遍缺少系统的景观生态理论指导，景观生态建设不只是解决绿化、美化问题，更重要的是要建立完整的城市景观生态体系，保护物种多样性和物种运动，满足人们对“生活质量”这一城市生态系统中心目标的日益提高的要求，满足城市可持续发展的战略需要。

七、热衷模仿照搬，缺少形式创新

我国现代环境景观设计由于起步较晚，设计水平相对较低。在设计过程中经常将国外景观设计师的作品作为样板，生硬地模仿、照搬他们新颖的形式和处理方法，而不考虑或很少考虑国外景观设计师是如何思考、如何创作、如何分析场地的特点进行构思，如何综合解决景观中各种问题。只知其然，不知其所以然。这样做的弊病是：一方面，全国照搬那些固定的样式、那几本书，造成了另外一种千篇一律；另一方面，这种照搬的形式没有地域的精神，与地域、场地没有内在的联系和对话关系。设计方案体现不出地域、场地应有的与其他地域、场地不同的特质，而是强加上去的生硬的形式，这些作品完全是形式主义的景观垃圾。这种现象在景观设计界带有一定的普遍性，且危害很大。

现代艺术在形式上的创新精神和创新方法，对我们今天的景观设计的创新观念和处理手法仍然具有重要的启发。培养景观设计师的形式创新能力和加强设计原创性，避免生搬硬套、模仿照搬，对建设具有中国特色的、具有地域特色的新景观有非常重要的意义。

八、注重表现技巧，轻视观念创新

长期以来环境景观设计注重形式与表现技巧，忽视观念创新和深度思考。一些景观设计师沉醉于平面构图的推敲和艺术造型的创造，认为这就是景观设计的全部或最重要的内容，而不注重深入地挖掘景观的内涵（它的文化、历史背景、文脉的延续，人的活动特点、心理、行为，以及此场地与周围大背景的关系等），更不用说用富于创意的理念去整合这些深层问题，所以很难创作出有深度和能打动人心的方案。

后现代艺术在观念上的创新思想和创新思维对于景观设计具有重要启示。景观创作的形式构图、空间组织、景观效果固然重要，但其创作理念、文化内涵更加重要，它是景观的灵魂。我们景观设计师也应该从动手型向学者型、理论型发展。

九、设计急功近利，缺少深入调研

由于国内城市景观建设发展迅猛，设计周期很短，设计人员疲于应付，景观设计经常缺少对场地环境进行前期详细的认识、调研和分析的阶段和过程，而是很快或直接进入设计阶段，急于求成，造成很多设计失误，更难以创作出优秀的、有特色的景观作品。景观的前期场地认识、调研和分析这个过程非常重要，它要求景观设计师从感性到理性，从直接认识到间接认识，对场地的形态（美学）特点、生态特点和文化特点进行深入、细致的认识和分析，找出这块场地的特点和性格、周围居民对它的认识和态度，以及存在的各种问题，以此作为景观设计的依据和起点，创作出有该场地自身特点的景观形式，同时协调好场地内各种景观元素之间的关系，综合解决存在的各种问题。

以上九点问题其中后五点主要和景观设计环节有直接关系。所以，当代景观设计师需要不断加强理论水平，勇于创新（形式和观念），工作扎实细致，开阔自己的视野，做有思想、有智慧、有责任心、有创新能力的新型景观设计人才。

第二节　现代艺术观念与景观设计的使命

1949 年中华人民共和国成立至 1978 年改革开放近三十年中，由于种种原因，艺术创作方法模式化、片面化，偏离了艺术发展的客观规律。我国的现代艺术长期处于停滞状态。

1978 年改革开放至今，中国当代艺术迎来百花齐放、多元发展的繁荣时期。迟到的现代艺术和后现代艺术在我国同时发展。中国城市景观在起步晚、发展迅猛的过程中，如何借鉴现代艺术和后现代艺术的创新理念和创新方法，确定自身的发展方向，需要进行深入的分析和思考。

一、我国现代艺术的真空状态及对当代景观设计的影响

1949 年前，现代艺术已经引入中国，以林风眠为代表的一些画家吸收了西方现代艺术的观念和造型手法，进行了一些探索性的创新活动，但还不是主流，当时的主流艺术是以徐悲鸿为代表的借鉴西方古典艺术的写实主义。当时的中国主流艺术选择了写实主义主要是因为中国社会当时正处于争取民族解放的政治斗争中，需要一种最直观、最通俗的视觉方式来体现艺术家的社会责任感和爱国热情。

中华人民共和国成立后现代艺术的发展状态，对我国当代景观、建筑以及其他艺术设计领域的创新活动具有很大影响，这些领域普遍存在模仿、照搬国外已有形式和样式的现象，缺少原创性和设计语汇。另外，在城市景观建设中，从相关领导、广大市民甚至部分设计人员，普遍存在着偏爱写实形象的问题，造成很多景观设计形式落后、直白甚至低俗，与现代化、国际化城市形象格格不入。其主要原因是我们缺少了现代艺术这一课。

艺术与景观的互动关系是紧密的。现代艺术为现代景观设计提供了丰富的创新思路和创作灵感，在审美观念和设计手法上都有非常大的影响，景观设计师应该补上这一课。当然，提高全民艺术的修养更加重要，因为景观必定是为大众服务的。

二、我国现代艺术与后现代艺术同时化

随着我国改革开放的日益深入，自 20 世纪 80 年代初，由于思想的不断解放，西方现代、后现代思潮逐渐涌入。

1985—1990 年，这一后来被称为“85 新潮”的时期，标志着中国当代艺术的诞生和文化转型的开始，是中国艺术史上的一次创作高潮和重要转折点，一批具有世界影响力的作品和艺术家纷纷涌现，从此影响和改变了中国艺术的走向、格局及其与世界艺术的关系。

当代中国艺术面临一个多元化、现代艺术与后现代艺术共存发展的阶段，也就是现代艺术与后现代艺术同时化。我们在不到 30 年内走过了西方国家一个世纪走过的从现代艺术到后现代艺术的发展之路。这是历史赋予我们的重任。但是，无论是现代艺术，还是后现代艺术，在中国的探索和发展必须要和我国国情及文化背景相

结合，要探索一条有中国特色的艺术发展和创新之路。

三、当代中国景观的双重选择与使命

改革开放40年来，我国的经济快速发展，在综合国力和人民生活水平大幅度提高和改善的同时，所积累的环境问题日益严重和突出。既不能因为环境问题而放慢发展的速度，这会带来更为严重的社会问题，发展中的问题只能在发展中解决；同时更要积极探索可持续发展的新途径。事实上，这两者之间的关系在我国现阶段还不能完全协调一致。现实决定了当代景观设计师在现阶段既要面临对被破坏环境进行抢救性综合治理的问题，又要投身于长远的社会、经济和环境良性循环的可持续发展探索中。

现代艺术与后现代艺术在我国当代同时存在、发展，而我国现代景观起步是在20世纪90年代，景观的现代和后现代更是同时起步，同时发展。景观领域面临着很多的理论性问题需要梳理和探索，设计实践中又有更多的创新和技术性的问题需要解决。我国当代景观应坚持多元共存，思想创新与形式创新共同促进，一手抓创作，一手搞理论，坚持思想与形式、理论与实践并重，探索有中国发展特色的景观理论与创作道路。景观是关于人类生存的艺术，景观设计师应以多元的视角诠释人与自然、人与社会共同发展、进步的永恒主题，肩负起历史赋予我们对这片土地和环境的监护责任。

第三节　现代景观审美与设计观念的启发

当代景观审美与设计观念呈现多元共存的趋势。大体可归纳为：对人类中心主义的批判、强调回归自然的自然生态审美与设计倾向；对传统风格的批判，包括转向艺术表现的艺术化审美与设计倾向、转向技术表现的技术主义审美与设计倾向和转向理性的现代主义审美与设计倾向；对国际化风格的批判，包括转向非理性的反现代主义审美与设计倾向和回归故里的新历史主义审美与设计倾向。

一、自然生态主义审美与设计倾向

（一）自然美的审美观念

自然伟大而真实、神秘而又潜存着法则。自然是我们人类及人类生活的起点，也是人类及其心灵的归宿。

1.自然美的本质及认识的超越

所谓自然美，是指自然现象或事物所具有的审美价值，它能为人所欣赏和观照，从而使人产生相应的情感体验和审美感受。这里所说的自然事物或现象，不仅包括未经人类加工改造的天然物，如日月星辰，也包括经过人工培育或改造但仍以自然生长过程或天然质料为特征的人工自然物，如林木花卉或湖光山色。

西方美学史上有两种相反的关于自然美的美学观念，一个是认识论的，另一个是价值论的。唯物主义认识论的自然美思想认为，自然美的基础在于自然自身，和人无关，自然美的本质是自然的物质属性，这属于朴素的关于自然美的本质的认知思想。审美价值论的美学思想把价值论美学具体运用于自然美的思考，认为离开了人、人的需要、人的欣赏，自然无所谓美丑价值。没有了人，去谈论自然之美丑毫无意义。这种思想强调了人的愿望与需要，认为自然美的基础是人，人的认识是自然美的本质。这种注重人的愿望与要求的人本主义思想夸大了人的作用，过高估计了人的力量与地位，必然会遭到自然的惩罚，生态危机就是这种警示之一。从人的本源来看，人毫无疑问是出自自然，是自然进化链条上的一个现象（也许还是很偶然的现象），人始终是大自然的一部分。中国古代关于自然的思想就很明确地阐明：人是自然的一部分，人不是自然的本质和基础。在“天人合一”的思想里，天始终是大于人的。

国内对自然美的争论似乎已有结论：自然美和人类的社会关系相关，离开了人类的社会生活实践，自然无所谓美丑问题。当前这个结论已经受到挑战和质疑。

随着全球生存环境的不断恶化，人类中心主义的伦理观受到了批判。但在美学领域，这种高扬人的主体性的思想还根深蒂固。中国当代美学界关于美学的基本观念及其概念还受这种主体性思想的影响，已经落后于快速发展的时代，尤其体现在关于自然美的观点之中。人们应该对此进行反思：自然美是否来自自然，自然美的本质与基础是不是人类的实践活动？自然美真的从本体上依赖于人类社会实践及其发展水平吗？这个答案应该是否定的。人类目前的社会实践水平，比起19世纪以前已取得了飞跃式的进步，人已经展示了自己的力量以及对自然的征服、利用与改造的水平。人已变得“自由”了很多，人对自然的审美已面临着前所未有的危机。所有这些都说明国内美学界关于自然美的观点和思考已成为解决生态危机的一个理论障碍，并且失去了思考的活力与批判性。

自然美的基础和本质也并不在自然的表面，既不在于其物理特性，也不在于其形式方面的原因，自然呈现出的形式美的背后有着更深层的、还不为我们所知的力量与本质原因。也就是说，自然美的本质存在于自然深处远未被我们认识到的规律性和力量之中。

2. 自然的形态及审美的特性

（1）自然的形态类型。自然的形态有不同类型。其一是能量和力的形式，包括闪电、暴风雪和烈火等，它们具有不可抗拒的力量并给人以恐怖感；其二是大气和云层的形式，包括空气、云霭和烟雾等；其三是水和液体的形式，包括漩涡、波浪、川流、瀑布等；其四是固体和陆地的形式，包括泥土、砂石、山岩、结晶体等；其五是植物的形式，包括乔木、灌木、花卉等；其六是动物生命体的形式；最后是分解衰变和死亡，构成了自然界运动的一个环节。

（2）审美的时空特性。大自然是具有一定时空特性的物质存在，当人们处于它的怀抱之中，通过视觉、触觉、运动觉和方向感等形成一个整体的空间知觉，激发出审美意象。柳宗元在《江雪》一诗中写道："千山鸟飞绝，万径人踪灭。孤舟蓑笠翁，独钓寒江雪。"就描述了衣服空间特性的画面，将人带入一种空旷寂静的世界。

自然界也具有时间特性，它会随着时间的变化而变化。北宋的郭熙在《林泉高致·山水训》中对山的四季形态做了精彩的概括："春山淡冶而如笑，夏山苍翠而欲滴，秋山明净而如妆，冬山惨淡而如眠。"同样的山在不同季节会呈现不同的情调和形态。时间不仅影响到审美对象，也影响着审美主体，如唐朝刘希夷的《代悲白头翁》："年年岁岁花相似，岁岁年年人不同。"随着时间的流逝，由于人的年龄和阅历的增长，对于花的感受也会改变。

（3）审美的视角和运动状态特性。对自然美的观照随着观察视角和运动状态的变化而变化。例如，苏轼的《题西林壁》："横看成岭侧成峰，远近高低各不同，不识庐山真面目，只缘身在此山中。"就描写了由于视点的转移而显现出的不同形态和层次的景观特点。又如李白在《黄鹤楼送孟浩然之广陵》中写道："孤帆远影碧空尽，惟见长江天际流。"帆影的运动将人的视线引向更广阔的空间。

（4）审美的观赏距离的特性。自然美在人的视野中随着观赏距离的变化呈现时而清晰、时而朦胧、时隐时现的变化状态。距离感在对自然美的观照中具有特殊的重要性。距离可以增加美感。朱光潜先生曾写道："我的寓所后面有一条小路通莱茵河。我在晚间常到那里散步一次，走成了习惯，总是沿东岸去，过桥沿西岸回来。走东岸时我觉得西岸的景物比东岸的美；走西岸时适得其反，东岸的景物又比西岸的美。对岸的草木房屋固然比较这边的美，但是它们又不如河里的倒影。同是一棵树，看它的正身本极平凡，看它的倒影却带有几分另一世界的色彩。"折射的倒影可以增加朦胧的色彩，同样，距离的拉大也可以造成朦胧的美感。

（5）审美主体的特性。对自然美的观照会因审美主体的不同或心态的迥异而产生很大的差别。从赏心悦目的"山河含笑"到令人沉重的"云愁月惨"，主要取决于审美主体的情感取向。当然，自然环境的固有特质也会形成特有的情感氛围。需要特别说明的是，前面论述的自然美的基础和本质存在于自然深处的规律性和力量之中，笔者认为不同审美主体的不同审美解读可以用皆是美学的原理来加以解释。“一本万殊”和“仁者见仁，智者见智”与我们对自然美的观照有一定的相似之处。

3. 自然景观的审美效应

大自然是人类生命的摇篮和生活的天地，它不仅养育了人的体魄，也滋润着人的心灵，为人提供了精神的食粮。在精神生活中，自然美培养着人的情操，调剂着人的心情，丰富着人的感受力和创造力。中国画论所谓“外师造化，中得心源”便是强调师法自然，说明大自然对艺术创作具有启发和诱导作用。

“审美带有令人解放的性质”，这一点对于自然美格外贴切。大自然那种无拘无束、自由自在的状态，首先使人摆脱了各种思想的负担和困扰，使人的心情得到自由和解放的感觉。

对大自然的空间感受可以转化为一种心理的境界感，面对开阔的原野、浩瀚的大海或者登高远眺，都会使人心胸开朗。

进入茂密的丛林，徜徉在花团锦簇之中，可以消除人的疲劳，获得轻松的愉悦感受。特别是当人摆脱了一天的忙碌、烦恼和疲惫，投入大自然时，会感到格外的心旷神怡，宠辱皆忘。在日常生活中，几盆花草、一片绿地也会使人脱离枯燥乏味而增添几分生活乐趣。

自然界的美景以它的和谐及静穆给人一种安详感，使人排解忧患的思绪，产生心理的净化。高山流水，大漠云天，花开花落，月亏月盈，自然界以它生生不息、周而复始的运动节律使人安之若素。

人类是大自然的怀抱中成长起来的，与自然界的亲近是人天生的本性。这就使对自然美的追求成为人类难以割舍的一种情结。

（二）生态美的审美观念

1. 生态美学的审美观念的超越

生态美学的视角是一种超越的视角，是一种否定的视角，也是一种批判的视角：对现代过度技术化的超越与否定，同时是对技术文明的批判。过度滥用技术文明对自然构成了伤害。这种伤害不但破坏了自然环境，而且伤害了我们热爱自然的内心，伤害了我们置身于其中的生活感觉。过多的技术的使用使我们人类失去了真正的意义世界，使我们迷失了生活的方向，使我们的情感变得越来越贫乏。生态美学从一个侧面看有一种拯救的意味，拯救我们人类一段时间以来对自然的忽视和麻木的态度。生态美学强调自然本身的价值，强调人与自然在精神与情感上的交流与沟通，意味着更注重研究自然本身给我们的直接启示，而不是凭借人类的智力与理性知识来研究分析自然之美，要从自然美本身寻找生态美学的灵感。生态美学的视角在某种意义上看是对人类的自身行为的批判与否定，是人类自身的勇气与精神的体现，是人类智慧的一种觉醒。

2.生态美学的生态学图景

生态美不同于自然美，自然美只是自然界本身具有的审美价值，而生态美是人与自然生态关系和谐的产物，我们把生态学理解为关于有机体与周围环境关系的全部科学，进一步可以把全部生存条件考虑在内。生态学是作为研究生物及其环境关系的学科而出现的。随着这一学科的发展，现代生态学逐步把人放在了研究的中心位置，人与自然的关系成为生态学关注的核心。也就是说，大自然是人类生存的家园。

现代生态学的研究为我们指出，自然界是有机联系的整体，人的生存离不开大自然，人对自然环境的依存是人类生存和发展的基础和前提。在地球上几乎没有一种生物是可以不依赖于其他生物而独立生存的，因此许多种生物往往共同生活在一起。由一定种类的生物种群所组成的生态功能单位称为群落。在这一集合体中包括了植物、动物和微生物等各种种群，它们是生态系统中生物成分的总和。生态系统便是在一定时间和空间范围内，由生物群落及其环境组成的一个整体。这一整体具有一定的范围和结构，各成员间借助能量流动、物质循环和信息传递而相互联系、相互影响和相互依存，由此而形成具有组织和自调节功能的复合体。

人类作为生物圈的一员，生活在地球这一生态系统之中。阳光、大气、水体、土壤和各种无机物质等非生物环境作为生物生活的场所和物质成分，构成了生命的支持系统。绿色植物等自养生物通过光合作用可以制造有机物，成为生物圈中的生产者。各种动物以至人类都不能直接利用太阳能生产食物，而只能直接或间接地以绿色植物为食来获得能量，成为生物圈中的消费者。而微生物可以将动植物的残余机体分解为无机物，使其回归到非生物环境中，以完成物质的循环过程，成为生物圈中的分解者。

生命活动是依靠能量来维持的，生态系统中生命系统与环境系统在相互作用的过程中，始终伴随着能量的运动和转化。生态系统中能量的流动是单一方向的，能量是以太阳的光能形式进入生态系统的，被绿色植物转化为化学能，并以物质的形式存储在分子中。物质作为能量的载体，在生态系统中可以循环地流动和被利用。在生物圈内，各种生物通过食物的摄食构成物质和能量的流动和转移过程。不同的生物之间相互的取食关系构成了食物链。它成为生态系统各成分之间最本质的联系。食物链把生物与非生物、生产者与消费者、消费者与消费者连成一个整体。

生态系统是开放的，它的能量和物质处于不断输入和输出之中，各个成员和因素之间维持着稳定状态，生态系统便处于平衡中。生态平衡是生态系统长期进化所形成的一种动态关系，没有自然界相互联系的整体性，也就不会有自然的生态平衡，因此生物物种的消失、森林和环境的破坏以及环境污染都会造成自然界生态平衡的失调和破坏。

上述生态学图景使我们认识到，人类与整个自然界具有不可分割的联系，人的生命与整个生物圈的生命是相互关联的。只有在人类与自然的共生中才有人的生态和发展的前景。人与自然的和谐是人类取得自身和谐和发展的前提。生物多样性和文化多样性正是保持人与自然和谐共生的重要条件。

3. 生态美学的描述语言

自然美、生态美的精髓是不可能用科学的概念语言来准确说明的，人们对大自然充满了感情，尤其是对未经人类改造过的自然，更是充满原初的好感。生态描述就是试图通过对自然元素的强调，唤起人们对这些元素的珍爱。

（1）对自然的敬畏感的描述。自然是神圣的、神秘的，自然的整体之中包含着更深的意味。这是恢复自然魅力的一个前提，没有对自然的敬畏就没有对自然的真正的爱。

（2）对自然的眷恋感的描述。当代生活中的人们与自然日益疏离。如何让人更为接近自然、陪伴自然、眷恋自然，是生态美学追求的目标之一。人们只有对自然有了眷恋，才会对它有深情。

（3）对自然的宁静感的描述。人只有在宁静中才能真正地靠近自然，才能真正地靠近自然的中心。大自然中无声的沉默之处才真正充满了动人的美，它对人的精神与灵魂的启发比大自然表面的有声的地方更大。大自然的宁静比大自然的喧嚣更能给人带来灵魂的含义；人的精神与灵魂处在宁静之中时，也更能全面而深刻地领会自然的宁静与气息，领会自然的奥秘。生态美学就应该这样描述人和自然的关系和情感。

4. 生态审美的特性及效应

生态美反映了人与自然界即人的内心自然与外界自然的和谐统一关系。作为一种人生境界，生态美总是在一定的时空条件下形成的，并且是审美主体与审美对象相互作用的结果。从空间关系上看，生态环境作为审美对象可以给人一种由生态平衡产生的秩序感、一种生命和谐的意境和生机盎然的环境氛围。

大自然本身就是富有秩序的，它展现了某种规律性简单性特征。“从运行的星体到大海的浪花，从奇妙的结晶到自然界中更高级的创造物——有丰富秩序的花朵、贝壳和羽毛。”人对周围环境的感知，首先是从秩序关系入手的，然后才产生出意义的领悟。秩序感使人的生活有序化。建立在生态平衡基础上的生态环境，会以其自身的生态秩序给人美的感觉。人生活在经济—社会—自然复合生态系统之中，系统的和谐体现了生物多样性以及文化多样性的多样统一关系，其中人与自然的关系构成了整个系统的基础。

生态美的研究，首先把主客体有机统一的观念带入了美学理论中，对于现代美学理论的变革提供了启示。

现代生态观念把主体与环境客体的概念纳入了生态系统的有机整体中，主体的生命与客体生物圈的生命存在是共生和相互交融的，人与生态环境之间的协同关系是生态美的根源和基础，离开了这种相互之间的和谐共生，生态美也就不存在了。

生态美学克服了主客二分的思维模式，明确肯定了主体与环境客体不可分割的联系，从而建立了人与环境的整体观。这种整体观不是一种外在的统一性，而是内在于人与环境的生命关联。生命体的存在是相互交融的。

这就是说，不仅要促进生态工业和生态农业技术的发展，减少污染保护生态环境，以确保生物多样性和生态景观的多样性，还要创造人工环境与自然生态相互结合的生存空间，以利于人的生存和发展。从这种意义上讲，生态美学既是对人的现实关注，也是对人的终极关怀。它为人的全面发展探索前进的航道。

从生态系统相互作用、相互依存关系的角度出发，人类对生态系统的影响往往会造成一定程度的简单化，就是将生态系统从一种多样化的状态转变为复杂程度较低的状态。

5.生态美学的目标

生态美学的主要任务和目标并不是帮助人们改造世界，也不是要直接帮助人们改造环境，这不是生态美学的主要职责。生态美学的主要任务是帮助人们改造其精神和灵魂世界，使之更加适应自然，使之更加有助于人与自然之间的和谐共处。

（三）当代景观的自然生态化设计倾向

广义地说，所有的景观设计都必须建立在尊敬自然的基础之上，都应是自然生态化的设计。

景观的自然生态化设计一方面要保护自然结合自然；另一方面要运用生态学的原理，研究自然的规律和特征，创造人类生存的环境。但设计师们的具体表现方式是各不相同的。

1.保护自然景观元素

城市景观是最脆弱的景观生态系统，城市景观是以人工景观元素为主的，自然景观元素很少。所以，城市自然景观元素，尤其是原生态的景观元素是弥足珍贵的。

在城市景观建设中，如何保护好稀有的景观资源是非常重要的。国外景观设计师的很多设计值得我们学习，如在欧洲一些城市的绿化、水体、很多区域都保留着它们原生态的群落和自然状态。人工的景观（包括人工草坪、道路、铺装、护坡等）并未大量取而代之，它们和谐地共存着，体现着大自然的魅力。

2. 再现大自然的精神

当前“城市回归自然”成为很多景观设计师的追求，他们将大自然的景观元素重新引入城市，进行了大量探索和尝试。哥本哈根的夏洛特花园采用了各种粗放管理的野草作为主要景观元素。住宅小区花园的景观形态主要取决于各种草本植物造景的效果及其生长变化。

大自然是海尔普林许多作品的重要灵感之源。他以一种艺术抽象的手段再现了自然的精神，而不是简单地移植或模仿。在他与达纳吉娃设计的波特兰大市伊拉·凯勒水景广场，尝试将抽象了的山体环境“搬”到城市环境之中，从高处的涓涓细流到湍急的水流、层层跌落的跌水直到轰鸣倾泻的瀑布，整个过程被浓缩于咫尺之中。俞孔坚在沈阳建筑大学新校园景观设计中，将农业景观引入大学校园，使之成为农业在中国社会历史和现今地位的象征和提示。稻田景观在此不只是场地文脉的象征，也是一块能够为校园提供粮食的具有实用价值的土地。

3. 生态化设计

更多的景观设计师在设计中遵循生态设计的原则，进行了大量生态化的设计实践。（具体论述见本章技术主义审美与设计倾向部分。）

二、艺术化审美与设计倾向

本书前面内容论述了景观的艺术化审美与设计倾向，一方面是为了创造艺术化生存景观环境的需要；另一方面也是对传统景观风格的批判。景观是人类生存的艺术，景观的艺术属性与其他属性有着千丝万缕的联系。

三、技术主义审美与设计倾向

随着现代材料技术、加工技术、环境科学技术的迅猛发展以及现代美学、现代艺术和现代建筑理论、观念的影响，现代景观的审美观念、设计理念和景观形式发生了转型和变化，景观创作的技术主义倾向日益突出。

（一）现代景观的技术化审美与设计趋势

技术是人类文明的经验和实践经验的积累，它在物质化的同时，被精神化和审美化。“当技术完成其使命时，就升华为艺术”，密斯这句名言是指建筑技术的逻辑性、合理性内容作为独立体系可以直接参与审美，同理它也适用于景观。传统景观的亭、台、楼、榭、廊、桥等运用砖、石、木等传统材料和传统技术建造，其构成体系体现了传统景观技术的本体美。现代景观运用不同于传统景观的塑料、金属、玻璃、合成纤维等新材料和新技术建造，体现了现代景观技术的本体美。在科学技术高度发达的当代，第一代机械美学已经为第二代机械美学所代替，受技术审美思维的影响，景观艺术形态学也随之改变，传统的景观形态已经为现代的景观形态所代替。特别是高技派，更是将技术的进步性、材料的先进性和功能的合理性作为他们设计的终极目标，甚至走向了极致。高技派不仅重视技术，也非常重视艺术效果，他们强调和运用材料工艺学、产品语言学和工业造型学等多种语汇，表现结构的美、构造的美、材料的美、色彩的美、工艺的美，高技派在第二代机械美学时代占有重要的位置。技术对现代景观设计的影响贯穿设计活动的每个环节。

1.景观作品的技术化

现代景观设计师对传统景观观念进行了变革，他们在景观设计中大胆运用金属、玻璃、橡胶、塑料、纤维织物、涂料等新材料和灌溉喷洒、夜景照明、材料加工、植物栽培等新技术和新方法，极大地拓展和丰富了环境景观的概念和表现方法，特别是使用多种媒介体以及带有实验性质的探索，使现代景观作品面貌一新。玻璃与透明塑料不仅有独特的物理性能，还能创造新奇的视觉景象。不是出于巧合，而是由于技术上提供的可能，在景观、建筑、服装、平面设计等各个领域，都出现了一种走向透明的趋势，似乎可以被认为是社会走向非物质的一种象征，也隐喻着科学与技术面前，世界是透明的、可操控的。丹·皮尔逊设计的屋顶花园，透明半球形屋顶灯散布在植物中，反射出天空与周围环境的影像，产生一种科幻般的形象。在这里，新材料、新造型与自然景观进行了对话；新的金属材料与幕墙技术应用于景观中，天空的颜色和光洁的金属表面融合交汇，以及精美的细部节点处理，使之成为“高技派时代”的新审美趣味，一种技术美感的标志和符号。伦敦海德公园Serpentine Gallery美术馆前空地上的构筑物，其独特的造型、光洁的表面、精美的结构与细部，与其说它是景观建筑，不如说它是一个现代雕塑，鹤立鸡群般独立于环境之中，令人惊讶。合成纤维、橡胶等软质材料构成的软质景观形态流畅柔和、富于有机物的生命感景观的外观，还打碎了古典的美学和伦理框架。新材料不仅能以其自身的特性和外观使人们认同它们的美感，而且经常仿制传统材料，并能完美地欺骗人的感觉，甚至做到努力辨认也难分真假，人们不仅没有受骗上当的感觉，反而会赞叹技术的高明，并把仿制材料当作真实材料加以接受。由于这些仿制材料已司空见惯，关于材料真实性的伦理学争论也就渐渐地被人们淡忘了。

现代景观需要多方面的技术给予支持，正日益变得复杂化、多学科化。技术使景观的各种功能更易于实现，景观设计有了更大的自由，能够作为符号传达功能之外的更多的情感个性信息，这正是那些追求高技术情感倾向的景观设计师们孜孜以求的；同时，技术为现代景观设计提供了更多观念上的影响和启发。美国景观建筑师、艺术家玛莎·施瓦茨将灌溉喷洒系统变成一个个动态雕塑，它们像果树林，规整地排列，高高的“树”干颠倒装着喷嘴，与附近的棕榈树遥相呼应，构成了与众不同的水景环境。玛莎·施瓦茨是当今景观设计界一位颇有争议的人物，她的面包圈园、轮胎糖果园都是对传统景观形式与材料的嘲讽与背弃。她设计的拼合园是从基因重组中得到启发，认为不同的园林原型可以像基因重组创造出新物质一样，拼合出新型的园林景观。按此构思，体现自然永恒美的日本园林与展现人工几何美的法国园林被重组为全新的拼合园，造园的主要材料是塑料和沙子，所有植物都是塑料制品，并且被涂成了浓绿色。园林虽经拼合而成，但已然脱胎换骨和变异，它同时暗示了基因技术很有风险，有可能失控造成人类无法预料的后果。大范围、大尺度的景观设计——景观的区域规划是景观高科技应用的前沿。运用航空、航天遥感图像处理技术集取现状资料及其变化既节时又省力。对于一项景观规划来说，基础信息资料集取准确、全面意味着成功了一半。如今，遥感技术广泛应用于景观的区域规划领域。

新材料和新技术（包括高技术）带给我们的不只是崭新的、动感的视觉形象和审美体验，也能带来实际的利益。例如，用多彩人造草坪取代草，计算机控制的水系统，不仅能创造动人的景观效果，而且几乎不需要园丁的辛苦劳作。一些轻质材料和产品方便搬移、易于清洗，非常适合临时的和经常需要变化的景观。新材料和新技术的许多审美上和实际上的优点使之成为现代景观的重要组成部分。

2.景观设计方法的技术化

在景观工程实施之前，景观设计师要负责对整个技术过程和结果的设计和控制，因而，设计活动具有十分重要的作用，这种活动所依赖的方法直接影响工程实施的各阶段直至最后结果。所以，设计方法论是技术活动中不可缺少的一个环节，它关系到景观工程的成败。

技术不只是达到目的的手段，在科学与理性的时代，它也是一种标志，表明了人类对科学与理性的依赖。理性主义者认为，正确的方法必然导致正确的结论，这是一个严密而精确的逻辑过程。理性的设计方法论带有明显的技术化特征。现代景观设计需要给予正确的科学知识、严格的程序和技术支持、各技术领域的交流与合作，现代大型景观设计不可能只是某个人的智慧和劳动的结果，需要各方面专业设计人员互相配合、科学组织，需要计划性和条理性。所以，现代景观设计不仅要考虑新材料、新技术，还要确定科学的、适宜的设计方法和程序。任何设计方法无论是理性的还是非理性的都要解决存在于逻辑分析与创造性的想象之间的矛盾，都要考虑技术、艺术、功能等诸多因素的影响，只是具体处理问题的方法和着重点不同而已。景观设计中的技术化方法，即把问题分解成要素的形式，作为基本的构件，再把这种构成按一定的方式组合，形成一个完整的方案。如果景观设计单纯依赖这种方法，很容易导致僵化，而自由的、独创性的、直观感性的方法能有效地防止这种僵化。景观设计方法的技术化最直接的表现是对模式的应用。一个被广泛应用的方式是从初始的模式入手，针对具体的景观项目或者地形要求加以变换，由原型或模式派生出各种景观作品，感性的、随机的灵感从起点开始就要受到模式的制约。

理性主义者认为，系统化的景观设计方法是不能代替直觉的。如果没有灵感、直觉和激情，景观设计师的工作就可以被计算机取代，按照理想的程序去完成。而事实上，即使那些理性主义的倡导者在设计实践中也不可能离开直觉和灵感，完全靠机械地操作去完成设计这一富于创造性的工作。这也正是非理性主义设计倾向日趋活跃的主要原因，但非理性的设计方法论及其技术含量并没有因此而减少。

3.景观设计工具的技术化

随着电脑在设计领域的普及，景观设计师的设计室越来越自动化，越来越离不开电脑，程序工具的更新也带来工作方式的更新，从而必然导致新型的景观设计作品出现。景观设计师的工作界面不再是纸张和图板，而更多的是显示电子幻象的电脑显示器，数字化实实在在地显示了威力，计算机辅助设计成了主流的设计方式。设计师对电脑制图技术的掌握成了一种基本功，技术与艺术之争这一老课题又以新的形式出现。由于程序化的操作方式，要想获得某种构思的直观效果就需要通过一系列的计算机命令，这种方式很容易使人的直观感受受到遏制，使设计沦为一种“技术活儿”；而电脑制图的一系列好处，如所见即所得、方便的撤销命令、可迅速复制、通过网络合作以提高效率、模拟现实的强大能力等，又使得景观设计师乐于使用这些技术。另外，新工具也带来许多新的表现手段，如景观的计算机三维表现图和三维动画等。计算机的使用大大提高了景观设计的劳动生产能力，从某种角度来说也改变了景观的面貌。

（二）现代景观的生态化审美与设计趋势

迄今为止人类所经历的农业文明和工业文明，在一定程度上都是以牺牲自然环境为代价，去换取经济和社会的发展。要想让人类长久地生存和发展下去，就要尊重自然，与自然和谐相处，这既是人类行为的准则，也是美的规律。当代人类生态意识的觉醒和生态文明的建设，与环境科学技术、生态文化观念和生态审美观念的发展是分不开的。环境科学技术为解决人类生态问题提供了认识工具和实践手段，而人的生态观和审美价值观主导和制约着环境科学技术的社会应用。生态审美不同于自然审美，它把审美的目光始终凝聚在人与自然和谐共生的相互关系上，这种生命关联的生命共感才是生态美的真正内涵。生态审美与技术审美的区别也是明显的，技术强调的是人对自然的人为变革，技术审美以人工物的功能性和规律性为观照点，它往往表现了对自然的强迫性和模仿性。生态审美的研究为克服技术的生态负面效应提供了可能的途径，也推动了传统景观审美由空间形式美向生态和谐美的转变。传统景观审美讲究的是功能与形式的统一，注重体量、色彩、质感等视觉要素给人的心理感受，是一种外在的审美标准。而生态审美在注重景观外在美的同时，更加注重景观的内涵。其特征有三：第一是生命美，作为生态系统的一分子，景观要对生态环境的循环过程起促进而非破坏作用；第二是和谐美，人工与自然互惠共生，浑然一体，在这里和谐已不仅指视觉上的融洽，还包括物尽其用，地尽其力，可持续发展；第三是健康美，景观服务于人，在实现与自然环境和谐共生的前提下，环境景观应当满足人类生理和心理的需求。可以说，生态审美是对传统审美的一种升华和扬弃，标志着人类对美的追求在一种高层次的回归。

麦克哈格在《设计结合自然》中有两个贯穿始终的信念。其一是整体的概念：人、生物、环境互相依存，互相服务，任意一个局部的毁坏最终会影响整个机体的健康；其二是发展的观点：事物是发展的，我们一直是由简单到复杂，越来越复合化、秩序化和生命化。他认为万物皆有其职，云赐雨水给大地，海洋抚育生命，植物给我们提供氧气，而人类则是地球上的酵母，有责任和义务在向高级发展的过程中，通过设计和组织，因势利导，查漏补缺，起催化作用。麦克哈格的视线跨越整个原野，他的注意力集中在大尺度景观规划上。他将整合景观作为一个生态系统，在这个系统中，地理学、地形学、地下水层、土地利用、气候、植物、野生动物都是重要的要素。他运用了地图叠加的技术，把对各个要素的单独的分析综合成整个景观规划的依据。麦克哈格的理论将景观规划设计提高到一个科学的高度。1991 年，巴斯等在美国亚利桑那州沙漠中建造了庞大的人工生态系统“生物圈 2 号”，在试验 7 年后因二氧化碳过量而使系统失去平衡，试验宣告失败，这说明生物圈是一个极其复杂的系统，今天的科学技术水平还不足以掌握和控制它。此试验虽然失败了，其意义却是深远的，预示着人类生态时代将要到来。景观的生态时代背后有着可供依赖的物质和精神基础，而发生在材料和技术领域中的变革恰恰成为景观走向可持续发展之路的物质原动力，景观设计观念也必然由传统模式向生态模式转变。

生态化倾向也是高技术派最重要的分支，它顺应时代发展要求，将生态目标体系和高技术策略有机结合，为人类创造诗意的栖居环境开辟了新的思路和途径。生态化的技术路线和设计方法可以归纳为5个主要方面：与自然环境共生；应用减少环境负荷的节能技术；应用可循环再生技术；创造舒适健康的环境；融入历史与地域的人文环境中。具体到每个设计，可能只体现了一个或几个方面，通常只要一个设计或多或少地应用了这些方法和原则，就可以被称作“生态设计”。德国慕尼黑工业大学教授、景观设计师彼得·拉茨设计的杜伊斯堡风景公园（见图7-1）坐落于具有百年历史的A.G.Tyssen钢铁厂旧址，他用生态的可持续观念和手法处理这片工业废弃地。工厂中的构筑物都予以保留，部分构筑物被赋予了新的使用功能。高炉等工业设施供游人攀登、眺望，废弃的高架铁路可改造成公园中的游览步道，并被处理成为大地艺术的作品，工厂中的一些铁架可成为攀缘植物的支架，高高的墙体可作为攀岩训练场。公园的处理方法不是努力掩饰这些破碎的景观和历史，而是寻求对这些旧有的景观结构和要素的重构、再生与重新诠释。建筑及工程构筑物都作为工业时代的纪念物被保留下来，如风景园中的景点供人们欣赏和感受历史。工厂中的植被被保留，荒草自由生长，原有的废弃材料尽可能地利用。红砖磨碎作为红色混凝土的部分材料，厂区堆积的焦炭、矿渣可成为一些植物生长的介质或地面面层的材料，大型铁板成为广场的铺装材料。水可以循环利用，污水被处理，雨水被收集。工厂的历史信息被最大限度地保留，“废料”被塑造成公园的景观，造园最大限度地减少了对新材料的要求和对生产材料所需能源的索取。此外，萨尔布吕肯市的港口岛公园、海尔布隆市砖瓦厂公园等都是用生态的思想，对工业废弃区和废弃材料进行再利用的优秀作品。

图7-1 杜伊斯堡风景公园

（三）现代景观的信息化、智能化审美与设计趋势

信息化、智能化技术以其特有的数字化手段使技术美学进入了一个全新的、革命性的阶段。如果说高技术派主要扩展了空间结构和工艺制造的最大可能性，并从视觉的美与功能的合理角度展现了技术的魅力，那么信息化、智能化环境则全方位地展现了当代科学技术的成就，服务于人类，是真正的高科技，并以一种交互式的视觉手法和虚拟的景观图式，从根本上改变了传统景观的空间审美体验形式，体现了科学的理性美。信息、智能环境不再局限于可触可摸的三维空间环境，相反已经拓展为一种广阔的虚拟空间环境，它也是一种场所和存在模式，在此人们可获得在传统景观中难以想象的感觉愉悦和精神愉悦，它不仅比传统景观更加多姿多彩，而且有着传统环境所不具有的传输功能和互动功能。这使得日常的空间审美体验退入后台，虚拟的空间美学取代了实体的视觉美学。信息化、智能化正在使环境景观的传统空间关系发生改变，正在使人与环境景观的关系发生改变，这是一个不容回避的事实。它将极大地影响当代的文化和美学。

20 世纪工业化进程的加快与城市的大规模开发带给人们的景象并非那么美妙。人类聚居地的过度膨胀和能源消耗使有限的大地系统日益受到严重的破坏和威胁。土地空间的危机似乎就此将人类社会引入一条死胡同。此时，历史的冥冥之力再一次给我们带来了好运和转机。适逢其时出现的计算机及信息技术使人类前途再度柳暗花明。

一方面，信息化、智能化技术拓展了环境的功能和人的效能，传统的静态环境变成了有“大脑”和“神经”的动态环境，环境各种新的可能性得到最大限度的扩展；另一方面，实体的三维空间环境正在向着无限的虚拟世界拓展。智能化技术实质上是一种高新技术体质，其范围包括了计算机控制技术、通信技术、图形显示技术等内容。在可持续发展的时代呼声中，智能技术进入了节能、利废、治污等领域并取得了长足的发展，正在向生态智能化发展。信息化、智能化技术在景观设计领域的应用也极大丰富了景观创作的表现手段和表现力。多媒体技术和智能终端一体化等给我们提供了一种非物态化交往模式，我们可以在信息网上建造“高速公路”和“城市景观”，以虚拟空间技术来满足和替代人们对现实生活事件的需求，从而大幅度减少实物态的道路和城市景观的建造，由此减缓土地空间的压力和对自然生态环境的侵袭、占有和破坏。计算机的空间风光无限。在这个世纪的某一天，人们也许将远离水泥的森林而真正诗意地栖息在有秋虫的原野上。在我们现实世界的不远处将会有一个虚拟世界平行地发展着，它将极大地改变我们的生活方式，更新着我们存在的概念。人们无法抗拒不受时空限制的即时性，虚拟景观和虚拟城市虽然

在现实中不存在，但是比可见的现实更丰富多彩、新奇刺激。虚拟现实在时间轴上同时向未来和过去延伸，这意味着《清明上河图》中描述的市井风俗画，可以变成人们徜徉其中的“现实”环境。当足不出户什么都能见到的时候，亲眼看见真实的东西就是独特的充满怀旧情调的刺激，至少空气的味道是不一样的。因此，真实的大自然、自然公园和旅游景观设施等将更是人们的精神放松之所。网络正在不知不觉地以惊人的速度改变着我们的生存状态，给我们的生活带来便利。

（四）现代景观技术与艺术的融合趋势

未来世界是物质文明与精神文明同步发展的世界，现代景观是艺术与技术日趋融合高度统一的产物。一方面是现代景观技术的艺术化，奥姆斯特德在哈佛大学的讲坛上讲到“‘景观技术’是一种‘美术’，其最重要的功能是为人类的活动环境创造‘美观’……同时，还必须给予城市居民以舒适、便利和健康，在终日忙碌的城市居民生活中，缺乏自然提供的美丽景观和心情舒畅的声音。弥补这一缺陷是‘景观技术’的使命”。日新月异的现代景观技术是通过艺术化的手段和方式应用到庭院、广场、城市公园、户外空间系统、自然保护区、大地景观和景观的区域规划设计中的。另一方面是现代景观艺术的技术化，随着高新技术在景观领域中的广泛应用，景观艺术中的科技含量越来越高，景观创作理念和创作手法都因之发生了很大的变化。新材料、新技术、新设备、新观念为景观创作开辟了更加广阔的天地，既满足了人们对景观提出的不断发展的日益多样的需求，还赋予景观以崭新的面貌，改变了人们的审美意识，开创了直接欣赏技术的新境界，并最终成为一种具有时代特征的社会文化现象。

一些人向艺术方向发展，如布雷·马尔克斯、沃克·施瓦茨等，他们关注景观与艺术的结合，追求景观的艺术表现；另一些人则向技术方向发展，如麦克哈格等人，他们更关注景观的生态意义以及新材料、新技术在景观中的应用等。一些设计师却尝试在实践中将技术与艺术在景观设计中完美地结合在一起，如美国的景观设计师哈格里夫斯试图表现自然界的动态、变化、分解、侵蚀和无序的美，在景观设计中贯彻生态与艺术的思想。他在美国加州的帕罗·奥托市一个垃圾填埋场上设计了一个特色鲜明的拜斯比公园（见图 7-2），公园位于 18 m 高的垃圾场上，底层垃圾坑用勃土和 30 cm 厚的表土覆盖，其上塑地形，为防止植物根部的生长导致勃土层被破坏而使有害物质外释，场地上没有种植乔木，而是采用乡土的草种。曲折的山上小路由破碎的贝壳铺成。在公园北部有成片的电线杆顶部被削平，呈阵列布置在坡地上，与起伏多变的地形成鲜明对比，隐喻了人工与自然的结合。混凝土路障呈八字形排列在坡地上，形成的序列是附近临时机场跑道的延伸。哈格里夫斯用综合的和富于技巧的方法将雕塑的、社会的、环境的和现实的多条线索编织在一起。加州萨克拉门河谷的绿景园是他将一个19世纪的采矿场改造而成的。花园分为景观各异的两部分。西半侧是树列环绕的草地，16棵红杉绕两个同心圆种植，林中的雾状喷泉喷出浓浓的雾霭，随风向和气温不同而变化，在炎热的夏季还有明显的降温作用。夜幕降临时，雾气和灯光创造出戏剧性的效果。花园的东半部是依矿坑地貌塑造的土丘及谷地，土丘上面种植粗放耐旱的草种，谷地中小树林立。独特的地形不仅带来特殊的空间观觉效果，也使低处的植物获得了更多的水的滋润。技术与艺术的融合、高技术与高情感的统一创造出全部的景观观念和视觉体验。

图 7-2　拜斯比公园

现代技术对人类的影响是空前的。一方面，它提供给我们高度发达的生产力，也给我们带来了全新的景观观念、景观体验和审美价值观。另一方面，技术的影响并非全然是正面的。人们习惯于把科学技术的进步等同于人类的进步，这是错误的。现代技术是双刃剑，它既是人类的希望，又是对人类的威胁。现代景观设计作为艺术与技术的结合，应该使技术向着人性化的方向发展。人类不得不重新审视技术，也不得不重新审视美学价值观。

四、现代主义审美与设计倾向传统风格的批判

在以农业与手工业生产为主的封建社会时期，传统的园林服务于社会上流贵族和富豪阶层，是社会地位、权势与经济实力的象征。随着工业文明的到来，景观环境发生了深刻的变化，形成了为城市自身以及城市居民服务的开放型园林，在现代主义的观念（设计要具有时代的特点，时代改变了，设计就不能沿用旧的形式和美学原则；把功能性作为设计的出发点；主张运用新的技术以及新的材料；主张设计

应为人民大众服务等）影响下，现代园林景观经过近一个世纪的发展，逐步形成了有别于传统园林的风格和形式。

现代艺术、现代建筑以及现代工业技术产品对现代园林景观设计产生了最直接的影响。部分景观设计师受现代建筑和现代工业技术产品的影响，强调景观的功能特性和空间特性；部分景观设计师从现代艺术中寻求灵感，追求景观的抽象形式和自由构图；也有一部分景观设计师尝试利用新材料、新技术，改变景观的面貌。

（一）功能和空间的探索

园林景观与建筑关系最为密切，很多理论和构思方法都直接源于建筑。英国的唐纳德在 1938 年完成的《现代景观中的园林》一书中提出了现代景观设计的三个方面，即功能的、移情的和艺术的。首先，他认为功能是现代主义景观最基本的考虑，是三个方面中最首要的。功能主义使景观设计从情感主义和浪漫主义中解脱出来，去满足人的理性需求，如休息和消遣。唐纳德的功能主义思想是受建筑师卢斯和柯布西耶的著作影响的。其次，他的移情源于对日本园林的理解。他从日本枯山水园林中受到启发，提出从对称的形式束缚中解脱出来，尝试日本园林均衡构图的手法，以及从没有情感的事物中感受园林的精神实在的设计手法。最后，是在景观设计中运用现代艺术的手段。唐纳德的《现代景观中的园林》的观点几乎都是从同时代的艺术和建筑思想中吸取过来的。他在发表的文章《现代住宅的现代园林》中提出：景观设计师必须理解现代生活和现代建筑，抛弃所有陈规老套，20 世纪的设计就是没有风格的。在园林中要创造三维的流动空间，为了创造这种流动性，需要打破园林中场地之间的严格划分，运用隔断和能透过视线的种植设计来达到这一目的。他在设计中喜欢运用框景和透视线，他使用的框景明显受到了萨伏伊别墅屋顶花园的混凝土框架的启发（见图 7–3）。他是那个年代能使用建筑语言设计园林的极少数景观设计师之一。

图 7–3　萨伏伊别墅屋顶花园

罗斯·克雷和埃克博对现代主义景观有重要影响，他们在《笔触》和《建筑实录》等专业期刊上发表了一系列开创性的论文，强调人的需要、自然环境条件及两者相结合的重要性。他们对 19 世纪具有浪漫主义精神的英国自然风景园随意模仿自然和新古典主义矫揉造作的装饰进行了尖锐的批判，提出了设计内容决定设计形式的功能主义设计理论。罗斯在《园林中的自由》中，将园林定位于建筑学和雕塑之间，“实际上，它（园林设计）是室外雕塑，不仅被看作一件物体，并且被设计成一种令人愉快的空间关系环绕在我们的周围”。罗斯宣称：“地面形式从空间的划分中发展而来……空间，而不是风格，是景观设计中真正的范畴。”1938 年 9 月，埃克博在发表的《城市中的小花园》中提出了在同一条件下的小花园设计中形式和空间的可能的变化。埃克博还做了市郊环境中花园设计的比较研究，他认为花园是室外生活的空间，其内容应由其用途发展而来。另外，埃克博还试图将自己的一些观念发展为 20 世纪景观设计的一个完整的理论。他没有给出关于形式和布局、规则式或不规则式、城市主义或自然主义的特别的规定，他认为所有这些应当从特定的环境中来。他强调了“空间”是设计的最终目标，材料只是塑造空间的物质。他还谈到了“人”的重要性，谈到了景观的特点、特征是由气候、土地、水、植物、地区性等综合而成的“特点条件”所决定的。也就是强调空间，人和特定条件的重要性。丹·克雷 1955 年设计的米勒花园，是他第一个真正现代主义的设计，他在几何结构中探索景观与建筑之间的联系。他的设计通常从基地和功能出发，确定空间的类型然后用轴线、绿篱、整齐的树阵和树列、方形的水池、树池和平台等古典语言来塑造空间，注重结构的清晰性和空间的连续性。材料的运用简洁而直接，没有装饰性细节。他们三人的文章和研究，动摇并最终导致了哈佛景观规划设计系的“巴黎美术学院派”教条的解体和现代设计思想的建立，并推动美国的景观规划设计行业朝着适合时代精神的方向发展。这就是当时的“哈佛革命”。

20 世纪美国现代景观设计的奠基人之一的托马斯·丘奇是“加州花园”风格的开创者。丘奇的设计富有人情味。他反对形式绝对主义，认为设计方案的确定要根据建筑物的特性、基地的情况以及客户希望的生活方式，“规则式或不规则式、曲线或直线、对称或自由，重要的是你以一个功能的方案和一个美学的构图完成”。“加州花园”的基本特征是：它是一个艺术的、功能的和社会的构图，它的每一部分都综合了气候、景观和生活方式而仔细考虑过，是一个本土的、时代的和人性化的设计，既满足了舒适的户外生活的需要，维修起来也方便。丘奇的成功和声望在于他创造了与功能相适应的形式，以及他对材料和细节的关注。他娴熟地使用现代社会的各种普通材料，如木头、混凝土、砖、砾石、沥青、草和地被，通过精细和丰富的铺装纹样、材料之间质感和色彩的对比，创造出极富人性的室外生活空间。他最著名的作品是1948年的唐纳花园（见图7–4），庭院由入口院子、游泳池、餐饮处和大面积的平台所组成。平台的一部分是美国杉木铺装地面，另一部分是混凝土地面。庭院轮廓以锯齿线和曲线相连，肾形泳池流畅的线条以及池中雕塑的曲线，与远处海湾的“S”形线条相呼应。树冠的框景将原野、海湾和旧金山的天际线带入庭院。

图7–4 唐纳花园俯视图

（二）新材料新技术的应用

新材料的出现、新技术的大量应用以及新兴的环境及生态科学的深入研究，改造了现代景观的面貌和人们对现代景观的认识。

现代园林呈现融功能、空间组织及形式创新为一体的设计特点和设计语言。一方面，设计追求良好服务和使用功能，如为人们漫步、游憩、晒太阳、遮阴、聊天等户外活动提供充足的场地，解决好流线与交通关系，考虑到人们交往与使用中的心理行为要求；另一方面，不再拘泥于明显的传统园林形式与风格，不再刻意追求烦琐的装饰，而更提倡设计平面布置与空间组织的自由、形式的简洁、线条的明快与流畅以及设计手法的丰富变化。

现代主义在园林景观设计中并没有走向极端，也没有极端的语言和行为，现代主义景观一直延续到当代，显示出顽强的生命力。

五、反现代主义审美与设计倾向

从美学风格上来说，20世纪的西方建筑与景观主要经历了三次重要的转折：从带有折中主义特色的传统主义到现代主义美学（主要表示了国际主义风格）的转折；

从现代主义美学到后现代主义美学的转折；从后现代主义美学到解构主义美学的转折。

这里所说的反现代主义审美与设计倾向主要是指后现代主义和解构主义审美与设计倾向。

（一）后现代主义审美与设计倾向

20世纪60年代起，资本主义世界的经济发展到一个全盛时期，而在文化领域出现了动荡和转机。一方面，50年代出现的代表着流行文化和通俗文化的波普艺术到60年代蔓延到设计领域。另一方面，在60～70年代，人们对于现代化的景仰也逐渐被严峻的现实所打破，环境污染、人口爆炸、高犯罪率，人们对现代文明感到失望，失去信心。现代主义的形象在流行几十年后已从新颖之物变成了陈词滥调，渐渐失去了对公众的吸引力，人们希望有新的变化出现。同时，对过去美好时光的怀念，成为普遍的社会心理，历史的价值、基本伦理的价值、传统文化的价值重新得到强调。

在多种因素作用下，一些人开始鼓吹现代主义已经死亡，后现代主义时代已经到来。美国建筑师文丘里被认为是后现代主义理论的奠基人，1966年他发表了《建筑的复杂性与矛盾性》，成为后现代主义的宣言。文丘里认为，建筑设计要结合解决功能、技术、艺术、环境以及社会问题等，因而建筑艺术必然是充满矛盾的和复杂的。他批判了当时在美国占主流地位的所谓国际式建筑。詹克斯总结了后现代主义的六种类型和特征：历史主义、直接的复古主义、新地方风格、因地制宜、建筑与城市背景相和谐、隐喻和玄学及后现代社会问题。后现代主义设计的造型趋向繁多和复杂，强调象征隐喻的形体和社会问题关系。设计中采用夸张、变形、断裂、错位、扭曲、矛盾等手法，最终表现为设计语言的双重译码和含混特点。建筑师查尔斯·摩尔1974年设计的新奥尔良市意大利广场就是典型的后现代作品。广场地面吸收了附近一栋大楼的黑白线条，处理成同心圆图案，中心水池将意大利地图搬了进来。广场周围建了一组无任何功能、漆着耀眼的赭、黄、橙色的弧形墙面。罗马风格的科林斯柱式、爱奥尼柱式使用了不锈钢的柱头，充满了讽刺、诙谐、玩世不恭的意味。这是一个典型的后现代主义的符号拼贴的大杂烩。

1972年，文丘里设计了位于费城的富兰克林纪念馆。他将纪念馆主体建筑置于地下，地面上用白色的大理石在红砖铺砌的地面上标出旧有故居建筑的平面，用不锈钢的架子勾画出故居的建筑轮廓，几个雕塑般的展示窗保护并展示着故居的基础。设计带有符号式的隐喻，显示出旧建筑的灵魂，而且不使环境感到拥挤。

（二）解构主义景观审美取向

1967年前后，法国哲学家德里达最早提出了解构主义。进入20世纪80年代，解构主义成为西方建筑界的热门话题。如果说后现代主义是对现代主义美学的反叛，那么，解构主义则是对后现代主义的反叛和超越。它运用现代主义的语言却彻底打破了现代主义的语法和逻辑体系（所以也有人将其归入新现代主义）。解构主义首先在建筑设计中进行探索，然后影响到了景观设计。解构主义将一切既定的设计规律加以颠倒，如反对建筑设计中的统一与和谐，反对形式、功能、结构、经济彼此间的有机联系，认为建筑设计可以不考虑周围的环境或文脉等；提倡分解、片段、不完整、悬浮、消失、分裂、拆散、移位、斜轴、拼接等手法。解构主义建筑对西方当代建筑美学产生了多方面的影响，最重要的是它使非理性审美意识大举进入一个长期以来一直受理性意识统治的领域。由于解构主义的出现，建筑的本质受到了严重的挑战，一切即有的文化价值受到怀疑，甚至连人自身的存在问题也受到怀疑。荷兰建筑师雷姆·库尔哈斯在发表的理论文章中写道：我们的组合型智慧是滑稽的：根据德里达的观点，我们不可能是“整一的（whole）”，根据鲍据拉德的观点，我们不可能是“真实的（real）”，根据维里利奥的观点，我们不可能是“存在的（there）”。

没有“整一”，没有“真实”，没有“存在”，那么，对人类来说我们还有什么呢？对世界来说，还有什么价值可言呢？其实，解构主义不可能真的解构得如此彻底。解构主义不可能真的把自己对社会人生的那点仅存的信息清除净尽。只不过他们找到了另一种看待社会、人生、艺术和审美的方式而已，找到了另一种表达这种方式的方式而已。

解构主义建筑师和理论家对建筑的本质重新定义，对整个建筑美学的审美体系进行重新整合。埃森曼对展览类建筑的展览功能的问难，屈米对公园景观建筑的景观性的问难，来自解构主义重新宣言一切的宗旨。埃森曼对韦克斯勒礼堂艺术中心所做的阐释，可以说是代表所有解构主义建筑师的一篇重新诠释建筑的宣言。他说：“我们不得不展览艺术，但是，难道我们一定要以传统的艺术展览方式，即在一个中性的背景中展览艺术吗？难道建筑一定得为艺术服务，换句话说，一定得做艺术的背景吗？绝对不是，建筑应该挑战艺术，应该挑战这种认为建筑应该做背景的观点。”其潜台词是：为什么我们一定要毕恭毕敬、一成不变地遵从那套固有的建筑话语体系？为什么我们不能重新制定一套新的建筑游戏规则？

解构主义建筑与景观的游戏规则是什么呢？简单地说就是以一种非美的美学或零度美学对一切现在的美学原则进行全方位解构。

解构主义不仅张扬了思想比形式重要这样一种价值，同时从反造型和反美学角度张扬了另一些反价值，如错置比秩序重要，差异比同质重要，残破比完整重要，丑陋与狂怪比优美、和谐重要，过程比结局重要等。

总而言之，解构主义建筑与景观从根本上改变了从现代主义到后现代主义以来的社会观念和审美意识形态。解构主义建筑景观和解构主义文化一起促使社会趋向非人本主义和反传统主义，走向非人情化、非古典主义；解构主义改变了建筑与景观的形式秩序，走向取消中心、偶然、片段、疯狂的对立。它从意识形态的、风格的、形态学的三个层面使建筑以一种反本质主义的、丑陋狂怪的、不完整的和异构的形式，显示出空前的挑战与批判的力量。

六、新历史主义审美与设计倾向国际化风格的批判

历史主义审美主要体现在对纵向的价值认同和尊重上，认同经典的审美惯性和民族的审美习性，充分尊重传统文化和地方文化。历史主义景观美学在当代又称为新历史主义景观美学，它是把被现代主义美学所抛弃的历史传统和装饰趣味重新找寻回来，这也是新历史主义的根本特征。新历史主义美学可分为新古典主义美学和新地方主义美学（或称新乡土主义美学）。

（一）新古典主义审美与设计倾向

古典主义作为人类文化的传统，是我们最宝贵的财富，是人类文明几千年发展的结晶。但随着人类社会的发展，它早已不适应社会的发展，于是现代主义应运而生了。但现代主义对古典美学的轻视和对形式的漠视，使得它越来越远离传统，远离艺术和文化，呆板、重复、缺少变化，走向国际化，终于引起公众和设计师的不满和反抗。一部分景观设计师从历史的废墟中，从古典的形式中，去寻求灵感和趣味，这就是新古典主义。它的作品虽然风格各异，但是有一点是相同的，就是对国际化采取批判的态度，以浑厚的怀旧情感和大胆的革新精神对古典语汇作用给出新的阐释。新古典主义是一种执着于文化传统的寻根倾向，一种向主流文化回归的倾向。新古典主义大体可分为抽象的古典主义和具象的或折中的古典主义。

（二）新地方主义审美与设计倾向

新地方主义是一种执着于地域特性的寻根倾向，一种向非主流文化回归的倾向。如果说古典主义有较多的共性和普遍性的话，新地方主义则更具有个性和特殊性。作为一种富有当代性的创作倾向，新地方主义是建筑和景观中的一种方言，一种民族或民间风格。

随着工业化大生产的加速发展，随着商品市场的日益国际化，随着城市化倾向

对乡村文化的影响，在世界范围内，文化的地域性和乡土性渐渐陷入了朝不保夕的危机之中，现代主义作为一股强大的同化力量，已经侵蚀到世界的每一个角落。许多地方的所谓民族风格和地方特色，传统的价值体系和审美观念在现代主义浪潮的冲击下，早已灰飞烟灭、荡然无存了。

此外，现代工业的发展导致城市人口和车辆日益拥挤，城市的交通、能源、治安、住房…一切的一切，全然陷入了一种令人难以忍受的恶性循环状态；城市的文化风尚、价值体系、生态环境的日益恶化以及由此带来的人与人、人与自然的隔膜，使得人们迫切希望离开城市，回归自然、回归故里。

参 考 文 献

[1] 王向荣，林箐 . 西方现代景观设计的理论和实践 [M]. 北京：中国建筑工业出版社，2002.

[2] 陈晓彤 . 传承・整合与嬗变：美国景观设计发展研究 [M]. 南京：东南大学出版社，2005.

[3] 潘知常 . 美学的边缘：在阐释中理解当代审美观念 [M]. 上海：上海人民出版社，1998.

[4] 牛宏宝 . 西方现代美学 [M]. 上海：上海人民出版社，2002.

[5] 约翰・多克 . 后现代主义与大众文化 [M]. 吴松江，张天飞，译 . 沈阳： 辽宁教育出版社，2001.

[6] 李妹 . 波普建筑 [M]. 天津：天津大学出版社，2004.

[7] 徐恒醇 . 生态美学 [M]. 西安：陕西人民教育出版社，2000.

[8] 万书元 . 当代西方建筑美学 [M]. 南京：东南大学出版社，2001.

[9] 王林 . 现代美术历程 [M]. 成都：四川美术出版社，2000.

[10] 岛子 . 后现代主义艺术系谱 [M]. 重庆：重庆出版社，2001.

[11] 邹德侬 . 中国现代建筑史 [M]. 天津：天津科学技术出版社，2001.

[12] 沃尔夫冈・韦尔施 . 重构美学 [M]. 陆扬，张岩冰，译 . 上海：上海译文出版社，2002.

[13] 俞孔坚，李迪华 . 城市景观之路：与市长们交流 [M]. 北京：中国建筑工业出版社，2003.

[14] 乔治・瑞泽尔 . 后现代社会理论 [M]. 谢立中等，译 . 北京：华夏出版社，2003.

[15] 翁剑青 . 公共艺术的观念与取向 [M]. 北京：北京大学出版社，2002.

[16] 伊恩・伦诺克斯・麦克哈格 . 设计结合自然 [M]. 苗经纬，译 . 北京：中国建筑工业出版社，1992.

[17] 吴家骅 . 景观形态学 [M]. 北京：中国建筑工业出版社，2000.

[18] 约翰・O・西蒙兹 . 景观设计学 [M]. 俞孔坚，译 . 北京：中国建筑工业出版社 .2000.

[19] 傅伯杰，陈利顶，马克明，等 . 景观生态学原理及应用 [M]. 北京：科学出版社，2002.
[20] 张利 . 信息时代的建筑与建筑设计 [M]. 南京：东南大学出版社，2002.
[21] 曹磊 . 当代大众文化影响下的艺术观念与景观设计 [D]. 天津：天津大学，2018.
[22] 成玉宁 . 现代景观设计理论与方法 [M]. 南京：东南大学出版社，2010.
[23] 杨培峰 . 城乡生态规划理论与方法研究 [M]. 北京 : 科学出版社，2005.
[24] 邬建国成立 . 景观生态学 : 格局、过程、尺度与等级 [M]. 北京 : 高等教育出版社，2002.
[25] 马建业 . 城市闲暇环境研究与设计 [M]. 北京 : 机械工业出版社，2002.
[26] 诺伯格 . 舒尔茨 . 场所精神 : 迈向建筑现象学 [M]. 施植民，译 . 台北：田园城市文化事业有限公司，2001.
[27] 威廉 · M · 马什 . 景观规划的环境学途径 [M]. 朱强，黄丽玲，俞孔坚，译 . 北京：中国建筑工业出版社，2006.
[28] 亚历山大 · 罗宾逊 . 生命的系统：景观设计材料与技术创新 [M]. 朱强，刘琴博，涂先明，译 . 大连 : 大连理工大学出版社，2009.
[29] 弗雷德里克 · 斯坦纳 . 生命的景观：景观规划的生态学途径 [M]. 周年兴，李小凌，俞孔坚，译 . 北京：中国建筑工业出版社，2004.
[30] 贝思出版有限公司 . 城市景观设计 [M]. 南昌：江西科学技术出版社，2002.